"十二五"普通高等教育包装材料规划教材

包装物流技术

(第二版)

主　编 ◎ 郭彦峰

编　著 ◎ 郭彦峰　付云岗　王宏涛
　　　　曹　乐　刘　伟　安宁丽

主　审 ◎ 许文才

文化发展出版社
Cultural Development Press

内容提要

《包装物流技术》（第二版）全书内容共分9章，系统介绍了包装物流的基本理论和应用技术，力求全面反映国内外在包装物流领域的理论技术和最新研究进展。第1章介绍物流基本理论和包装物流系统。第2章介绍包装物流防护技术。第3章介绍包装物流装卸与运输技术。第4章介绍包装物流储存技术。第5章介绍包装物流配送技术。第6章介绍包装物流供应链技术。第7章介绍包装物流信息技术。第8章介绍绿色包装物流技术。第9章介绍包装物流成本管理及优化决策。

本书内容丰富、取材新颖、图表翔实、实用性强，既可供大专院校包装工程专业的包装物流学课程做教材使用，也可供从事包装、交通运输、物流管理、轻工、外贸的科研人员、设计人员及高等院校其他相关专业的师生参考。

图书在版编目（CIP）数据

包装物流技术/郭彦峰编著．-2版．-北京：文化发展出版社，2013.9（2020.2重印）
（"十二五"普通高等教育包装本科规划教材）
ISBN 978-7-5142-0929-7

I.包… II.郭… III.包装－物流－高等学校－教材 IV.TB48

中国版本图书馆CIP数据核字(2013)第220888号

包装物流技术（第二版）

主　　编：郭彦峰
编　　著：郭彦峰　付云岗　王宏涛　曹乐　刘伟　安宁丽
主　　审：许文才

责任编辑：李　毅　　　　　　　责任校对：岳智勇
责任印制：邓辉明　　　　　　　责任设计：侯　铮
出版发行：文化发展出版社（北京市翠微路2号 邮编：100036）
网　　址：www.wenhuafazhan.com　　www.keyin.cn　　www.printhome.com
经　　销：各地新华书店
印　　刷：北京建宏印刷有限公司

开　本：	787mm×1092mm　1/16
字　数：	300千字
印　张：	12.5
印　数：	6501～7000
印　次：	2013年10月第2版　2020年2月第5次印刷
定　价：	49.00元
ＩＳＢＮ：	978-7-5142-0929-7

◆ 如发现印装质量问题请与我社发行部联系　直销电话：010-88275811

出版说明

包装工业是国民经济产业体系的重要组成部分，在生产、流通、消费活动中发挥着不可或缺的作用。随着我国工业化与城市化进程的快速发展和人民物质文化生活水平的不断提高，包装工业也获得了强大的发展动力，取得了长足的进步。近年来，中国包装工业总产值一直呈现大幅度的递增趋势。2009年，中国包装工业总产值突破了1万亿元，包装产品的品种和质量已基本满足了国民经济发展的需要。

为了满足社会对新型人才的需要和适应包装新材料、新技术、新设备的更新和应用，作为包装工业发展支撑点和推动力的包装教育，必须与时俱进、不断更新和升级，努力提高教育质量。高等教育、教学的三大基本建设是师资队伍、教材和实验室建设，而教材是提升教育、教学的基础配套条件。

近20多年来，中国包装学科教育的兴起、发展，始终紧扣包装工程专业的教材建设。1985年首次开创高等学校适用教材建设，出版了第一套12本开拓性教材；1995年为推进全国包装统编教材建设，又出版了第二套12本探索性教材；跨入21世纪，2005年在中国包装联合会包装教育委员会与教育部包装工程专业教学指导分委员会联合组织、规划，全国包装教材编审委员会指导下，规划出版了第三套23本包装工程专业教材。印刷工业出版社作为国内唯一一家以印刷包装为特色的专业出版社，一直致力于包装专业教材的建设，积极推动教材的发展与更新，先后承担了三套包装工程专业教材的出版工作，并取得了可喜的成果。许多包装专业教材经过专家的审定，获得了国家级精品教材、国家级规划教材等荣誉称号，并得到了广大院校、教学机构和读者的认可。

目前，全国已有近70所高等学校开设包装工程本科专业。近年来，江南大学、天津科技大学等高校在轻工科学与技术一级博士点下设立了包装工程博士点和硕士点，西安理工大学、上海大学、北京印刷学院、陕西科技大学、浙江理工大学、湖南工业大学、哈尔滨商业大学等高校在相近专业以学科方向的形式开展包装工程专业硕士研究生教育，这给我国包装教育的发展注入了新的活力。

随着产业技术的发展，原有的包装工程专业教材无论在体系上还是内容上都已经落后于产业和专业教育发展的要求。因此，印刷工业出版社作为"教育部普通高等学校包装教学分指导委员会"的委员单位，根据教育部《全面提高高等教育教学质量的若干意见》的指导思想，紧密配合教育部 "十二五"国家级规划教材的建设，在十二五期间对包装工程专业教材不断进行修订和补充，出版了一套新的包装工程专业教材。本套教材具有以下显著特点：

1. 时代性。教材引用了大量当今国际、国内包装工业的科技发展现状和实例，以及当前科技研发的成果和学术观点，内容较为先进。

2. 科学性。教材以科学发展观为统领，从理论的高度，全面总结了包装工业发展的成功经验，读者可以从中得到启发和借鉴。同时坚持以科学的态度，分析和判断了包装工业发展的趋势和方向。

3. 实用性。教材紧扣包装工业实际，并注重联系相关产业的基本知识和发展需求，实现知识面广、工理渗透，强调基础知识、技能的协调发展和综合提高。

4. 规范性。教材体系更符合教学实际，同时紧扣教育部新制定的普通高等学校包装工程专业规范，教材的内容涵盖了新专业规范中要求学生需要掌握的知识点与技能。

5. 实现立体化建设。本套教材大部分将采用"教材+配套PPT课件"的新模式，其中PPT课件免费供使用本套教材的院校教师使用。

"'十二五'普通高等教育包装本科规划教材"、"普通高等教育包装工程专业教材"已陆续出版并稳步前进，我们真诚地希望全国相关院校的师生及行业专家将本套教材在使用中发现的问题及时反馈给我们，以利于我们改进工作，便于编者再版时对教材进行改进，使教材质量不断提高，真正满足当今包装工程专业教育、教学发展的需求。

印刷工业出版社
2011年5月

前 言

包装物流是指具有物质实体特点的商品（或货物），从供应者到需求者之间所进行的物理性移动，创造时间价值、空间价值以及加工附加价值的活动。全球大物流环境的迅速形成及发展，促使包装科学技术与物流科学技术紧密结合，以提高商品（或货物）的包装防护、方便储运、安全流通，降低包装物流成本，加强环境保护和资源再生。因此，包装物流技术在经济和社会发展中将会发挥更加重要的作用。

《包装物流技术》（第二版）是在 2008 年 6 月第一版的基础上，按照印刷工业出版社出版的要求，经删减、修改、补充而成，全书按包装物流链的主要流通环节划分章节。

《包装物流技术》（第二版）全书内容共分 9 章，系统介绍包装物流的基本理论和应用技术，力求全面反映国内外在包装物流领域的理论、技术和最新进展。第 1 章绪论，介绍物流基本理论和包装物流系统。第 2 章包装物流防护技术，介绍包装物流环境因素、物理防护包装技术、力学防护包装技术、生化防护包装技术和辅助包装防护技术。第 3 章包装物流装卸与运输技术，介绍装卸搬运技术、物流运输技术、托盘包装技术和集装箱包装技术。第 4 章包装物流储存技术，介绍物流储存技术、物流储存合理化和库存控制技术。第 5 章包装物流配送技术，介绍配送及配送中心、包装物流配送技术和第三方物流技术。第 6 章包装物流供应链技术，介绍包装物流供应链技术和供应链物流管理。第 7 章包装物流信息技术，介绍包装物流信息系统和相关技术。第 8 章绿色包装物流技术，介绍绿色包装物流系统、绿色包装技术和绿色包装物流生命周期评价。第 9 章包装物流成本管理及优化决策，介绍包装物流成本影响因素、包装物流成本管理及计算程序和包装物流优化决策。

全书的内容体系由郭彦峰和付云岗确定，编写人员有郭彦峰、付云岗、王宏涛、曹乐、刘伟、安宁丽。其中，西安理工大学郭彦峰教授编写第 1、3 章，西安理工大学付云岗讲师编写第5、6、9章及附录，西安理工大学王宏涛讲师编写第4章，西安工业大学曹乐讲师编写第7章，西安工程大学刘伟助教编写第8章，西安理工大学安宁丽讲师编写第2章。全书由郭彦峰统稿并担任主编。邀请北京印刷学院许文才教授审稿。另外，付云岗制作完成本教材的PPT课件。

本书内容丰富、取材新颖、图表翔实、实用性强，既可供大专院校包装工程专业的包装物流学课程做教材使用，也可供从事包装、交通运输、物流管理、轻工、外贸的科研人员、设计人员及高等院校其他相关专业的师生参考。

向本书所引用或参考的文献和图书的所有著者表示敬意和谢意！

由于作者编写水平有限，书中难免疏漏，不足之处恳请读者批评指正。

编 者

2013年7月于西安理工大学

目　录

第1章　绪论 ········· 001
  1.1　物流基本理论 ········· 001
    1.1.1　物流概念的演变过程 ········· 001
    1.1.2　物流分类 ········· 002
    1.1.3　物流价值 ········· 004
    1.1.4　物流基本理论 ········· 005
  1.2　包装物流系统 ········· 008
    1.2.1　包装与物流的关系 ········· 008
    1.2.2　包装物流系统的特征 ········· 009
    1.2.3　包装物流系统的要素 ········· 010
    1.2.4　包装物流系统的目标 ········· 011
  1.3　包装物流技术的内容和地位 ········· 012

第2章　包装物流防护技术 ········· 014
  2.1　包装物流环境因素 ········· 014
    2.1.1　包装物流环境因素分类 ········· 014
    2.1.2　物流环境因素对包装的影响 ········· 016
  2.2　物理防护包装技术 ········· 017
    2.2.1　防潮包装技术 ········· 017
    2.2.2　气调包装技术 ········· 018
    2.2.3　危险品包装技术 ········· 021
  2.3　力学防护包装技术 ········· 022
    2.3.1　常用防护包装技术 ········· 022
    2.3.2　特殊防护包装技术 ········· 023

2.4 生化防护包装技术 ·· 025
　2.4.1 防锈包装技术 ·· 025
　2.4.2 防霉包装技术 ·· 027
　2.4.3 无菌包装技术 ·· 028
　2.4.4 防虫害包装技术 ·· 030
2.5 辅助包装防护技术 ·· 031
　2.5.1 捆扎包装技术 ·· 031
　2.5.2 封合包装技术 ·· 031
　2.5.3 收缩与拉伸包装技术 ·· 033

第3章 包装物流装卸与运输技术 ·· 037
3.1 装卸搬运技术 ·· 037
　3.1.1 装卸搬运特征 ·· 037
　3.1.2 装卸搬运技术 ·· 038
　3.1.3 装卸搬运作业合理化 ·· 040
3.2 物流运输技术 ·· 043
　3.2.1 物流运输功能及特征 ·· 043
　3.2.2 物流运输方式 ·· 044
　3.2.3 物流运输合理化 ·· 045
3.3 托盘包装技术 ·· 049
　3.3.1 托盘包装定义及特征 ·· 049
　3.3.2 托盘包装设计要求 ·· 050
　3.3.3 托盘包装设计方法 ·· 050
　3.3.4 托盘包装堆码方式 ·· 051
　3.3.5 托盘包装固定方法 ·· 052
3.4 集装箱包装技术 ·· 053
　3.4.1 集装箱运输方式 ·· 053
　3.4.2 集装箱的箱体标记 ·· 053
　3.4.3 集装箱的装货积载 ·· 055
　3.4.4 集装箱的货运交接方式 ·· 055
　3.4.5 集装箱的搬运与固定 ·· 056

第4章 包装物流储存技术 ·· 058
4.1 物流储存技术 ·· 058
　4.1.1 储存技术 ·· 058
　4.1.2 仓库技术 ·· 061
　4.1.3 货架技术 ·· 065
　4.1.4 储存对包装的要求 ·· 068
4.2 物流储存合理化 ·· 069
　4.2.1 储存合理化标志 ·· 069
　4.2.2 储存合理化方法 ·· 071

4.3　库存控制技术 …………………………………………………… 073
　　　4.3.1　库存管理策略 …………………………………………… 074
　　　4.3.2　库存控制模型 …………………………………………… 076
　　　4.3.3　库存控制技术 …………………………………………… 076

第5章　包装物流配送技术 …………………………………………… 081
　5.1　配送及配送中心 …………………………………………………… 081
　　　5.1.1　包装物流配送 …………………………………………… 081
　　　5.1.2　配送作业 ………………………………………………… 084
　　　5.1.3　配送中心 ………………………………………………… 085
　5.2　包装物流配送技术 ………………………………………………… 088
　　　5.2.1　配送技术 ………………………………………………… 089
　　　5.2.2　配货作业 ………………………………………………… 090
　　　5.2.3　配送合理化 ……………………………………………… 091
　5.3　第三方物流技术 …………………………………………………… 092
　　　5.3.1　第三方物流 ……………………………………………… 092
　　　5.3.2　第三方物流利润来源 …………………………………… 094
　　　5.3.3　第三方物流运作模式 …………………………………… 095

第6章　包装物流供应链技术 …………………………………………… 097
　6.1　包装物流供应链 …………………………………………………… 097
　　　6.1.1　供应链概念 ……………………………………………… 097
　　　6.1.2　供应链特征及牛鞭效应 ………………………………… 098
　　　6.1.3　供应链管理 ……………………………………………… 100
　6.2　包装物流供应链技术 ……………………………………………… 102
　　　6.2.1　结构模型 ………………………………………………… 103
　　　6.2.2　设计原则 ………………………………………………… 105
　　　6.2.3　设计过程 ………………………………………………… 106
　　　6.2.4　包装企业供应链系统 …………………………………… 107
　6.3　供应链物流管理 …………………………………………………… 108
　　　6.3.1　供应链物流管理 ………………………………………… 108
　　　6.3.2　企业包装物流管理 ……………………………………… 109

第7章　包装物流信息技术 ……………………………………………… 114
　7.1　包装物流信息系统 ………………………………………………… 114
　　　7.1.1　包装物流信息 …………………………………………… 114
　　　7.1.2　物流信息系统和物流管理的关系 ……………………… 117
　　　7.1.3　企业物流信息系统 ……………………………………… 118
　7.2　包装物流信息技术 ………………………………………………… 123
　　　7.2.1　条码识别技术 …………………………………………… 124
　　　7.2.2　射频识别技术 …………………………………………… 128

7.2.3 电子数据交换技术 …… 131
7.2.4 电子商务技术 …… 135
7.3 互联网技术 …… 137
7.3.1 互联网 …… 137
7.3.2 互联网在物流上的应用 …… 138
7.4 物联网技术 …… 139
7.4.1 物联网 …… 139
7.4.2 物联网在包装上的应用 …… 141

第8章 绿色包装物流技术 …… 142

8.1 绿色包装物流系统 …… 142
8.1.1 绿色包装物流 …… 142
8.1.2 包装物流活动对环境的影响 …… 144
8.1.3 绿色包装物流系统 …… 145
8.2 绿色包装物流技术 …… 146
8.2.1 绿色包装设计 …… 146
8.2.2 绿色包装材料 …… 149
8.2.3 包装废弃物处理技术 …… 150
8.3 绿色包装物流生命周期评价 …… 151
8.3.1 生命周期评价法 …… 152
8.3.2 包装物流生命周期评价 …… 153

第9章 包装物流成本管理及优化决策 …… 157

9.1 包装物流成本影响因素 …… 157
9.1.1 包装物流成本 …… 157
9.1.2 影响因素 …… 161
9.2 包装物流成本管理与控制 …… 162
9.2.1 包装物流成本管理 …… 162
9.2.2 包装物流成本控制 …… 163
9.2.3 包装物流成本计算 …… 166
9.3 包装物流优化决策 …… 169
9.3.1 基本思路与方法 …… 170
9.3.2 包装物流装箱优化决策 …… 172
9.3.3 包装物流运输优化决策 …… 175
9.3.4 包装物流库存优化决策 …… 180

附录 中国国家标准目录（部分） …… 183

参考文献 …… 190

第1章 绪 论

在供应者到需求者之间的物理性运动过程中,根据实际需要,包装物流系统将运输、储存、装卸、搬运、包装、流通加工、配送、信息处理等基本功能有机结合,以实现物流的价值和功能。本章主要介绍物流基本理论、包装物流系统等内容。

1.1 物流基本理论

物流是指具有物质实体特点的物质资料,从供应者到需求者之间进行物理性运动,从而创造出时间价值、空间价值和加工附加价值的活动。

1.1.1 物流概念的演变过程

(1) 国外物流概念

1935 年,美国销售协会首次将物流(Physical Distribution)定义为,包含于销售之中的物质资料和服务从生产场所到销售场所的流通过程中所伴随的所有活动。1964 年,日本开始使用物流概念。1965 年,日本在政府文件中正式采用物流概念,并得到广泛应用。1981 年,日本综合研究所编著的《物流手册》中将物流描述为,物质资料从供应者向需求者的物理性移动,是创造时间性、场所性价值的经济活动。物流的范畴包括包装、装卸、保管、库存管理、流通加工、运输、配送等活动。

第二次世界大战期间,针对战时军火供应,美军队采用后勤管理(Logistics Management)技术,将战时物资生产、采购、运输、配给等活动作为一个整体系统进行统一布置和全面管理,力求战略物资补给费用更低、速度更快、服务更好。随后后勤管理概念被引入到商业部门,发展成为商业后勤或流通后勤。1974 年,美国学者鲍沃索克斯在出版物《Logistics Management》将后勤管理定义为,以卖主为起点将原材料、零部件与制成品在各个企业之间有策略地加以流转,最后到达用户,其间所需要的一切活动的管理过程。1986 年,美国物流管理协会的英文名称也由"National Council of Physical Distribution"改为"Council of Logistics Management",理由是因为 Physical Distribution 概念的领域狭窄,而"Logistics Management"概念较宽广、连贯、具有整体性。Logistics 被定义为,以满足顾客的需要为目的,有效率地、有效益地对原材料、在制品、制成品及其相关联信息从产地到消费地的流通与保管进行计划、执行和控制。

（2）我国的物流概念

物流概念主要通过两种途径传入我国。一种途径是在20世纪80年代初期，随着欧美等国家的市场营销理论的引入而传入我国。另一种途径是日本的物流概念引入我国。

国家标准 GB 18354"物流术语"中将物流定义为，物品从供应地向接收地的实体流动过程，根据实际需要，将运输、储存、装卸、搬运、包装、流通加工、配送、信息处理等基本功能实施有机结合。该定义从两个角度对物流概念进行了概括。一是从物流的表观现象角度客观地表述物流活动的过程和状态。二是从管理角度表述物流活动的具体工作内容以及对这些工作进行系统的管理。该定义的前半部分内容明确指出了物流的特定范围，起点是"供应地"，终点是"接收地"，只要符合这个条件的实体流动过程都可以看成是物流，这充分表达了物流的广泛性。该定义的后半部分内容明确指出了物流所包含的功能要素，实现这些功能要素的措施是"有机结合"。因此，物流是系统化的产物，也需要"管理"。

1.1.2 物流分类

物流的基本要素包括5个方面："物"、"流"、"信息"、"管理"和"服务"。由于物流对象、物流目的、物流范围及范畴不同，形成了不同的物流类型，如宏观物流和微观物流；社会物流和企业物流；国际物流和区域物流；一般物流和特殊物流；第三方物流和第四方物流。

（1）按物流的层次分类

① 宏观物流。它是指社会再生产总体的物流活动。这种物流活动的参与者构成社会总体的大产业和大集团。宏观物流研究社会再生产的总体物流，研究产业式集团的物流活动和物流行为，具有综观性和全局性。

② 微观物流。它是指生产者、销售者、消费者从事的实际的、具体的物流活动，如在整个物流活动之中的一个局部、一个环节的具体物流任务，在一个地域空间发生的具体物流任务，针对某一种具体产品所进行的物流活动。企业物流、生产物流、供应物流、销售物流、回收物流、废弃物流、生活物流等都属于微观物流。微观物流具有具体性和局部性。

（2）按物流的社会范畴分类

① 社会物流。它是指以社会为范畴、面向社会为目的的物流，其活动范畴是社会经济的大领域，研究社会再生产过程中的物流活动、国民经济中的物流活动、社会物流体系结构和运行等，带有综观性和广泛性。

② 企业物流。它从企业角度研究与之有关的物流活动，是具体的、微观的物流活动的典型领域。按照物流活动在企业中所起的作用不同，企业物流又可分为不同类型的物流活动。

a. 供应物流。生产企业、流通企业购入原/辅助材料、零部件、燃料的物流过程称为供应物流，即物资资料生产者或所有者到使用者之间的物流。企业供应物流的目标不仅是保证供应，而且还要保证以最低成本、最小消耗来组织物流活动。因此，企业供应物流对企业正常生产、效益提高起着很重要的作用。

b. 生产物流。从工厂的原/辅助材料、零部件等入库起，直到从成品库发送成品为止的全过程称为生产物流。生产物流与生产流程同步，原/辅助材料、零部件等按照工艺流程在各个加工点之间移动、流转，形成了生产物流。研究企业生产物流的目的就是要缩短生产周期、杜绝生产浪费、节约劳动成本等。

c. 销售物流。它是企业为了保证自身的经营效益，伴随着销售物流活动，将产品所有权转移给用户的物流活动。现代市场环境是一个完全的买方市场，通过销售物流活动满足买方需求，最终实现销售。

d. 废弃物物流。它是企业对生产和流通过程中所产生的无用的废弃物进行运输、装卸、处理等的物流活动。虽然废弃物物流对企业没有直接的经济效益，但具有重要的影响作用。

e. 回收物流。企业在生产、供应、销售的活动中会产生各种边角余料、废料、包装废弃物，需要回收并加以利用。这种分类回收和再加工就属于回收物流。

（3）按物流区域的空间范围分类

① 国际物流。它是现代物流系统发展很快、规模很大的一个物流领域，是伴随和支撑国际之间经济交往、贸易活动所发生的物流活动，如中德货运等。

② 区域物流。它是指一个国家、一个城市或一个经济区域内的物流。按行政区域划分，如北京、上海、西安、香港等区域物流；按经济圈划分，如京津地区物流、长江三角洲物流、珠江三角洲物流、东北地区物流、西部地区物流等。这种物流对提高该地区企业物流活动的效率有着重要的作用。

（4）按物流活动的对象分类

① 一般物流。它是指具有共同点的一般性的物流活动。这种物流系统的建立、物流活动的开展具有普遍的适应性。一般物流的研究重点是物流的一般规律、普遍方法，普遍适用的物流标准化系统，共同功能要素，物流与其他系统的结合、衔接，物流信息系统及管理体系等内容。

② 特殊物流。特殊物流活动的产生是社会分工深化、物流活动合理化和精细化的产物。专门范围、专门领域以及特殊行业，在遵循一般物流规律的基础上，带有特殊制约的因素，从而形成特殊物流，如特殊应用领域、特殊管理方式、特殊劳动对象、特殊机械装备特点的物流，都属于特殊物流范围。特殊物流的研究对推动现代化物流的发展作用也很大。特殊物流可进一步细分为以下几种形式：

a. 按劳动对象的特殊性，可划分为水泥物流、石油及油品物流、煤炭物流、腐蚀化学物品物流、危险品物流、活体物流、食品物流、废弃物物流、军事物流等。

b. 按货物数量及特征，可划分为大批量、大数量物流，多品种、小批量、多批次产品物流，超大、重、长型物物流等。

c. 按服务方式及服务水平，可划分为"门到门"的一贯物流、快递物流、精益物流、加工物流、冷链、配送等。

d. 按货物及包装物流技术，可划分为集装箱物流、托盘物流、散装物流、绿色物流、航空快运、内河水运、远洋海运等。

（5）按物流活动主体关系分类

① 第三方物流。在包装物流系统中，第三方是相对于第一方（供应方）和第二方

（需求方）而言，可理解为企业全部或部分物流的外部提供者。第三方通过第一方或第二方，或者与这两方的合作来提供专业化的物流服务。第三方物流是指由供应方与需求方以外的物流企业提供服务的业务模式。在某种意义上，它是物流专业化的一种形式。采用第三方物流系统，企业可以获得许多益处，如使企业更加能集中于核心业务的发展，改进服务质量，获得信息咨询和物流经验，快速进入国际市场，减少风险，降低成本等。

② 第四方物流。第三方物流作为整个供应链的一部分，通常情况下不可能向客户提供整个供应链的物流服务，即便在供应链的某些环节的服务，第三方物流也只能完成其中的部分任务。在这种情况下出现了第四方物流。第四方物流的基本功能有三个方面，一是供应链管理功能，即管理从货主、托运人到用户、客户的供应链全过程；二是运输一体化功能，即负责管理运输公司、物流公司之间在业务操作上的衔接与协调问题；三是供应链再造功能，即根据货主、托运人在供应链战略方面的要求，及时改变或调整战略战术，使其经常高效率地运作。

第三方物流和第四方物流都是独立于买卖双方之外的物流活动，但后者比前者的服务内容更多，覆盖地区更广，对从事物流服务的公司的要求更高。本质上第四方物流是第三方物流的"协助提高者"，也是货主的"物流方案集成者"。按此划分标准，还可能会出现第五方物流、第六方物流。

1.1.3 物流价值

在早期发展阶段，物流的价值主要体现在军事后勤保障，它是战争必不可少的支撑性条件之一。随着物流的内涵、作用、范畴不断丰富、扩大，应用领域已逐步渗透到社会各方面，其价值主要包括时间价值、空间价值、加工附加价值。

（1）时间价值

"物"从供应者到需求者之间有一段时间差，由改变该时间差所创造的价值，称为时间价值。通过物流所获得的时间价值主要有3种形式，即缩短时间创造价值、弥补时间差创造价值和延长时间差创造价值。

① 缩短时间创造价值。缩短物流时间可减少物流损失、降低物流成本、提高货物的周转、节约资金等。物流时间越短，资本周转越快，表现出资本的较高增值速度。通过采取某些应用技术、管理方法或系统规划等可有效地缩短物流的宏观时间和微观时间，从而取得较高的时间价值。

② 弥补时间差创造价值。在经济社会中，供应和需求普遍存在着时间差。正是因为供需之间存在着时间差，商品才可能获得自身最高价值和理想的效益。但是，商品自身是不会自动弥补这一时间差的。如果没有有效的方法，集中生产出的粮食除了当时的少量消耗外，就会腐烂掉，而在非产出时间，人们就找不到粮食吃。物流正是以科学的、系统的方法来弥补，以保持和充分实现其价值。

③ 延长时间差创造价值。在某些具体物流中，也存在人为地、能动地延长物流时间来创造价值的情况。例如，待机销售的商品就是一种有意识地延长物流时间、有意识地增加时间差来创造价值。一般情况下，这是一种特例，不是普遍规律存在的现象。

（2）空间价值

"物"从供应者到需求者之间有一段空间差，由改变场所的位置所创造的价值称为空间价值（或场所价值）。通过物流将商品由低价值区转到高价值区所获得的空间价值主要有3种形式，即从集中生产场所流入分散需求场所创造价值，从分散生产场所流入集中需求场所创造价值，从甲地生产流入乙地需求创造空间价值。

① 从集中生产场所流入分散需求场所创造价值。现代化大生产往往是通过集中的、大规模的生产来提高生产效率，降低成本。在一个小范围集中生产的产品可以覆盖大面积的需求地区，有时甚至可覆盖一个国家乃至若干国家。通过物流将产品从集中生产的低价位区转移到分散于各处的高价位区，有时可以获得很高的利益。例如，钢材、水泥、煤炭、化肥等往往以几百万吨甚至几千万吨的大批量生产密集在一个地区，需要通过物流流入分散的需求地区，以实现物流的空间价值。

② 从分散生产场所流入集中需求场所创造价值。分散生产和集中需求也能获取物流的空间价值。例如，一个汽车生产系统的零配件生产分布很广，但却集中在一个大厂装配。

③ 从甲地生产流入乙地需求创造空间价值。除了由大生产所决定的供应与需求的空间差以外，也有一些情况是由自然地理和社会发展因素所决定的。例如，农村生产粮食、蔬菜而在城市消费；南方生产荔枝而在北方消费。这种供应与需求的空间差是依靠物流来实现的，也能创造物流的空间价值。

（3）加工附加价值

在物流企业根据自己的优势从事一定的补充性的加工活动时，物流也可以创造加工附加价值。这种加工活动不是创造商品主要实体、形成商品主要功能和使用价值，而是带有完善、补充、增加商品功能性质的加工活动。这种补充性的加工活动必然会赋予劳动对象以附加价值。需要说明的是，虽然物流有创造价值的作用，但是物流的本质目的并不是创造价值，而是提供服务，创造价值只是服务功能的一个派生现象。

1.1.4 物流基本理论

物流科学是属于应用科学领域的一门科学技术，具有很强的应用性和工程实践性。目前，物流科学的基础理论包括商物分离理论、"黑大陆"说、"物流冰山"说、"效益背反"说、成本中心说、利润中心说、服务中心说、战略说、"第三个利润源"说等基本理论。

（1）商物分离理论

现代化大生产的分工和专业化是向一切经济领域延伸的，这种分化、分工的深入也表现在流通领域中的商物分离。商物分离是指流通领域中的两个组成部分，即商业流通、实物流通按照各自的规律和渠道独立运动。"商"是指"商流"，即商业交易，属于商品价值运动，是商品所有权的转让，流动的是"商品所有权证书"，通过货币实现。"物"是指"物流"，即实物流通，是商品实体的流通。商流和物流作为两个相对独立的概念，在一般情况下两者同时存在。图1-1是商物分离的形式，如W—W交换、W—G、W—中介—G、W—电子中介—G等，"W"代表货物（Ware），"G"表示商品（Goods）。

在商品社会发展初期，商品每经过一次买卖活动，就要伴随一次实物的转移。物流和商流相伴而生、形影相随，两者的渠道是一致的。随着商品经济的发展，商流和物流开始分离为两个互相关联，但又各具特点的独立过程。第二次世界大战之后，流通过程中的两种不同形式出现了更明显的分离，以不同形式逐渐变成了两个有一定独立运动能力的不同运动过程，即"商物分离"。在现代流通中，商流和物流的起点和终点是结合的，但中间往往是分离的。商流和物流分离的结果形成了一个独立的物流部门。

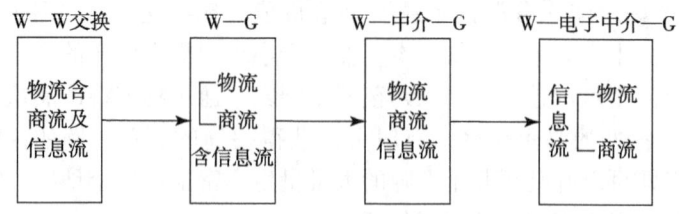

图 1-1　商流与物流的分离形式

商流、物流具有不同的物质基础和社会形态。从马克思主义政治经济学角度看，在流通这一统一体中，商流明显偏重于经济关系、分配关系、权利关系等，因而属于生产关系范畴；而物流明显偏重于工具、装备、设施及技术，因而属于生产力范畴。因此，商物分离本质上是流通领域中的专业分工、职能分工，是通过这种分工实现大生产式的社会再生产的产物。

商物分离理论是物流科学中的重要理论基础，也是物流科学得以存在的先决条件，物流科学正是在商物分离的基础上对物流进行研究与发展，进而形成科学门类的。

（2）"黑大陆"和"物流冰山"说

著名的管理学家德鲁克认为，流通是经济领域里的黑暗大陆。德鲁克泛指的是流通，但现在主要针对物流。"黑大陆"主要是指尚未认识、了解开发的领域。"黑大陆"说是对 20 世纪中在经济界存在的愚昧的一种反对和批判。从某种意义上来看，"黑大陆"说是一种未来学的研究结论，是战略分析的结论，带有很强的哲学抽象性，对于研究物流科学起到了启迪和动员作用。

日本早稻田大学西泽修教授提出了"物流冰山"说。他在研究物流成本时发现，财务会计制度和会计核算方法都不可能掌握物流费用的实际情况，人们对物流费用的了解是一片空白，甚至存在很大的虚假性。西泽修教授把这种情况比作"物流冰山"，并从物流成本的具体分析论证了德鲁克"黑大陆"说的正确性。

（3）"效益背反"说

"效益背反"是指物流的若干功能要素之间存在着损益矛盾，即某一功能要素的优化和利益获得的同时，往往会导致另一个或几个功能要素的利益损失，反之亦如此。这种现象在工业、农业、商贸等许多领域中都是存在的，但在物流领域中尤其严重。例如，在产品销售市场和销售价格都不变的前提下，若其他成本因素也不变，则包装方面每少花一分钱，这一分钱就必然转成收益。包装越省，则利润越高。但是，商品进入流通后，如果简单的包装降低了对产品的防护功能而造成商品严重破坏，就会造成储存、装卸、搬运、运输功能要素的工作劣化和效益大减。显然，包装效益是以其他环节的损失为代价的。我国流通领域每年因包装不善造成的上百亿元的商品损失，就是这种"效益背反"的实证。

（4）成本中心说

成本中心说认为，物流在整个企业战略中只对或主要对企业营销活动的成本发生影响。物流是企业成本的重要的产生点，解决物流问题并不主要是为了搞好合理化、现代化，也不主要在于支持保障其他活动，而主要是通过物流管理和物流活动降低成本。因此，成本中心既是指主要成本的产生点，又是指降低成本的关注点。显然，成本中心说没有将物流放在主要位置，尤其是没有放在企业发展战略的主要地位。

（5）利润中心说

成本和利润是相关的，成本和企业生存也是相关的。成本中心说也不是只考虑成本而不顾其他方面，它只是反映了人们对物流主体作用和目标的认识。利润中心说认为，物流可以为企业提供大量直接或间接的利润，是形成企业经营利润的主要活动。而且，物流也是国民经济中创造利润的主要活动。物流的这一作用，被表述为"第三个利润源"。

（6）服务中心说

服务中心说代表了欧美一些国家的学者对物流的认识。他们认为，物流活动最大的作用并不在于为企业自身节约消耗、降低成本或增加利润的微观利益，而是在于提高了企业对用户的服务水平，进而提高了企业的竞争力，更进一步使企业在竞争中生存并持续发展。因此，他们特别强调物流的服务保障职能。通过物流的服务保障，企业以其整体能力来压缩成本、增加利润，形成战略发展能力。

（7）战略说

战略说认为，物流更具有战略性，是企业发展的战略，而不仅仅是一项具体操作性的任务。这种看法把物流放在了企业发展的首要位置，认为物流会影响到企业总体的生存和发展，而不是仅仅在某个环节更合理、更节省费用。将物流和企业的生存和发展直接联系起来的战略说的提出，对促进物流的发展具有重要意义，战略性规划、战略性投资、战略性技术开发是促进物流现代化发展的重要原因。

（8）第三个利润源说

"第三个利润源"的说法主要出自日本，它描述了物流的潜力和效益。从历史发展来看，人类社会经济发展先后出现过两个大量提供利润的领域，第一个是自然资源领域，第二个是人力资源领域。自然资源领域起初是廉价原材料、燃料的掠夺性开采利用，随后依靠科技进步，节约消耗、节约代用、综合利用、回收利用乃至大量人工合成资源而获得高额利润，习惯称为"第一个利润源"。人力资源领域最初是依靠廉价劳动力，其后是依靠科技进步，提高劳动生产率、降低劳动成本、增加利润，习惯称为"第二个利润源"。在这两个领域利润源潜力越来越小、利润开拓越来越困难的情况下，物流领域的潜力越来越被人们所重视，日本把物流领域称为"第三个利润源"。这3个利润源关注于生产力的不同要素，第一个利润源的挖掘对象是生产力中的劳动对象；第二个利润源的挖掘对象是生产力中的劳动者；第三个利润源的挖掘对象更为广泛，它主要挖掘生产力要素中劳动工具的潜力，与此同时还挖掘劳动对象和劳动者的潜力，因而更具有全面性。

（9）其他观点

目前，包装物流学领域还出现了若干新观念、新思想。

① 物流不是"花钱的中心"，而是"来钱的中心"。物流不是增加成本的因素，而是增加利润的因素，是企业战略发展的因素，是"第三个利润源"。

② 包装不仅是生产的终点，它还是物流的起点，应从物流起点这一角度考虑包装防护技术、工艺性能检测的费用等问题。

③ 仓库的主要作用不仅是"蓄水池"，而且是组织和衔接物流、加速物流的设施，是

物流系统的"调节阀"。

④ 物流的作用不仅是消极地保护货物和转移使用价值，还可以积极地改进、完善和增加货物的使用价值。

⑤ 物流的高附加值说认为，可以通过流通加工、集装、"门对门"运输、配送等方式在用户乐于接受的前提下，在用户并没有感受总流通费用增加的情况下，减少流通时间，减少物流环节，在总附加价值不变或略有提高的情况下，实现单位物流的高附加价值。

⑥ 新的物流对传统的"直达"优化观念也提出了一些更新观念。第一，由于现代消费观念变化，大批购入的消费观念已转化为多样化的消费观念，造成物流的"多批次、少批量、多品种"局面，中转过程能够集中批量、统筹规划，优于直达。第二，由于集中库存的高边际效用和统筹调度的作用，中转也在原来不太合适的领域实现了优化，因而现代物流观念扩展了中转形式的优化范畴。

⑦ 以社会库存使企业实现零库存。

⑧ 以计划轮动式生产实现零库存。

1.2　包装物流系统

包装物流系统是指在一定的时间和空间内，由所需位移的货物、包装设备、搬运装卸机械、运输工具、仓储设施、人员和通信联系等若干相互制约的动态要素，所构成的具有特定功能的有机整体。系统的目的是实现货物的空间和时间效益，在保证社会再生产顺利进行的前提条件下，实现各种物流环节的合理衔接，并取得最佳的经济效益和社会效益。

1.2.1　包装与物流的关系

现代物流活动是由包装、运输、储存、搬运装卸、流通加工、物流信息管理、物流网络、库存管理、物流组织管理、物流成本的管理和控制等基本环节组成。包装的主要功能是保护商品、方便储运、促进销售，它始于生产的终点，结束于消费的始点，包装的合理化、现代化、低成本是现代物流合理化、有序化、现代化、低成本的物质基础和保证，包装标准化是实现现代物流的根本途径和有效保障。

包装与现代物流的密切关系主要体现在以下几个方面：

①货物安全性。在货物的整个流通过程中，包装的牢固度、标准化、美观性等决定着产品是否能以完好的使用价值和理想的价值达到用户满意。若有散包、破损、雨淋、受浸、变质、异味、破损等现象发生，表明包装不合理。若包装规格尺寸不符合标准化，则不便于托盘、叉车作业，也不能进行集装化运输和储存。若包装材料选用不当，在运输或装卸搬运过程中包装有可能出现破损问题。如果包装材料使用过多，包装过剩，则浪费资源，给回收造成困难。

②物流信息化。物流信息管理是现代物流标准化的关键和核心，产品的各种信息都会在产品的各种包装上得以反映和体现。因此，在不同层次的包装上应该设置哪些标签、标记、代码和其他相关信息，对物流信息管理、整个物流供应链管理乃至整个物流系统的管理都是至关重要的。

③物流有序性。物流组织管理不是单纯的人事、信息、财务管理等,支撑这些管理内容的关键是技术管理。对于物流供应链的技术管理,最主要的内容是完成在供应链中各类与包装有关的技术管理。只有货物在有序、可控的流动,才能实现整个物流组织管理的有序性。

④物流低成本。物流系统中的所有环节都与包装有关,故包装对物流成本的控制至关重要。例如,采用现代化机车搬运代替人工搬运,可以省去单元小包装所造成的人工费用、产品破损费用。合理的包装尺寸规格、货物堆码层数,有利于提高运输工具容积率、仓库利用率;合理的包装防护技术可以减少或避免货物破损,这些都有利于降低和控制物流成本。

⑤物流综合效率。通过包装将物流链、物流系统中的各个环节有机、高效、系统地组合成一个大综合系统,重视物流各个环节与包装的密切关系,则可以在整体运营中提高综合效率。另外,关注国际物流及包装法规、标准的接轨,也是实现国际化运营的根本保证之一。

1.2.2 包装物流系统的特征

Bjaernemo 将包装物流定义为,包装物流是研究在物流系统和包装系统之间的相互作用和相互关系,以增加联合企业的、全部的、整个系统的相关企业的附加值。该定义是一个广义的、一般的定义,被认为是建立准确定义的起点。它强调了物流系统和包装系统之间的相互作用,但还需要定义和解释物流系统和包装系统之间的相互作用和相互关系。

Packforsk 定义包装物流为,包装物流是为了支持物流过程和满足消费者的要求,针对包装和包装系统开发的一种手段和方法。此定义反映了传统的观点,即将包装作为物流系统的一部分,只说明了包装适应物流的单边关系。美国和德国也按照这个传统的方法来考虑物流。

包装物流系统是社会经济大系统中的一个子系统,具有整体性、相关性、目的性、动态性和适应性等基本特点,同时还具有规模庞大、结构复杂、目标多等大系统所具有的特征。

(1) 它是一个大跨度系统

一般的包装物流系统属于大跨度系统,该特征主要反映在两个方面:一是地域跨度大;二是时间跨度大。现代经济社会中,国际物流、区域物流、企业物流等都跨越不同地域,商品所需要的流通时间也较长。因此,包装物流系统管理难度大,对信息的依赖程度高。

(2) 动态性较强,稳定性较差

一般的包装物流系统总是连接着多个生产企业和用户,随需求、供应、渠道、价格的变化,系统内的要素以及系统的运行经常发生变化,难于长期稳定。动态性较强,稳定性较差,自然会增加包装物流系统管理和运行的难度。

(3) 它属于中间层次的系统

一般的包装物流系统属于中间层次的系统,该特征主要体现在两个方面:一是包装物流系统本身具有可分性,可以分解成若干个子系统;二是它在整个社会再生产中又主要处于流通环节,必然会受到更大的系统,如社会大生产、社会经济系统等的制约。

(4) 它是一个很复杂的系统

包装物流系统是一个很复杂的系统。首先，运行对象"物"遍及全部社会物质资源，需要大量的资金、人员、物流网点等。其次，系统各要素之间的关系也比较复杂。另外，在物流活动的全过程中，始终贯穿着大量的物流信息，包装物流系统要通过这些信息把各个子系统有机联合，实现总体目标。

1.2.3 包装物流系统的要素

包装物流系统的要素包括一般要素和功能要素。

(1) 一般要素

包装物流系统的一般要素由劳动者要素、资本要素、物的要素构成。

① 劳动者要素。它是包装物流系统的核心要素、第一要素。提高劳动者的素质，是建立一个合理化的包装物流系统并使其有效运转的根本。

② 资本要素。货物流通是以货币为媒介、实现交换的物流过程，实际上也是资本运动过程。物流服务本身也需要以货币为媒介。另外，物流系统建设也需要大量资本。

③ 物的要素。它包括包装物流系统的劳动对象、劳动工具、劳动手段等基本要素，如各种实物、各种物流设施、工具、消耗材料等。

a. 物流设施设备。它是组织包装物流系统运行的基础物质条件，包括物流站、场，物流中心、仓库，物流线路，公路、铁路、港口、机场，以及仓库货架、进出库设备、包装与加工设备、运输设备、装卸机械等。

b. 信息技术及网络。它是掌握和传递物流信息的手段，根据所需信息水平不同，包括通信设备及线路、传真设备、计算机及网络设备等。

(2) 功能要素

包装物流系统主要包括包装、装卸搬运、运输、仓储、流通加工、配送、物流信息7个方面的功能要素。

① 包装功能要素。包装既是生产的终点，又是物流的起点。它包括产品的出厂包装，生产过程中在制品、半成品的包装以及在物流过程中换装、分装、再包装等活动。对包装作业的管理，根据物流方式和销售要求来确定。以销售包装为主，还是以运输包装为主，要全面考虑包装对产品的保护作用、方便储运、促销作用以及包装废弃物的回收处理再利用等因素。包装作业的管理还要根据物流成本及效益，具体决定包装材料、强度、尺寸及包装方式。

② 装卸搬运功能要素。装卸搬运作业包括物资在包装、运输、仓储、流通加工等物流活动中进行衔接时采用各种机械或人工所进行的各种活动。在物流活动中只有装卸搬运作业伴随着物流活动的始终，是最频繁发生的，也是产品破损的重要原因。对装卸作业的管理，主要是确定最合适的装卸搬运方式，尽可能减少装卸次数，合理配置、使用装卸搬运工具，节能、省力、减少损失、加快速度，获得良好效益。

③ 运输功能要素。运输是物流活动中的一个极为重要的环节，它包括供应及销售物流中的车、船、飞机等方式的运输，以及生产物流中的管道、传送带等方式的运输。对运输作业的管理，要求选择技术经济效果最好的运输或联运方式，合理确定运输路线，以实现安全、迅速、准时、价廉的要求。运输作业的主要任务是进行货物的空间移动，运输过

程不改变产品的实物形态，也不增加其数量。物流部门通过运输解决货物在生产地点和需求地点之间的空间距离问题，创造物流的空间价值，满足社会的需要。

④ 仓储功能要素。它包括堆存、保管、保养、维护等活动。储存的目的是克服产品生产与消费在时间上的差异，是物流的主要职能之一。在流通过程中，产品从生产领域进入消费领域之前，往往在流通领域停留一段时间，这就形成了货物仓储。在生产过程中，原/辅助材料、燃料、工具和设备等生产资料和半成品，在直接进入生产过程之前或在两个工序之间，也有一小段的停留时间，这就形成了生产储存。对储存作业的管理，要求正确确定库存数量，明确仓库是以流通为主还是以储备为主，合理确定储存保管制度和流程，对库存物品采取合适的储存保管方式，提高库存管理效率，降低损耗，加速货物和资本周转。

⑤ 流通加工功能要素。它属于流通过程的辅助加工活动。这种加工活动不仅存在于社会流通过程，也存在于企业内部的流通过程。企业、物资部门、商业部门为了弥补生产过程中加工程度的不足，更好地衔接不对称的产需，更有效地满足用户或本企业的需求，往往需要进行流通加工活动。

⑥ 配送功能要素。它是物流活动进入最终阶段，以配送、送货形式最终完成社会物流，并最终实现资源配置和对用户服务的作业。配送作为一种现代流通方式，集经营、服务、社会集中库存、分拣、装卸搬运于一体，是一个独立功能要素。

⑦ 物流信息功能要素。它包括进行与上述各项活动有关的计划、预测、动态信息以及费用信息、生产信息、市场信息等。物流信息管理要求建立信息系统，正确选定信息的科目、收集、汇总、统计、使用方式，以保证物流信息的可靠性和及时性。

包装物流系统的这7种功能要素中，运输、仓储解决了供应者与需求者之间空间（或场所）和时间的分离问题，实现了物流的"场所效用"及"时间效用"，属于物流系统中的主要功能要素。

1.2.4　包装物流系统的目标

包装物流系统有5个主要目标，即服务目标、快速及时目标、节约目标、规模优化目标和库存调节目标。

（1）服务目标

包装物流系统连接着生产与再生产、生产与消费，要求有很强的服务性。这种服务性表现在包装物流系统本身就具有一定的从属性，应以用户为中心，树立"用户第一"的观念。包装物流系统的利润在本质上是"让渡"性的，不一定是以利润为中心，采取送货、配送、准时供货方式、柔性供货方式等，就是其服务性的体现。

（2）快速及时目标

快速及时性不但是服务性的延伸，也是流通过程对物流提出的要求。因此，速度问题不仅是用户的要求，而且是社会发展、进步的要求。直达物流、联合一贯运输、高速公路、时间表系统等管理和技术，就是快速及时目标的体现。

（3）节约目标

在物流领域中，除流通时间的节约外，由于流通过程消耗大而又基本上不增加或提高商品价值，所以依靠节约来降低投入是提高物流效益的重要手段。物流过程作为"第三个利润源",其利润的挖掘主要是依靠节约,集约化方式以及为提高单位物流能力而采取的各种节约、省力、降耗措施,都是节约目标的体现。

(4) 规模优化目标

以物流规模作为物流系统的目标,可以实现包装物流系统的规模效益。规模效益问题在流通领域也异常突出,只是由于包装物流系统比生产系统的稳定性差,因而难于形成标准的规模化格式。在物流领域以分散或集中等不同形式建立物流系统,分析物流集约化的程度,采用大型船舶和大型运输工具、集装箱、集中库存等形式,就是规模优化目标的体现。

(5) 库存调节目标

库存调节性是包装物流系统的服务性的延伸,也是宏观调控的要求,这也涉及系统本身的效益。包装物流系统是通过本身的库存,起到对生产企业和消费者需求的保证作用,从而创造一个良好的社会外部环境。同时,包装物流系统又是国家进行资源配置的一个重要环节,系统的建立必须考虑国家进行资源设置、宏观调控的需要。在物流领域中,正确确定库存方式、库存数量、库存结构、库存分布,就是库存调节目标的体现。

1.3 包装物流技术的内容和地位

全球大物流环境的迅速形成及发展,促使包装科学技术与物流科学技术紧密结合,以提高商品(或货物)的包装防护、方便储运、安全流通,降低包装物流成本,加强环境保护和资源再生。因此,包装物流在经济和社会发展中将会发挥更加重要的作用。包装物流技术是包装学科、物流学科、交通运输科学、管理学科以及信息科学技术等的交叉边缘科学,它研究具有物质实体特点的商品(或货物),从供应者到需求者之间所进行的物理性移动,创造时间价值、空间价值以及加工附加价值的活动,以提高商品(或货物)的包装防护、方便储运、安全流通,降低包装物流成本,加强环境保护和资源再生。因此,包装物流技术在经济和社会发展中将会发挥更加重要的作用。

包装物流技术的主要研究内容包括以下方面:

①物流基本理论、包装物流系统、包装与现代物流的关系。

②包装物流防护技术,如包装物流环境因素、物理防护包装技术、力学防护包装技术、生化防护包装技术和辅助包装物流技术等。

③包装物流装卸与运输技术,如装卸搬运技术、物流运输技术、托盘包装技术、集装箱包装技术等。

④包装物流储存技术,如物流储存技术、物流储存合理化、库存控制技术等。

⑤包装物流配送技术,如包装物流配送模式、物流配送中心、包装物流配送技术、第三方物流技术等。

⑥包装物流供应链技术,如包装物流供应链及其技术、供应链物流管理等。

⑦包装物流信息技术,如条码识别技术、射频识别技术、电子数据交换技术、电子商务技术等。

⑧绿色包装物流技术,如绿色包装物流系统、绿色包装物流技术、绿色包装物流生命

周期评价等。

⑨包装物流成本管理及优化决策，如包装物流成本的分类及影响因素，包装物流成本管理、控制及计算方法，包装物流优化决策等。

包装物流技术作为一门专业课，要求具有良好的数理统计、运输包装、包装工艺学、包装材料学、运筹学、企业管理学等基础知识。通过对这门课程的学习，使学生全面掌握包装物流技术的基本理论和应用技术，具有分析与设计具体包装物流系统的综合工程能力。

第2章 包装物流防护技术

包装是物流功能要素之一，具有保护产品、方便储运的功能。包装防护技术是保证产品在物流环境中安全流通的关键技术条件，直接影响着现代物流的合理化、有序化、低成本等目标的实现。本章主要介绍包装物流环境因素、物理防护包装技术、力学防护包装技术、生化防护包装技术和辅助包装防护技术等内容。

2.1 包装物流环境因素

了解熟悉包装物流环境因素及其影响，对包装防护设计、包装物流技术的研究具有重要意义。包装物流活动是在一定的空间和时间范围内进行的，与环境条件既相互作用，又相互制约。一方面，从产品生存的观点分析，任何包装产品（包装件或货物）在寿命期内的装卸、搬运、储存、运输等环节都会受到各种物流环境因素的单独、组合或综合的作用，如气候、机械、生物、化学等周围环境因素的影响。另一方面，产品由于其自身特性，如冷冻食品、新鲜果蔬、精密仪器、电子产品等，对外部环境及包装物流活动也提出了苛刻的要求。因此，在进行包装物流活动的过程中，应根据货物特性及具体的物流环境条件，采取合适的包装物流防护技术，提高对货物的安全运输。

2.1.1 包装物流环境因素分类

美国工程设计手册（环境部分）中将环境定义为，在任一时刻和任一地点产生或遇到的自然条件和诱发条件的综合体。包装物流环境是以包装物流活动为中心任务，除了无生命的自然环境因素外，还包括人类以外的生物界和由人类活动引起的环境等。

（1）按环境因素的产生机理分类

按照环境因素的产生机理，包装物流环境因素可分为自然环境因素和诱发环境因素，其分类及组成如表2-1所示。

表2-1 按产生原因对包装物流环境因素进行分类

类型	类别	因素
自然环境	地表	地貌、土壤、水文、植被
	气候	温度、湿度、气压、太阳辐射、雨、固体沉降物、雪、冰雹、雾、风、盐、臭氧、海水
	生物	生物有机体、微生物有机体（真菌、霉菌）
诱发环境	气载	砂尘、污染物
	机械	振动、冲击、加速度、压力
	能量	声、电磁辐射

自然环境因素是指在各种地域、空域和海域场所出现的非人为造成的环境因素，其中，对包装物流系统影响较大的主要因素包括气候环境、海洋环境和生物环境等。美国军用标准 MIL-HDBK-310《研制军用产品用的全球气候数据》提供了全球范围内使用和特定气候区使用的两套气候数据，我国军用标准 GJB 1172《军用设备气候极值》给出了我国范围内的各种气候因素的极值数据。由于每一种自然环境因素对局部空间的影响都是可以被控制和改变的，因此，工程中常采用各种方法改变局部空间的自然环境因素。例如，根据产品的特殊要求，现代物流仓库可分为冷藏仓库、恒温恒湿仓库以及危险品仓库等，从而实现对仓库内部环境因素的有效调节与控制，甚至有些自然环境如雨雪等可以完全被消除。

诱发环境因素是指由人类活动引起的环境因素，主要受包装物流活动方式、产品所处的防护状态和产品自身的环境适应性等多种因素的影响。诱发环境因素是可以控制的，而且是必须加以控制的，方法是减少或控制诱发环境的发生源或在设计中采取适当的防护措施等。例如，在包装环节，常采用缓冲防振包装、气调包装、防虫害包装等技术来控制诱发环境因素对产品的影响；在流通环节，为避免发生跌落、碰撞等意外事故，常采用托盘、集装箱、集装袋等集装器具实现标准化、机械化作业，减少搬运装卸次数，加快流通速度。

（2）按环境对产品的作用方式分类

按照环境对产品的作用方式，包装物流环境因素可分为直接（快速）影响环境因素和间接（慢速）影响因素，其分类及组成如表2-2所示。

表2-2 按对产品的影响方式对包装物流环境因素的分类

类型	环境因素	说明
直接（快速）影响类	地表（地形、地貌、植被、土壤），温度，振动，冲击，加速度，砂尘，太阳辐射，压力，电磁辐射，噪声	降低物流设备的机动能力和能见度，直接影响物流作业，降低或破坏物流设备和产品的性能，直接影响物流活动，甚至影响人身安全
间接（慢速）影响类	温度、湿度、盐雾、生物、微生物、污染物、臭氧	使产品或材料缓慢地腐蚀、变质、劣化，最终损坏，影响物流活动和产品性能

（3）国际电工委员会（IEC/TC75）对产品的环境条件分类

按环境条件的不同特性分为四大类22种参数，如表2-3所示。

表2-3 环境条件参数分类

环境条件类别	环境参数
气象性环境条件	温度、温度变化,湿度、气压、气压变化,空气与水等介质移动速率,降水量,辐射,除雨水外的溅水,产品相关的湿润度
生化性环境条件	生物活性物质,化学活性物质,机械活性颗粒
机械性环境条件	非稳定振动(包括冲击),稳定振动,自由跌落,碰撞,翻滚和跌落,静压力
电磁性环境条件	电场,磁场,发射线路干扰

2.1.2 物流环境因素对包装的影响

物流环境因素是包装物流系统的重要组成部分,其对包装的影响是多方面的。图2-1是某包装件的流通过程。不论通过何种途径将产品送达用户手中,该包装件都要经历空间转移和时间变换,频繁地进行装卸、搬运、运输等包装物流作业。在这些环节中,产品包装与物流环境影响既相互统一,又相互对立。一方面,产品都必须处于一定的包装防护状态来改善环境对其影响,防止暴露在某些不利的环境因素中。例如,装封和入库能防止飞砂、尘土、雨和雪等条件对产品的影响;良好的包装可以保护产品免受冲击、振动、湿气、紫外线、微生物等因素影响。另一方面,根据产品的特性或物流环境条件采用的防护包装又会对产品的周围环境产生不利影响,甚至加剧某些自然环境因素的严酷度。例如,在闷罐车运输中会诱发更高的罐内温度,长期在仓库堆放易导致霉菌等微生物的侵蚀和化学腐蚀。因此,包装物流技术必须研究各种物流环境因素对包装件的影响机理及作用程度,采用有效的包装防护技术,改善包装件在流通环节中的不良环境效应,提高产品的环境适应性。

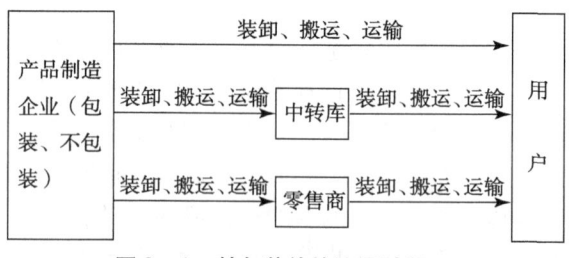

图2-1 某包装件的流通过程

产品环境适应性是指产品在其寿命期内,在预计可能遇到的各种环境作用下,能实现其所有预定功能、性能并不被破坏的能力,它是反映产品质量特性的一个重要指标。研究产品环境适应性的目的就是要通过一定的防护技术使产品的自然属性在物流过程中具有抵御外界环境条件的能力。例如,电子产品可通过缓冲防振包装技术来抵御搬运装卸时的跌落、碰撞,以及运输过程中的振动与冲击;食品可通过防霉包装技术、防潮包装技术来抵御外界氧气、水蒸气的侵入;金属制品可通过防锈包装技术来避免被氧化、腐蚀等。

物流环境因素对包装物流系统造成的不利影响可概为以下3个方面:

①由于地表或气候等因素降低了物流作业的即时性,使得包装件不能按时运达仓库、配送中心、客户等物流节点,造成不必要的经济损失和企业诚信度下降。

②在流通过程中,产品本身或包装受物流环境因素影响发生破损,如失效、失灵和商业性破损,导致产品不合格。

③对于危险产品,如农药、化工产品、有毒物品、易燃易爆产品等,必须实施较高等级的包装防护技术,严禁产品发生渗漏和渗透,严格按包装标志的要求进行物流各环节的

作业，保证危险品对人体、外界物品、环境等不造成意外伤害和污染。

2.2 物理防护包装技术

包装产品（包装件或货物）在流通过程中易受周围环境温度、湿度、空气等物理环境因素的影响而发生性质或功能的变化，例如膨化食品因吸潮而变软、变质，果品因包装箱内的较高温度而腐烂，化工品因温度与氧气的综合作用带来危险等。

2.2.1 防潮包装技术

潮湿是引起产品变质的主要因素之一，如降低产品的性能，甚至完全失去使用价值。采用防潮包装就是为了隔绝大气中的水分对包装产品的作用，避免其变质、发霉、腐烂、受潮、生锈等。

(1) 防潮包装

防潮包装是采用防潮材料对产品进行包装防护，隔绝外界湿气对产品的影响，同时使包装内的空气保持干燥，使产品处于临界相对湿度以下，以实现防潮的目的。因此，防潮包装要求在包装时将封入容器内的水分予以排除，并限制因包装材料的透湿性而透入容器之内的水蒸气量。这里需要注意以下几个问题：

① 包装产品的吸湿环境。每种产品的吸湿特性不同，对水分的敏感程度也不一样，包装产品在流通过程中，接触到的空气水分含量也经常处于变化之中，对防潮包装的防潮性能要求也有所不同。为了正确选择防潮包装工艺及其材料，应充分考虑包装产品的吸湿特性和所处的外界条件。

② 包装产品的吸湿特性。几乎所有包装产品都具有吸湿性。在未达到饱和状态之前，吸湿量将随着所接触空气中相对湿度的增大而增大。因为包装产品都不是绝对干燥的，均含有一定量的水分，并在某允许的相对湿度范围内，吸湿量和蒸发量相等，即达到允许的平衡含水量，才能保证产品的性能，超过这一湿度范围就会改变允许的平衡含水量，使包装产品发生潮解，造成损失。

(2) 防潮包装技术

凡需要进行防潮包装的产品，都是容易吸收水分或在表面吸附水分，引起潮解、变霉和腐蚀的产品。为使防潮包装能达到良好的防潮效果，在进行防潮包装设计时，应充分了解产品的吸湿特性，明确提出防潮目的和等级要求，选用适当的防潮材料和技术。

① 目的。

a. 防止含有水分的食品、果品等因脱湿（干燥）而发生变质。

b. 防止食品、纤维制品、皮革等有机材料因受潮而促进霉菌的繁殖生长。

c. 防止金属及其制品的变色和生锈。

d. 防止易吸湿产品，如肥料、水泥、农药、医药、火药等潮解变质。

② 防护等级。依据产品的性质、储运期限与储运过程的湿度条件，防潮包装可分为Ⅰ、Ⅱ、Ⅲ3个等级（表2-4），对应的气候种类分3种，它是根据包装储运气候与环境的温湿度条件进行分类（表2-5）的。

表 2-4 防潮包装等级与储运条件

等级	包装储运条件		
	储运期限	气候种类	产品性质
Ⅰ	1年~2年	A	对湿度敏感,易生锈易长霉和变质的产品,以及贵重、精密的产品
Ⅱ	半年~1年	B	对湿度轻度敏感的产品、较贵重、较精密的产品
Ⅲ	半年以下	C	对湿度不敏感的产品

表 2-5 储运环境气候类别

气候种类		A	B	C
气候特征		高温高湿	中温中湿	常温常湿
气候条件	温度/℃	>30	20~30	<20
	相对湿度/%	>90	70~90	<70

③ 防潮包装技术。采用低透湿度或透湿度为零的包装材料、包装容器,将产品(或内装物)与外界环境的潮湿空气相隔绝,以免外界环境的潮湿大气对产品产生直接的影响。当包装材料、包装容器的透湿度等于零时,外界环境的潮湿大气对产品不能产生任何影响。而对低透湿度的包装材料、包装容器,外界环境的潮湿大气只能缓慢地、少量地透过防潮包装材料、包装容器壁,对产品产生轻微的影响。但是,当储运时间超过其有效期限时,外界环境的潮气透过量增大,而且当超过临界相对湿度60%时,将会对产品因受潮腐蚀而产生有害的影响。

除去包装内潮气、保持干燥的方法有两种,即静态干燥法和动态干燥法。静态干燥法是将一定数量的干燥剂装入封闭的包装产品内,吸去内部的水蒸气来防止包装产品受潮,其防潮能力决定于包装材料的透湿性、干燥剂的性质和数量、包装内空间的大小等因素。一般情况下适合于小型包装和有限期的防潮包装。动态法是采用降湿机械,将经过干燥除湿的空气输入包装产品内,置换潮湿空气,达到控制包装内相对湿度的目的,使包装产品保持干燥状态。这种方法适合于大型包装和长期储存包装。

2.2.2 气调包装技术

在物流过程中,包装产品处于环境大气的包围之中,包装容器的密闭性、包装材料的阻隔性及产品的特性,使得包装内环境与外环境之间、包装内环境与产品之间存在着一系列的物质和能量的交换,促使产品发生变化。因此,需要实施气调包装技术,改变包装内环境参数,使产品处于合适的储存环境之中,以延长产品的储存和货架寿命。

(1) 气调包装技术

气调包装是指在封闭的包装容器内,产品四周的气体可得到调节或控制的一种包装方法。常用气调包装技术有真空包装技术、充气包装技术等。在封闭的果品、蔬菜等包装系统内同时存在着两种过程,一种是产品的生理活动过程,如呼吸作用、蒸腾作用等。另一种是包装容器、材料的透气性导致外界空气与包装内气体的交换过程，这两个过程使得气调包装系统成为一个动态系统。采用气调包装技术，能提高包装产品的保质期、保鲜期，而且不需要对包装产品进行化学处理，具有良好的社会效益和经济效益。

例如，采后果品仍是活的有机体，仍然继续进行着水分蒸腾作用、呼吸作用以及后熟等生理活动。因此，要延长果品的保鲜期，最主要的任务是抑制其呼吸强度。随着果品呼吸作用的进行，包装体系内的 O_2 浓度降低、CO_2 浓度增高，由于塑料薄膜对不同气体的选择性透过，大气中的 O_2 有少量透入，而包装内 CO_2 有较多析出。这种状态能够抑制果品的呼吸作用，使果品新陈代谢降低，延缓衰老，从而具有保鲜作用，延长保鲜期。

因此，气调包装技术应从包装产品、包装材料、包装结构及外部环境等方面进行设计。

①确定包装产品的合理质量或体积。产品置于包装容器内，随着时间的延长，能够与包装内部环境发生作用，且产品的化学性质越活泼，这种作用关系越明显。例如，在防潮包装的设计中要根据产品质量来计算干燥剂的用量，而气调包装需要根据产品的质量来选择包装材料及容器的结构。

②根据产品的特性，改变外界环境，人为地创造一个有利于产品储存的环境条件，如降低环境温度、保持干燥、通风等。

③选择适合的包装材料，形成半封闭或全封闭的包装内环境。例如，果蔬类产品要选择半透气性材料，保证包装内外环境可以进行物质交换，对茶叶等产品要选用阻隔性好的包装材料，如金属、镀铝薄膜、玻璃等，尽量阻止内外环境之间的物质交换。

④确定最佳的内部环境初值。内环境的初始值是包装内环境变化的开端，如真空包装要求内部环境最初达到一定的真空度，充气包装则要求一个特定的初始内部气体环境。充气包装的目的是能够较长时间地维持这种初始环境。

⑤使用添加剂来维持产品所需的包装内环境。随着贮存时间的延长，由于产品特性或外环境渗透等原因，会使内环境发生变化，因此有必要采用一定的添加剂来吸收一些不利因素或释放一些保护性气体来维持最佳的包装内环境。常用的添加剂有：干燥剂、气体吸收剂、气相缓蚀剂等。

⑥设计合理的包装结构，使包装能够保护产品且经济合理。

⑦采用先进的仪器设备对内环境进行监控，随时对其进行调节，使包装内部环境长期处于最佳状态。

(2) 真空包装技术

真空包装是把产品装入气密性包装容器内，然后将容器内部的空气排除，使密封后容器内达到预定真空度的一种包装技术。

① 真空包装工艺。按照排气方法的不同，真空包装工艺分加热排气、抽气密封两种。

a. 加热排气法。这种方法是通过对装填产品后的包装容器先进行加热，利用空气的热膨胀将包装容器中的空气排出，再经密封、冷却后，使包装容器内达到一定的真空度。

b. 抽气密封法。这种方法是利用真空包装机的真空泵将包装容器中的空气抽出，在达到一定真空度后，立即密封，使包装容器内形成真空状态。与加热排气法相比，抽气密封法具有能减少内容物受热时间，更好地保全食品的色、香、味，因此，抽气密封法应用较为广泛，尤其对加热排气传导慢的产品更为合适。

要维持真空包装较高的真空度，主要有两种途径：一种是要采用较高真空度的包装机械，使包装内环境的初始真空度较高；另一种是要选择阻隔性好的包装材料来维持真空环境。常用的真空包装材料有尼龙、聚酯、玻璃纸、聚乙烯醇等的复合塑料包装材料。此外，部分金属包装材料也可与塑料材料组成复合材料用于真空包装。

② 真空包装的特点。包装的优点主要表现在以下几个方面：

a. 真空包装排除了包装内部环境中的氧气，抑制了微生物的繁殖，并能控制包装内的水分，对产品防潮、防氧化、防虫有明显的效果，能够延长食品的保存期限。

b. 食品不用加热或冷冻，也不用或少用化学防腐剂，便能有较长的保存期，而且食品风味可保持较好。

c. 与罐藏和冷冻贮藏相比，包装材料和设备较简单，操作方便，费用较少。

真空包装的缺点主要体现在以下几个方面：

a. 真空包装抽真空后，软包装缩瘪不美观，不适合有尖锐外形产品及粉状产品的包装。

b. 酥脆易碎的食品（如油炸马铃薯片、油炸膨化食品等）易被挤碎。

c. 与罐藏相比，真空包装速度较慢，效率较低。

（3）充气包装技术

充气包装又称换气包装或改变气体包装，是将产品装入气密性包装容器，用氮、二氧化碳、惰性气体等保护性气体置换容器内原有空气的一种包装方法。

① 充气包装工艺。充气包装的工艺过程可简单归纳为3步，即除氧、阻气、充气。

a. 除氧。食品霉变的主要原因是微生物所致，其次是食品与空气中的氧气接触发生化学变化而变质。包装产品内除氧的方法有两种：一是机械法，即抽真空或用惰性气体置换；二是化学法，即使用各种除氧剂。真空包装与充气包装的除氧过程通常采用机械法进行。

b. 阻气。采用不同阻隔性的包装材料，如塑料薄膜、塑料纸、铝箔等复合材料，阻隔包装产品内外气体的相互渗透。一般情况下，不同气体对同一种包装材料的透过性互不相同。

c. 充气。向包装件内充入调节气体，通常为 O_2、N_2、CO_2 以及惰性气体。这些保护性气体与产品一般不发生化学作用，也不会被吸收，是理想的充气包装用气体。

② 充气包装的特点。充气包装的优点主要表现在以下几个方面：

a. 充气包装能有效延长产品的货架寿命。常用的保护气体中，O_2 可以维持产品新鲜色泽和抑制厌氧微生物生长，低氧含量能够有效地抑制呼吸作用，在一定程度上减少蒸发作用和微生物生长。N_2 对塑料薄膜的透过性比 O_2 和 CO_2 都低，可保存食品的色、香、味，防止油脂氧化、肉类变色；也可防止金属腐蚀、非金属材料老化。CO_2 气体对阻止霉的生长繁殖非常有效；对具有呼吸性能的果蔬等食品可起到有效的保鲜作用；对油脂、谷类等食品有较强的吸附作用，可抑制食品中的脂肪、维生素和油脂的氧化与分解，从而延长保存期。

b. 充气包装外形饱满美观，克服了真空软包装缩瘪难看和易机械损伤的缺点。

c. 食品不用加热或冷冻，也不用或少用化学防腐剂，便能有较长的保存期，而且食品风味可保持较好。

d. 与罐藏和冷冻贮藏相比，包装材料和设备较简单，操作方便，费用较少。

充气包装的缺点主要体现在以下几个方面：

a. 充气包装所用的保护气体一般为 N_2、CO_2 等气体，其对食品的保护作用有限；且因包装透气问题，不一定始终维持最佳保护状态。

b. 经充气包装后，包装产品易被外界硬物、尖锐物体刺破、划伤，不能受外界的挤压、摩擦。

c. 与罐藏相比，充气包装速度较慢，效率较低。

2.2.3 危险品包装技术

危险品是指具有易爆、易燃、毒害、腐蚀、放射性质，在生产、使用、运输、储存等过程中，容易造成人身伤亡、财产损失和环境污染，需要特别防护的物品。危险品包装技术对于保证危险品不发生安全事故具有十分重要的作用，同时也便于危险品的装卸、运输、保管、储存等作业。GB 12463《危险货物运输包装通用技术条件》规定了危险货物运输包装的分级、基本要求、性能试验和检验方法等，也规定了包装容器的类型和标记代号。按包装结构、防护性能以及内装物的危险程度，危险品包装分为3个等级，Ⅰ级包装适用于内装危险性较大的货物，Ⅱ级包装适用于内装危险性中等的货物，Ⅲ级包装适用于内装危险性较小的货物。

(1) 易爆产品包装技术

对于军工产品中的弹药、火药、炸药、引信或电子引信、化工品等易爆产品的包装，必须对环境条件认真研究分析，根据运输条件查出或确定跌落高度、运输工具的加速度—频率谱线、堆码高度、温湿度范围、陆地地面环境、海面和海洋大气环境以及在80km高空的大气环境、气压变化范围等参数，并合理选择相应的内、外包装材料。在包装技术方法的选择中，应根据产品特性，选择阻燃隔热材料以防止日光照射或热辐射作用；采用真空或充气内包装以防止氧化作用；采用密封性好的材料进行防水或防潮包装；内加干燥剂或涂布防锈油以防止锈蚀、腐蚀或霉变；在内包装之外再使用缓冲材料以防止冲击或振动。外包装箱应坚固，以适应战地运输需要，同时也要防止啮齿类动物的损坏。如果是电子引信或其他电子产品，还应采取场强屏蔽技术，以防止静电场、电磁场、磁场和辐射场的作用。在流通过程中，如果产品包装内的相对湿度下降到某种程度时，可能使产品与包装材料之间发生摩擦而引起爆炸，则应采取防潮包装技术使内包装保持一定的湿度范围。

(2) 放射性产品包装技术

对于放射性产品的包装，必须选择能屏蔽掉或使放射线衰减到对人体或环境无害的包装材料及其技术方法。通常在内包装或内包装外面增加一个一定厚度的金属铅或铝制的防辐射隔离层；外包装通常使用金属箱、金属桶等包装容器，而且密封要好，要牢固。为了防水、防潮、防氧化、防腐蚀等，应合理选择内、外包装材料或采取相应的技术方法。若使用塑料类或复合材料包装，还应保证这类材料受辐射后不应产生裂解，不影响封口质量、密封性和牢固度。

(3) 有毒产品包装技术

对于有毒产品的包装，主要应保证包装容器对产品的密封性，在流通过程中不发生破损、渗漏和渗透。因此，内、外包装材料必须具有优良的气密性，防潮、防水、抗腐蚀性良好,不与毒性物质发生化学反应。这类危险品包装之后必须按照国家标准进行所规定的各种试验,如 GB 19270.2《水路运输危险货物包装检验安全规范 性能检验》、GB 19269.2《公路运输危险货物包装检验安全规范 性能检验》、GB 19359.2《铁路运输危险货物包装检验安全规范 性能检验》、GB 19433.2《空运危险货物包装检验安全规范 性能检验》等。危险品包装完全合格后才能投入正常使用。为了在储运中保证安全,在外包装上必须按照国家标准 GB 190《危险货物包装标志》、GB 191《包装储运图示标志》加印危险货物包装标志和包装储运图示标志,并保证在储运期内不脱落。

2.3 力学防护包装技术

为防止产品在物流过程中受到冲击、振动、压力等力学载荷的作用而发生破损,必须对产品实施力学防护包装技术。规则产品适合于采用常用防护包装技术。而对于重量大、体积小、带突起物或体积大、重量大、挠度大、底面四棱的受力面积很窄、重心与几何中心不重合等不规则产品,在确定防护包装技术时应考虑产品自身的特殊包装要求。

2.3.1 常用防护包装技术

根据产品的具体特性、包装结构及工艺技术,可选用全面缓冲包装、局部缓冲包装或悬浮式缓冲包装等形式进行防护设计。表2-6列出了常用缓冲包装材料的性能指标,如缓冲系数、复原性、抗蠕变性、耐疲劳性、最佳使用温度、耐腐蚀性和耐候性。

表2-6 常用缓冲包装材料的性能指标

缓冲材料	密度/(g/cm³)	缓冲系数	复原性	抗蠕变性	耐疲劳性	最佳使用温度/℃	腐蚀性	耐候性
EPE	0.03~0.4	3.0~3.3	好	好	好	-20~60	无	好
EPP	0.015~0.03	3.0~3.2	好	好	好	-30~60	无	好
EPU	0.02~0.09	2.0~3.0	好	较好	好	-20~60	小	差
聚乙烯气泡薄膜	0.01~0.03	4.0~5.0	较好	好	差	—	无	好
粘胶纤维	0.06~0.09	2.3~3.3	好	好	好	-30~60	小	较好
泡沫橡胶	0.17~0.45	3.0~3.5	好	较好	好	-10~60	小	好
蜂窝纸板	0.048~0.066	2.0~2.8	差	较好	较好	—	小	较好
瓦楞纸板	0.15~0.3	2.6~4.0	差	较好	较好	—	小	好

(1) 全面缓冲包装技术

它是指在产品与包装容器之间的所有间隙填充、固定缓冲包装材料,对产品周围进行全面保护的技术方法(图2-2)。这种包装方法一般采用丝状、薄片状及粒状材料,便于对形状复杂的产品能够很好地填充,承受冲击振动时可有效地吸收能量,分散外力。它适用于小批量、不规则产品的包装，缓冲材料与产品接触面积大，承受应力较小，可选择厚度较小的缓冲材料，节约用料，降低包装和运输费用。

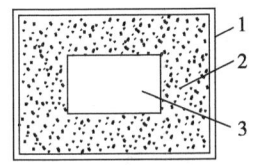
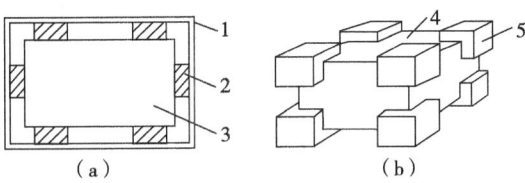

图2-2　全面缓冲包装
1—包装容器；2—缓冲材料；3—产品

图2-3　局部缓冲包装
1—包装容器；2—侧衬垫；3、4—产品；5—角衬垫

（2）局部缓冲包装技术

它是指采用缓冲衬垫（角衬垫、棱衬垫、侧衬垫）对产品拐角、棱或侧面等易损部位进行保护的技术方法（图2-3）。这种包装方法一般采用泡沫塑料、瓦楞纸板、蜂窝纸板或充气塑料薄膜袋等缓冲材料或结构，依据产品的结构特点对易损部位、受力集中部位等进行缓冲包装。它适合于形状规则产品的大批量包装，用料最少，可大幅度减少缓冲包装材料使用量，降低包装和运输费用，应用非常广泛。

（3）悬浮式缓冲包装技术

它是指采用弹簧将被包装物悬吊在外包装容器四周，产品受到外力作用时各个方向都能得到充分缓冲保护的技术方法（图2-4）。这种包装方法适用于精密、脆弱产品包装，如大型电子计算机、电子管和制导装置等。悬浮式缓冲包装在军用包装中使用较多，要求包装容器有较高强度，如木箱、集装箱等。

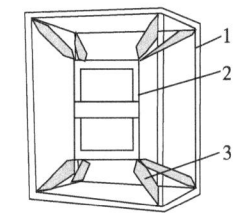

图2-4　悬浮式缓冲包装
1—木箱；2—产品；3—金属弹簧

2.3.2　特殊防护包装技术

（1）带突起物产品防护包装

对于带有突起物产品的缓冲包装，必须慎重考虑"触底现象"，即产品的突起物与包装容器四壁发生碰撞的现象。由于缓冲衬垫各部位的厚度不同，变形量也不同，突起物先受力。因此，必须认真地选择缓冲材料的厚度，预留出缓冲材料的变形量（图2-5）。

（2）整体产品固定防护包装

对于有可动机件的产品，且产品的表面不能承受冲击时，要用硬质材料，将其他部分固定住，使产品整体承受冲击（图2-6）。不规则形状的产品可以用模制的衬垫进行缓冲，也可以将产品固定或支撑在内包装容器中，再用缓冲材料加以保护。

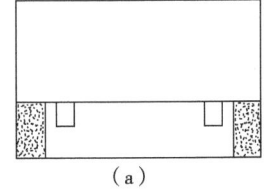
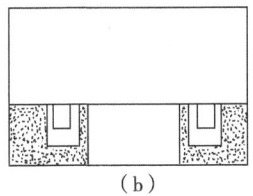
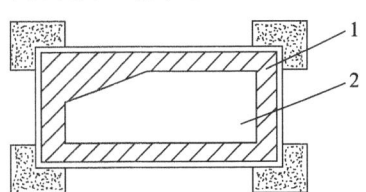

图2-5　带突起物产品防护包装

图2-6　整体产品固定防护包装
1—固定材料；2—产品

(3)长凸筋防护包装

如果产品底面的四条棱只有很窄的受压面积,装卸、运输过程中产品在缓冲材料之间就会发生移动,严重时会从受压面跌落。因此,需要采用长凸筋进行防护,产品即使发生一些移动,也不会影响受压面积(图2-7)。

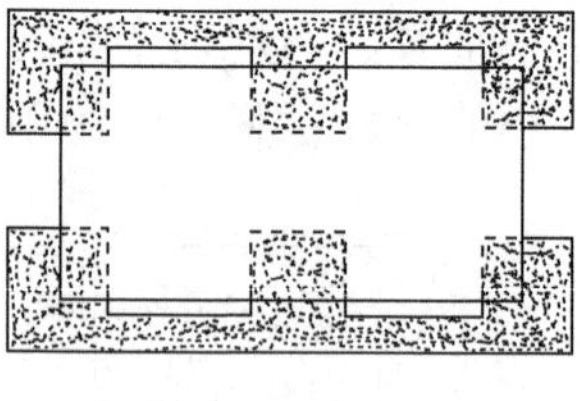

图2-7 长凸筋防护包装

(4)大挠度产品防护包装

对于大挠度产品的防护包装,不能只在产品底面的两端放置缓冲材料。由于产品弯曲可能产生不良后果,因此需要在产品跨度的中央位置也放置受压的缓冲块(图2-8),或使两端的缓冲垫朝中央方向至少延伸1/4以上,这时防护包装才会有良好的缓冲效果。

(5)有突出部分产品防护包装

对于有突出部分的产品,缓冲材料的厚度应以该部分外侧到外包装容器的内侧的尺寸为准(图2-9)。

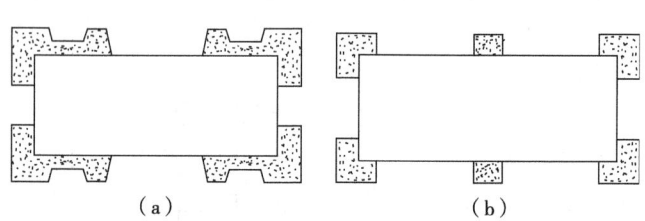

图2-8 大挠度产品防护包装

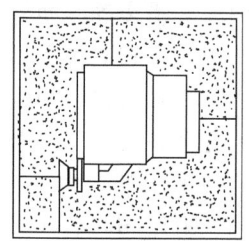

图2-9 有突出部分产品防护包装

(6)缓冲座防护包装

如果大型产品中某些部件较为脆弱而又可以拆卸,可将该部分拆卸后单独包装。对于体积、重量较大的产品,可将其固定在抗冲击座上,如图2-10所示的橡胶缓冲座上进行防护包装,以防止冲击和振动对产品的影响。这种包装工艺要求组成产品的部件应尽可能减小,产品在包装箱内自由运动的空间应加以限制,以满足产品保护为限度。

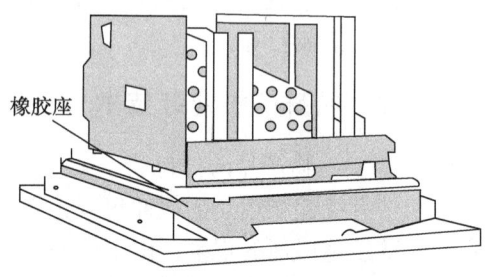

图2-10 缓冲座防护包装

(7)现场发泡包装

它是一种根据实际需要在包装现场直接填充发泡标准件而达到缓冲包装的目的技术方法。也可以直接封装,即将待发泡的塑料原料(液体)注入包装箱或容器内,直接进行发泡,而把要求包装的产品用泡沫塑料全部包裹。现场发泡包装系统由物料传输系统、物料储存系统、液压操纵系统和电子控制系统组成。泡沫形成的过程是,物料储存系统内有两个物料罐,分别储存A种液体物料和B种液体物料,这两种物料在物料传输系统的泵站作用下,通过管道进入喷射枪混合后引起化学反应,然后从喷射枪中喷出,在待填充空间形成固体泡沫塑料。目前聚氨酯泡沫塑料现场发泡包装工艺很成熟,根据具体缓冲包装要求选用软质或硬质泡沫,其包装工艺过程如图2-11所示。但应注意,在使用聚氨酯作现场发泡包装时必须有安全保护,通风良好,因为异氰酸酯等材料有一定的毒性。

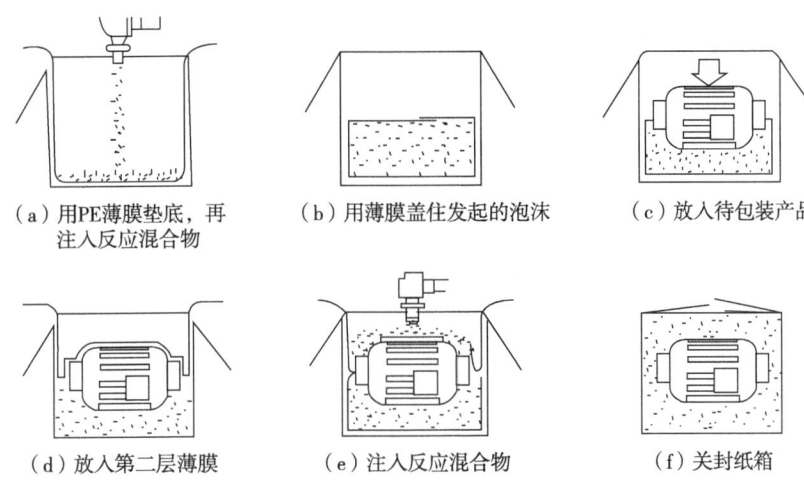

(a) 用PE薄膜垫底，再注入反应混合物　　(b) 用薄膜盖住发起的泡沫　　(c) 放入待包装产品
(d) 放入第二层薄膜　　(e) 注入反应混合物　　(f) 关封纸箱

图 2-11　现场发泡包装工艺过程

现场发泡包装工艺适用于任何形状的产品，如精密仪器、精密机械及其零部件包装，电子计算机、电子电器产品包装，还可以作为一些产品运输加固材料、衬板填空材料等。由于包装容器和产品之间填充了泡沫塑料，能保证充分的固定和支撑，使产品得到良好的保护，极大地降低了产品破损率，包装箱可以用一般的纸板箱或瓦楞纸箱，而不需要木质包装箱，因此可以节省包装和运输费用。

2.4　生化防护包装技术

为防止或减弱包装产品在物流过程中因化学或生物化学反应、微生物、虫害等因素而发生质量变化，需要对产品应用生化防护包装技术。

2.4.1　防锈包装技术

为隔绝或减少周围环境中水气、氧气和其他污染物对金属制品表面的影响，防止其发生锈蚀所采用的包装技术称为防锈包装技术（或封存包装技术）。在包装物流环境中，金属锈蚀是能导致金属制品表面变色、生锈，降低其使用性能，对金属制品有严重的破坏作用。金属制品的锈蚀可分为电化学锈蚀和化学锈蚀两种类型，一般金属制品的锈蚀主要是电化学锈蚀，即金属制品的锈蚀引起微电流作用而导致金属制品锈蚀。

（1）防锈包装

防锈包装与金属冶炼和制品加工中的防锈技术不同，用于包装封存的防锈技术是暂时性防锈，在产品投入使用时，防锈包装材料还要求能顺利除去或剥离。为了防止金属制品产生锈蚀，最有效的方法是设法消除产生锈蚀电池的各种条件。国家标准 GB 4879《防锈包装》将防锈包装分为 A、B、C、D 四个等级（表 2-7），对各等级的防锈包装要求及方法进行了规定，有效期可达数月至数年。

表2-7 防锈包装等级

级别	适用范围	防锈包装要求	
		前处理及防锈	包装方法
A级	用于入库长期储存,国内外远距离运输与储存的产品,防锈期3~5年	① 产品经清洗、干燥后应完全无油污、汗迹及水痕,通过清洁度试验且须检查; ② 选用3年以上防锈期的防锈材料进行封存	① 密封容器包装; ② 可剥性塑料包装方法; ③ 容器充氮包装; ④ 干燥空气封存包装
B级	用于需入库短期储存周转,再发送到国内各地短途运输,而且已知运输及储存期限的产品,防锈期2~3年	① 产品经清洗、干燥后无油污、汗迹及水痕,要求通过清洁度试验检查; ② 选用2年以上防锈期的防锈材料进行封存	① 涂覆防锈油脂后用塑料袋或铝塑薄膜包装; ② 气相防锈材料包装方法; ③ 密封容器包装; ④ 涂覆溶剂型可剥塑料的包装; ⑤ 容器充氮包装
C级	用于一般直接出厂运输到国内各地用户使用,不需入库储存的产品,防锈期1年	① 产品经清洗、干燥后无油污、汗迹,要求通过清洁度试验检查; ② 选用1年防锈期的防锈材料进行封存	① 一般防湿、防水包装方法; ② 涂覆防锈油脂的包装方法; ③ 气相防锈材料的包装方法
D级	用于短期储存的产品或工序间的装配及备用品,防锈期6~12个月	① 清洗后无污物,允许残留少量油迹; ② 选用6~12个月防锈期的防锈材料包装	① 一般防湿、防水包装方法; ② 涂覆防锈油脂或涂覆防锈油脂后再用防锈纸包扎

(2) 常用防锈包装技术

金属制品采用何种防锈包装技术,应根据制品重要性和储运要求而确定。常用的防锈包装技术包括防锈油脂封存包装,气相缓蚀剂防锈封存包装,可剥性塑料封存包装和封套防锈封存包装等。

① 防锈油脂封存包装技术。将防锈油脂涂覆于金属制品表面,然后用石蜡纸或塑料袋封装,这种方法称为防锈油脂封存包装。该技术材料丰富、使用方便、价格较低,防锈期可满足一般需要,应用最早、使用最为广泛,常用于钢铁、铜铝及其合金镀件、氧化及磷化件以及多种金属组件的防锈,而且产品涂油之后能起到一定的防止划伤和减振作用。

② 气相缓蚀剂防锈封存包装技术。气相缓蚀剂(或挥发性缓蚀剂)在常温下有一定的气压,在密封包装容器内能自动挥发到达金属制品表面,抑制大气对金属制品的锈蚀作用。该技术使用方便、效果好、防锈期长,能用于表面不平、结构复杂、忌油产品的防锈,已得到越来越广泛的应用。

③ 可剥性塑料封存包装技术。可剥性塑料是以塑料为基本成分,加入矿物油、防锈剂、增塑剂、稳定剂以及防霉剂和溶剂配制而成的防锈材料。这种技术是将可剥性塑料涂覆于金属表面可硬化成固体膜,具有良好的防止大气锈蚀作用;同时膜层柔韧而有弹性,具有一定的机械缓冲作用。由于固体膜被一层油膜与金属件隔开,启封时固体膜层很容易从金属表面剥下,故称为可剥性塑料封存包装技术。20世纪40年代,这种防锈包装技术就在军工产品的防锈包装上使用,现已广泛应用于工具、汽车、飞机、造船业等金属制品的防锈包装。

④ 封套防锈封存包装技术。它属于一种环境封存防锈包装技术，是将金属件放入一密封套内，并放入干燥剂或气相防锈剂，然后在口部用拉链密封包装。拉链启闭灵活，便于检查和使用，但防锈期较短，一般只有2~3年，特别适用于运输途中的短期防锈包装。坦克、装甲车、火炮、鱼雷和机械等军工产品经常采用封套防锈封存包装技术。

2.4.2 防霉包装技术

由有机物构成的产品（或物品），例如食品、干菜、果品、茶叶、卷烟、纺织品、塑料、橡胶制品、皮革制品、毛制品、纸及纸板等，最容易受霉菌侵袭而发生霉变和腐败。因此需要对这些物品实施防霉包装技术。

(1) 霉变过程

霉变或长霉是由有机物构成的产品（如生物性物品及其制品等）受霉菌侵袭而导致物品质量变化的一种现象。在外界因素如温度、湿度、营养物质、氧气和pH值等适宜时，就会使物品发生霉变，不仅影响外观，而且导致物品品质下降。水分是霉菌生长繁殖的关键因素。霉菌在物品上生长、繁殖、新陈代谢的过程就是物品霉变的过程，也是物品霉变的实质。物品的霉变一般经过以下4个环节：

① 受潮。物品受潮是霉菌生长繁殖的关键因素。当物品吸收了外界水分受潮后，物品含水量达到霉菌生长所需要的水分，物品的霉变就会发生。

② 发热。物品开始霉变后，霉菌生长繁殖要产生热量，一部分供给本身生化活动，剩余的在物品中散发出来，造成物品内部发热。

③ 长霉。霉菌在物品上生长繁殖，长出菌丝，继续生长扩大形成霉点。菌落增大而融合形成菌苔称为菌斑。霉菌新陈代谢产物中的色素使菌苔变成黄、红、紫、绿、褐、黑、白等色。

④ 腐败。随着霉菌的不断生长繁殖，物品原有营养成分被消耗，内部结构被破坏，失去原有的机械性能，产生霉味，外观污染，使物品腐败变质而丧失其使用价值。

(2) 防霉包装技术

防霉包装技术就是根据产品（或物品）的特性、物流环境条件，以及霉菌生长、发育的条件，合理地选用包装材料和相应的包装技术，使包装件达到防霉包装等级的要求。

① 防霉包装等级。国家标准GB 4768《防霉包装》中将防霉包装分为Ⅰ、Ⅱ、Ⅲ3个等级。Ⅰ级包装，产品表面看不见菌丝生长。Ⅱ级包装，产品表面霉菌呈个别点状生长，霉斑直径小于2mm，或菌丝呈稀疏丝状生长。Ⅲ级包装，产品表面霉菌呈稀疏点状生长，其中个别霉斑直径2~4mm，或菌丝呈稀疏网状分布，生长区面积小于25%。上述防霉包装等级适用于机电仪表产品，对其他类产品，专业技术文件中各有规定。防霉包装设计的基本原则就是使包装能达到有关规定的产品防霉等级要求。

② 防霉包装技术要求。防霉包装的技术要求包括对包装材料，包装环境，储存、运输物流环境等方面的要求。

a. 对包装材料的要求。例如，与产品直接接触的包装材料，对产品不允许有腐蚀作用，不允许使用能产生腐蚀性气体的材料；应选择吸水率和透湿率较低的防霉包装材料；防霉包装材料必须耐霉，凡是抗霉性比较差的材料，应按有关标准及规定预先进行防霉处理；可发性聚苯乙烯发泡塑料及同类材料制成的包装容器，必须干燥，防止包装后相对湿度升高导致产品发霉。

b. 对包装环境的要求。例如，包装环境应保持清洁、干燥，无积水和有害介质；包装作业过程中，应保持产品和包装容器的清洁，防止污染物（如油渍、灰尘等）进入包装容器内，不给霉菌留下养料。金属制品虽然抗霉，但表面沾染一些营养物，也能导致霉菌的滋生。

c. 对储存、运输环境的要求。例如，用于包装和储存的场所应该干燥，并有适当的隔层以阻止潮气从地下上升，以免外包装吸潮长霉；仓库堆放的包装件之间、包装件与墙之间应留有通道，保持适当的距离，以便进行必要的观察、清洁和处理，还有利于通风，防止长霉。

③ 常用的防霉包装技术。包括气调防霉包装技术，干燥空气防霉包装技术，气相防霉包装技术，温控防霉包装技术，药剂防霉包装技术，电离辐射防霉包装技术，紫外线、远红外线、微波和高频电场防霉包装技术。

a. 气调防霉包装技术。它是在密封包装的条件下，通过改变包装内空气组成成分，降低氧气的浓度来抑制霉腐微生物的生物活动和生物性产品的呼吸强度，从而达到对产品防霉腐的目的。气调防霉包装技术的关键是包装容器的密封性和降低氧气浓度。

b. 干燥空气防霉包装技术。它是通过降低密封包装内的水分和产品本身的含水量，使霉腐微生物得不到生长繁殖所需的水分，以达到防霉腐的目的。

c. 气相防霉包装技术。它是使用具有挥发性的防霉防腐剂，利用防霉防腐剂挥发产生的气体抑制霉腐微生物生长或将其杀灭，以达到产品防霉腐的目的。

d. 温控防霉包装技术。它是通过控制产品本身的温度，使其低于霉腐微生物生长繁殖的最低界限，控制酶的活性，一方面抑制生物性产品自身的呼吸氧化过程，另一方面抑制霉腐微生物的新陈代谢与生长繁殖来达到防霉腐的目的。

e. 药剂防霉包装技术。它是使用防霉防腐化学药剂将产品和包装材料进行适当处理的包装技术，其主要作用是使菌体蛋白质凝固、沉淀、变性、影响菌体新陈代谢等。

f. 电离辐射防霉包装技术。包装产品经过电离辐射后，使微生物内部成分分解而引起诱变或死亡，或是水分子离解成游离基，游离基与液体中溶解的氧作用产生强氧化基团，此基团使微生物酶蛋白失去活性，使其诱变或死亡。

g. 紫外线、远红外线、微波和高频电场防霉包装技术。紫外线杀菌能力强，但穿透力弱，只能杀死物品表面的霉菌。包装时可先照射、后包装，以延长包装储存期。微波、远红外线和高频电场的杀菌机理相似，都是使含水和脂肪成分多的物体吸收其能量转变为热能，产生高温使菌体死亡。

2.4.3 无菌包装技术

在生产、包装、运输、储存等物流过程中，产品不断受到各种有害微生物的侵袭，虽然可以运用化学药剂、气调、高温、低温等灭菌技术进行杀菌，但不能保证产品（特别是某些食品、饮料、药品等）一直处于无菌环境中，故需要对这些产品实施无菌包装技术。

（1）无菌包装特点

无菌包装主要包括包装物（材料或容器）的灭菌、产品的灭菌和无菌环境下的包装过程，整个过程构成了一个无菌包装系统。无菌包装系统由包装容器输入部位、包装容器灭菌部位、无菌充填部位、无菌封口部位及包装件输出部位等组成。对于不同的包装容器和包装材料，无菌包装系统的结构也不相同。经过无菌包装的食品，无须冷藏库储存、冷藏车运输、冷藏柜台销售等，在常温下可以储存 12~18 个月不变质，风味可以保存 6~8 个月不损失，延长了产品的储存期。无菌包装所采用的包装容器有杯、盘、袋、桶、缸、盒等，容积从 10~1135mL 不等；包装材料主要是塑料、铝箔、纸、塑料的复合膜，用这种复合膜制成的容器可比金属容器节省 15%~25% 的费用，大大降低了包装成本。

（2）无菌包装技术

无菌包装技术是在无菌的环境中进行充填和封合的一种包装技术，具有成本低、寿命长、不需冷藏、节省能源、销售方便等优点，被广泛应用于牛乳和乳制品、果汁、饮料、食品及某些药品等，尤其是液态产品的包装。无菌包装技术中采用的杀菌方法主要有加热杀菌（或热杀菌）和非加热杀菌（或冷杀菌）两大类。热杀菌方法是一种传统的杀菌方法，技术已很成熟。冷杀菌技术起步较晚，还有待进一步研究应用。目前，常用的杀菌技术包括超高温杀菌技术、巴氏杀菌技术、微波杀菌技术、电阻加热杀菌技术、高压电脉冲杀菌技术、超高压杀菌技术、磁力杀菌技术、臭氧杀菌技术等。

① 超高温杀菌技术。它是将食品充填并密封于复合薄膜包装袋后，使其在短时间内保持 130℃ 的高温，杀灭包装容器内的细菌。这种技术不仅能够保护食品的质量，生产效率也得到很大的提高，主要用于鲜奶、复合奶、浓缩奶、加味奶饮料、奶油等食品。

② 巴氏杀菌技术。它是将食品充填并密封于包装容器后，在一定时间内保持 100℃ 以下的高温，杀死包装容器内的细菌，如酵母、霉菌和乳酸杆菌等。这种技术主要用于果汁、牛乳、稀奶油、发酵乳、啤酒、酱油、火腿等食品。

③ 微波杀菌技术。它克服了常规加热方式中先加热环境介质，再加热食品的缺点，对食品的加热方式是瞬时穿透式加热，被加热的食品直接吸收微波能而产生热能，加热速度快，内外受热均匀。而且，食品中的微生物因吸收微波能而使体温升高，破坏菌体中蛋白质成分，起到杀菌作用。这种技术可用于肉、鱼、豆制品、牛乳、水果及啤酒等的杀菌。

④ 电阻加热杀菌技术。它是利用连续流动的导电液体的电阻热效应来进行加热，以达到杀菌目的。这种技术是酸性和低酸性的黏性食品和颗粒食品进行连续杀菌的一种新技术，适用于土豆、胡萝卜、苹果片及牛肉干、鸡肉干等食品。

⑤ 高压电脉冲杀菌技术。它是将高压脉冲电场作用于液体食品，有效地杀灭食品中的微生物，而对食品本身的温度无明显影响，最大限度地保存了食品中原有的营养成分。

⑥ 超高压杀菌技术。它是将食品在 200~600MPa 的超高压下进行短时间的处理，由于静水压的作用使菌体蛋白质发生压力凝固现象，达到完全杀菌的目的。超高压杀菌技术最大的优越性是对食品中的风味物质、维生素 C、色素等没有影响，营养成分损失很少，特别适用于果汁、果酱类食品。

⑦ 磁力杀菌技术。它是把需要杀菌的食品放于磁场中，在一定的磁场强度作用下，使食品在常温下达到杀菌目的。这种技术主要适用于各种饮料、流动性食品、调味品及其他各种固体食品。

⑧ 臭氧杀菌技术。臭氧杀菌机理主要有两种解释：一种是臭氧很容易同细菌细胞壁中脂蛋白或细胞膜中的磷脂质、蛋白质发生化学反应，从而使细菌的细胞壁和细胞膜受到破坏，导致细菌死亡；另一种说法认为，臭氧可以破坏细菌中的酶或 DNA、RNA，从而使

细菌死亡。这种技术多用于饮水或食品原料的杀菌、脱臭、脱色等方面。

2.4.4 防虫害包装技术

包装产品在流通过程中会受到虫类侵害,害虫不仅蛀食动植物性物品和包装品,破坏产品的组织结构,使产品发生破碎和孔洞,而且害虫在新陈代谢中的排泄物会玷污产品,影响产品的品质和外观。因此,对易遭虫蛀和虫咬的产品必须实施防虫害包装技术,有效地控制害虫的发生及生存环境条件。

(1) 防虫害包装

任何一种害虫都与其生活环境密切相关,周围的环境因素不断影响着它们的生长、发育和繁殖。根据害虫的生活习性和生存环境条件,人为地控制和创造对害虫不利的因素,可抑制其生长发育及传播蔓延或直接灭杀害虫。与害虫的生长密切相关的环境条件包括温度、湿度、空气、光线以及人为活动等,除此之外,还与产品的化学组成有关。容易引起蛀蚀的产品都含有丰富的有机养分,如羊毛织品、蚕丝织品、人造纤维织品、天然草织品、毛皮及其制品、粮食、干果等,它们均含有丰富的蛋白质、氨基酸、脂肪、糖类及纤维素等有机营养成分,这些营养成分若被害虫消化利用,必然造成产品的蛀蚀,使产品遭受破坏。因此对于羊毛织品、毛皮、衣物、纸张、木材等产品,必须采取积极的防虫害包装技术保护产品。

(2) 防虫害包装技术

防虫害包装技术是通过各种物理方法或化学药剂作用于害虫的肌体,破坏害虫的生理机能和肌体结构,恶化其生存环境,促使害虫死亡或抑制害虫繁殖,达到防治虫害的目的。目前,常用的防虫害包装技术有高温防虫害包装技术、低温防虫害包装技术、气调防虫害包装技术、电离辐射防虫害包装技术、化学药剂防虫害包装技术等。

① 高温防虫害包装技术。它是利用较高的温度来抑制害虫的发育和繁殖。当环境温度上升到 40~45℃时,一般害虫的活动就会受到限制;温度达到 45~48℃时,大多数害虫将处于昏迷状态(夏眠),当温度上升到 48℃以上时,大多数害虫死亡。

② 低温防虫害包装技术。它是利用低温抑制害虫的发育和繁殖,并使其死亡。仓库害虫一般在 8~15℃时,开始停止活动;温度下降到 -4~8℃时,大多数害虫将处于冷麻痹状态,如果这种状态延续时间太长,害虫就会死亡; -4℃是一般害虫致死的临界点,当温度降到致死临界点时,由于虫体体液在冻结前释放出热量,使体温回升,已经冻僵的害虫往往会复苏,如果继续保持低温,害虫才会真正死亡。

③ 气调防虫害包装技术。它是通过改变包装容器或储藏环境内的气体成分,造成对害虫不良的生态环境条件,来达到防治害虫的目的。一般 O_2 浓度为 5%~7% 时,1~2 周内可杀死害虫; O_2 浓度在 2% 以下,杀虫效果更为理想; CO_2 杀虫所需的浓度一般较高,多为 60%~80%。

④ 电离辐射防虫害包装技术。它是利用射线破坏害虫的正常新陈代谢和生命活动,使其不育或死亡,达到防治害虫的目的。辐射用射线主要有 X 射线、γ 射线、快中子射线等,目前应用较多的是 γ 射线。γ 射线的穿透能力较强、能量较大,而且 γ 射线容易从放射性同位素 Co^{60} 中获得,并可将其制成固定或流通式的辐射源装置,便于操作使用。

⑤ 化学药剂防虫害包装技术。它是利用化学药剂来抑制或杀灭害虫,保护包装产品

的防护措施。由于化学药剂防虫是利用其毒性对害虫的毒害作用,在使用时要注意安全,对食品等不宜采用。另外,使用时必须注意杀虫药剂、害虫和环境条件等方面的因素,注意保护物品和人畜安全。

2.5 辅助包装防护技术

包装作为生产环节的最后一道工序,在满足保护包装产品要求的基础上,还应该采取有效的辅助包装技术来提高产品安全可靠性,以及方便装卸、搬运、运输、储存、配送等物流作业,提高物流效率。

2.5.1 捆扎包装技术

捆扎是用挠性带状材料扎牢、固定、加固产品或包装件。捆扎时要根据具体情况选择最适宜的捆扎材料。常用的捆扎材料有钢丝、钢带、焊接链,以及聚酯、尼龙、聚乙烯、聚丙烯、聚氯乙烯等塑料捆扎带和加强捆扎带。

钢丝多用于捆扎管道、砖块、木箱等刚性物品,用于捆扎木箱时会嵌入木箱的棱角。钢带是抗张强度最高的一种捆扎带,伸缩率小,基本不受阳光、温度等因素的影响,具有优良的张力保持能力,可承受高度压缩货物的张力,但易生锈。

聚酯带有较高的拉伸强度和耐冲击力,有较好的弹性恢复性能,张力保持能力好,耐候性、耐化学性好,长期储存性好,可替代钢带用于重型物品的包装。尼龙带富于弹性,强度大,耐磨性、耐弯曲性、耐水性、耐化学性好,质量轻,主要用于重型物品、托盘等的捆扎包装。聚乙烯带属于手工作业用的优良捆扎材料,耐水性好,适用于含水量高的农产品捆扎,可保持可靠稳定的形状,存放稳定,使用方便。聚丙烯带质轻柔软,强度高,耐水性、耐化学性强,对捆扎的适应性强,使用方便,成本低,常用作瓦楞纸箱的封箱捆扎带,也可用作托盘化和集装化产品的捆扎以及膨松压缩产品的捆扎。聚丙烯带的张力保持能力与聚酯带、尼龙带相比差一些。

加强捆扎带是在聚酯带或聚丙烯带中加入金属丝加强筋的一种捆扎带,适用于中包装的捆扎。

2.5.2 封合包装技术

封合也称封口或封缄,是指采用包装材料和包装箱将产品包装后,为确保产品在流通(运输、储存和销售)过程中保持在包装箱内,避免其被污染而采取的技术方法。按照采用的封合材料分类,封合包装技术可分为黏合剂封合技术和胶带封合技术。

(1) 黏合剂封合技术

黏合剂封合技术采用黏合剂将包装箱封合,工艺简单,生产率高,黏合强度大,应力分布均匀,密封性好,适用范围广,并可增加绝热与绝缘性能。这种技术在包装工业中被广泛运用于纸张、布料、木材、塑料、金属等各种材料的黏合,在封口、复合材料的制造、封箱、贴条、贴标签等过程中起着重要作用。黏合剂种类繁多,成分复杂,按黏合剂基料性质可分为无机黏合剂和有机黏合剂,许多天然材料和合成材料都可作为黏合剂。黏合剂按物理形态可分为水溶型、溶剂型、热熔型 3 类；按操作温度可分为冷胶、热熔胶两类。这里主要介绍冷胶和热熔胶。

① 冷胶黏合。冷胶黏合剂分为溶剂型和水溶型两大类。溶剂型黏合剂由于受成本、安全性、环保法规和生产效率等因素的限制，只用于不宜采用水溶型黏合剂和热熔黏合剂的场合，且有逐渐被淘汰的趋势。水溶型黏合剂分为天然水溶型黏合剂和合成水溶型黏合剂两类，在包装中使用最久，用量也最大，易于操作，安全、节能、成本低和黏合强度高。冷胶黏合剂的黏合过程可用手工操作，也可用涂布设备操作，其黏合操作程序是涂布、压合、固化（挥发）。

② 热熔胶黏合。热熔黏合剂是以热塑性聚合物为主的固体黏合剂，它的黏合过程是涂布、压合、固化（冷却）。涂布液是加热熔融的胶液，固化则是熔融胶液冷却的过程，不同于冷胶黏合过程中液体的挥发。因冷却所需时间比挥发时间明显缩短，从而能适应自动包装生产线较高的生产速度，是包装领域应用较为重要的黏合剂。

（2）胶带封合技术

胶带是预先涂有黏合剂的带状材料，主要用于封合包装容器。常用的胶带有普通胶带和压敏胶带两种。

① 普通胶带（或再湿型胶带）。它是在不同基材上涂布一层水活化性黏合剂，使用时在胶面上涂一层水，溶解黏合剂而产生黏结力，即可粘贴被黏合物。基材有纸质、布质、纤维增强纸质、复合材料等多种。普通胶带主要用于瓦楞纸箱的封箱作业。

a. 胶带的黏合力。胶带的黏合力，一般包括初期黏合力和持久黏合力，目前还没有两种黏合力都强的胶带，往往是初期黏合力越强，持久黏合力就越弱，反之亦然。

b. 影响胶带黏合力的因素。粘贴作业条件和使用条件对黏合力有很大的影响，只有了解这些因素才能选择适宜的胶带，充分发挥胶带的黏合作用。

ⅰ. 环境温度。温度低，初期黏合力和持久黏合力都会下降。当环境温度较低时，可以采取其他措施弥补，例如提高涂水的温度，并用红外线加热，以提高被黏合物表面和胶带本身的温度。

ⅱ. 环境湿度。标准的环境湿度为 60%～70%。当环境的相对湿度大于 90% 时，黏合速度低，但持久黏合力提高；当环境的相对湿度小于 50% 时，初期黏合力强，但涂水后若粘贴稍晚就会降低持久黏合力，在操作过程中应对涂水量和开放期进行控制。

ⅲ. 涂水温度。涂水温度越高，初期黏合力就越强，但水温超过 40℃ 时，经过一定开放期，持久黏合力会降低。因此，一般使用 20～40℃ 的水，即使在冬季也要避免使用开水。

ⅳ. 涂水量。涂水器的种类不同，涂水量各不相同。涂水越多，则持久黏合力也就越强。一般辊轮涂水量为 $10～20g/m^2$。抹布涂水极不均匀，尽量不用。

② 压敏胶带。将压敏黏合剂涂布在基材上，使用时只要轻轻地按压基材背面，就可以黏合到被黏合物的表面，不需要溶剂或加热，且基材的背面可进行防粘处理，便于从胶带卷上拉开使用。基材应柔软而有弹性，以便撕断或切开，还应具有良好的纵向和横向抗拉强度，以保证胶带有足够的抗冲击能力。压敏胶带常用基材有纸质、布质、双向拉伸聚丙烯薄膜或拉伸聚酯薄膜等。黏合剂采用橡胶、黏性树脂或聚丙烯酸类树脂等。

a. 压敏胶带封箱工艺。用压敏胶带封合瓦楞纸箱，可用人工粘贴也可用封箱机粘贴。

自动封箱机可将纸箱顶部和底部同时封合，每分钟封合5~20箱。自动封箱机从流水生产线上将充填好的纸箱顶部盖片折下，然后进行封合。半自动封箱机由包装工人充填纸箱，折下盖片，送到封箱机上封合。封箱机的工作高度和宽度可调节，以适应纸箱封合的要求。压敏胶带的粘贴方式有两种。第一种是Ⅰ形粘贴，其优点是封箱作业少而且容易，成本较低，缺点是强度不够，不能完全密封。第二种是H字形粘贴，它可以完全密封，而且强度高，但封箱费时、成本高。故前者主要用于一般产品的包装，后者多用于出口产品、精密仪器等产品的包装。

b．影响压敏胶带黏合力的因素。这些因素主要包括环境温度、粘贴压力、折弯长度、产品的性质等。

ⅰ．环境温度。压敏胶带通常在10~30℃条件下能发挥良好的黏合性能。由于胶带上的黏合剂是半流动的黏弹性物质，在低温情况下，不易渗透到瓦楞纸板等粗糙表面的深部，以致粘贴面积不够而影响黏合强度。因此，当工作环境温度较低时应采取升温措施。

ⅱ．粘贴压力。如果粘贴有效面积不够，会影响黏合强度，这时应适当加大粘贴压力。

ⅲ．折弯长度。用压敏胶带封合纸箱时，为防止纸箱盖片反弹，应有足够的折弯长度，一般不小于50mm。对反弹力较强的纸箱可适当长些，折弯长度越长，盖片保持封闭的时间就越长。

ⅳ．产品的性质。产品为电视机、电冰箱等整体物品时，胶带所受的力不大。如果以同一质量的内装物进行比较，胶带所受力的大小是，液体＞散装物＞整体物。当产品质量超过70kg时，胶带应具有较强的耐冲击力与抗磨损力，根据产品质量选用胶带和粘贴方式，可参考表2-8中数据。

表2-8 压敏胶带与产品质量的对应关系

胶带材料（宽度为50cm）	产品质量/kg	粘贴方式
纸基压敏胶带	5	Ⅰ形
	15	H形
布基压敏胶带	20	Ⅰ形
	80	H形
聚丙烯压敏胶带	40	Ⅰ形
	80	H形

2.5.3 收缩与拉伸包装技术

收缩包装技术就是利用有热收缩性能的塑料薄膜裹包产品或包装件，然后迅速加热处理，包装薄膜随即按一定的比例自行收缩，紧贴包装产品的一种包装方法。拉伸包装技术是利用拉伸塑料薄膜在常温条件下对薄膜进行拉伸，然后对产品或包装件进行裹包的一种方法。这两种包装技术的原理不同，但效果基本相同，都是将被包装物品裹紧，都具有裹包的性质。

（1）收缩包装技术

收缩包装技术始于20世纪60年代中期,70年代得到迅速发展,目前已在一些经济发达国家广泛应用。据统计,欧美日等国每年消费的收缩薄膜均在10万吨以上,瑞典有30%的物流包装已从瓦楞纸箱改变为收缩薄膜组合包装,整个西欧的物流包装中有15%采用了收缩包装。

① 收缩包装原理。对于在聚合物玻璃化温度以上拉伸并迅速冷却得到的塑料薄膜,若重新加热,则能恢复到拉伸前的状态。收缩包装技术就是利用薄膜的热收缩性能,即将大小适当(一般比产品尺寸大10%)的热收缩薄膜套在被包装物品的外表面,然后用热风烘箱或热风喷枪加热几秒钟,薄膜会立即收缩,紧紧包裹在产品外表面,从而达到便于产品运输或销售的目的。收缩包装工艺过程如图2-12所示。

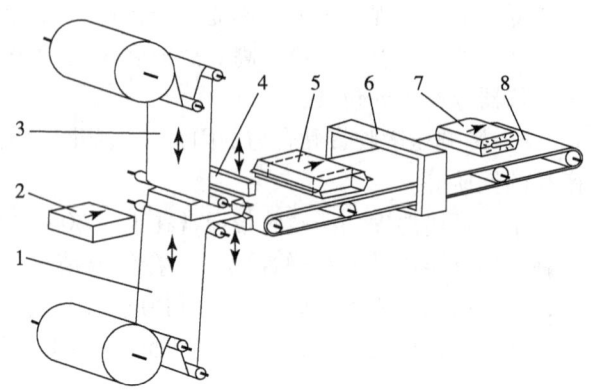

图2-12 收缩包装工艺过程

1—下卷筒收缩薄膜;2—被包装产品;
3—上卷筒收缩薄膜;4—横封加热条;5—裹包物品;
6—热收缩通道;7—包装件;8—传送带

② 收缩包装工艺。收缩包装工艺一般分为两步进行。首先是预包装,用收缩薄膜将产品包装起来,留出热封必要的口与缝;然后是热收缩,将预包装的产品通过热收缩设备加热。

a. 预包装操作。预包装时,薄膜尺寸应比产品尺寸大10%~20%。如果尺寸过小,充填产品不方便,还会造成收缩张力过大,可能将薄膜拉破;尺寸过大,则收缩张力不够,不能将产品包紧。收缩薄膜的厚度可根据产品大小、质量以及所要求的收缩张力来决定,形状有平膜、筒状膜和对折膜3种。

b. 热收缩操作。常用的热收缩操作方法有两端开放式和四面密封式两种。两端开放式收缩包装方法是利用筒状膜或平膜先将产品裹在一个套筒里,然后再进行热收缩作业,包装完毕在包装物两端均有一个收缩口。两端开放式收缩包装法如图2-13、图2-14所示。四面封闭式收缩包装方法是将产品四周用筒状膜或平膜包裹起来,接缝采用搭接式密封,用于要求密封的产品包装。四面封闭式收缩包装法如图2-15、图2-16所示。

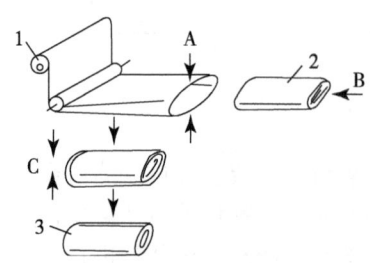

图2-13 两端开放式收缩包装法(用筒状膜)

1—薄膜卷筒(筒状);2—产品;3—包装件
A—开口;B—将产品推入筒状薄膜;C—切断

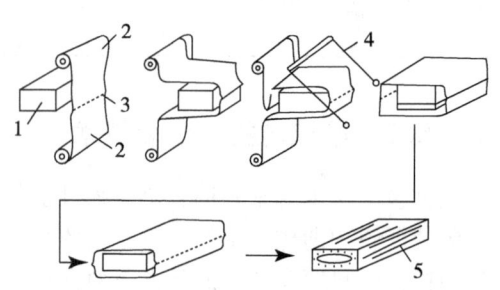

图2-14 两端开放式收缩包装法(用平膜)

1—产品;2—薄膜卷筒;3—封缝;4—封切刀;5—包装件

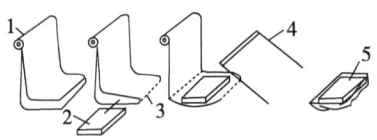

图2-15 四面密封式L型封口收缩
包装法（用对折膜）
1—薄膜卷筒（对折膜）；2—产品；
3—封缝；4—L型封切刀；5—包装件

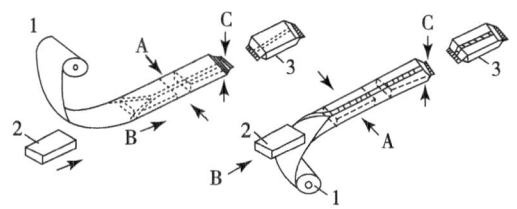

图2-16 四面密封式枕型袋式收缩包装法（用卷平膜）
1—薄膜卷筒（平膜）；2—产品；3—包装件
A—纵封缝；B—将产品推入薄膜；C—横封缝切断

③收缩包装的特点。收缩包装技术具有很多优点，主要体现在以下几个方面：

a. 它适用于一般方法难以包装的异形产品，如蔬菜、水果、鱼肉类、玩具、小工具等。

b. 收缩薄膜一般具有透明性，热收缩后紧贴产品，可显示产品的外观造型。由于收缩比较均匀，而且材料有一定的韧性，棱角处不易撕裂。

c. 可以对零散的多种产品进行组合包装，有时借助浅盘可以省去包装盒或包装箱。

d. 有良好的密封、防潮、防污、防锈的作用，便于露天堆放，节省库存成本。

e. 包装工艺和设备较简单，有通用性，便于实现机械化，节省人力和包装费用，并可部分代替瓦楞纸箱和木箱。

f. 可采用现场收缩包装技术来包装体积大的产品，如赛艇和小轿车等，工艺和设备都很简单。

g. 薄膜本身具有缓冲性和韧性，能防止运输过程中因受到冲击和振动而损坏产品。

但是，收缩包装也存在不足，如不适于包装颗粒、粉末或形状规则的产品，难以实现连续化、高速化生产等。

（2）拉伸包装技术

拉伸包装技术始于20世纪40年代，主要满足超级市场销售禽类、肉类、海鲜产品、新鲜水果和蔬菜等的需要。拉伸薄膜在包装过程中不需进行热收缩处理，适用于某些不能受热的产品的包装，有利于节省能源，便于集装运输，降低运输费用。拉伸包装在托盘运输包装方面可替代收缩包装技术，应用前景广阔。

①拉伸包装原理。拉伸包装技术是通过机械张力的作用，将薄膜围绕产品进行拉伸（图2-17）。由于薄膜经拉伸后具有自黏性和弹性，将产品裹紧，然后进行热合的包装方法。薄膜由于要经受连续张力的作用，所以必须具有较高的强度。拉伸包装不需要热收缩设备，可节省设备投资、能源和设备维修费用，包装过程中不需加热，很适合包装怕加热的产品，如鲜肉、

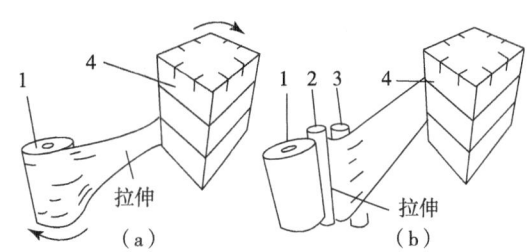

图2-17 薄膜拉伸包装工艺过程
1—卷筒薄膜；2—输入辊；3—输出辊；4—产品

蔬菜和冷冻食品等；可以准确地控制裹包力，防止产品被挤碎；薄膜具有透明性，可看见产品，尤其是运输包装，比木箱和瓦楞纸箱容易识别包装产品，可以防窃、防冲击和振动

等。但拉伸包装的防潮性比收缩包装差，拉伸包装薄膜具有自黏性，不便堆放。

② 拉伸包装工艺。按不同的运动方式，拉伸包装工艺分为回转式拉伸包装和移动式拉伸包装。

a. 回转式拉伸包装工艺。如图2-18所示，将产品放在一个可以回转的平台上，把薄膜端部贴在产品上，然后旋转平台，边旋转边拉伸薄膜，转几周后切断薄膜，将末端粘在产品上，包装时薄膜自上而下以螺旋线形式缠绕产品，直至裹包完成，两圈之间约有三分之一部分重叠；这种方法适于包装堆码较高或高度不一致的产品，以及形状不规则或较轻的产品，包装效率较低，但可使用一种幅宽的薄膜包装不同形状和堆码高度的产品。

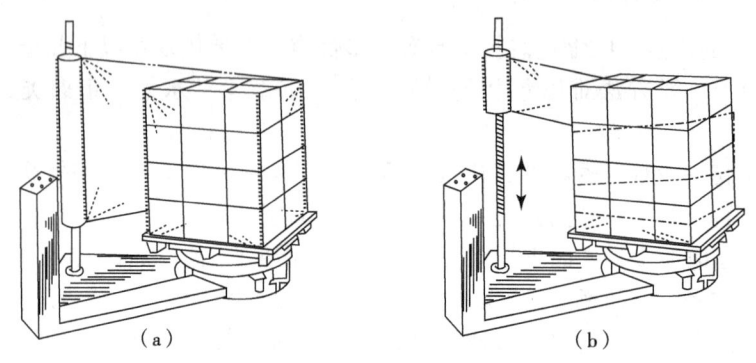

图2-18 回转式拉伸包装工艺

b. 移动式拉伸包装工艺。如图2-19所示，将产品放在输送带上，由推进器推动向前。在包装工位有一个龙门式的架子，两个薄膜卷筒直立于输送带两侧，并装有制动器。开始包装时，先将两卷薄膜的端部热封于产品上。当产品向前推动时，将薄膜包在其上，同时将薄膜拉伸，到达一定位置后，用封合器将薄膜收拢切断，并将端部粘贴于产品背后。

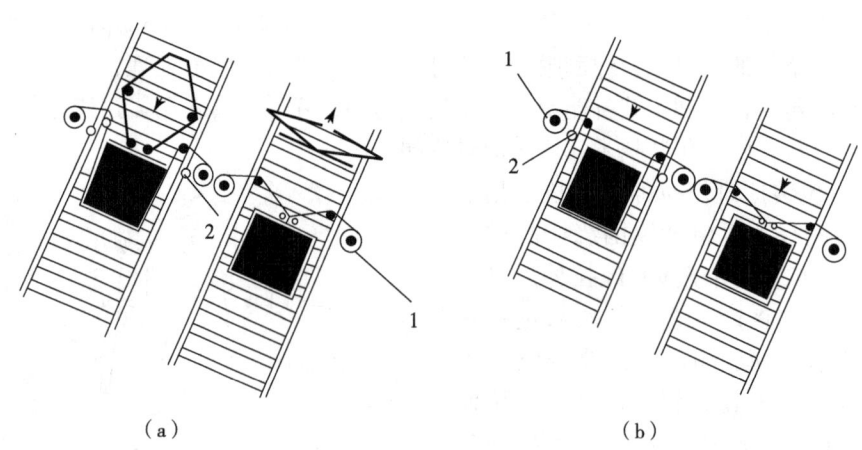

图2-19 移动式拉伸包装工艺
1—卷封薄膜；2—封合器

回转式和移动式拉伸包装设备都有自动化与半自动化两种类型。半自动化设备中，开始时黏结薄膜，结束时切断薄膜，均由手工操作。

第3章 包装物流装卸与运输技术

装卸、搬运、运输是伴随着包装产品（包装件或货物）的流通过程而发生的，被称为包装物流活动的节点。它们是联系其他物流环节的桥梁，不附属于其他环节，而是作为独立作业而存在。本章主要介绍装卸搬运技术、物流运输技术、托盘包装技术、集装箱包装技术等内容。

3.1 装卸搬运技术

装卸搬运作业一般是伴随着商品运输和商品储存而发生的，是包装物流活动中的重要节点。据统计，在整个包装物流活动中，装卸搬运作业所占时间约为50%，频率最高。因此，必须重视装卸搬运作业过程，提高包装物流效益。

3.1.1 装卸搬运特征

装卸搬运是指在某一物流节点范围内进行的、以改变包装产品的存放状态和空间位置为主要内容和目的的活动。装卸是指包装产品（或包装件、货物）在指定地点进行的以垂直移动为主的物流作业。搬运是指在同一场所内将包装产品进行以水平移动为主、短距离的物流作业。在实际作业过程中，装卸与搬运是密不可分，两者伴随发生，把物流活动的单独作业联结成为一个连续的作业流程。因此，在包装物流科学中并不过分强调两者的差别，而是将它们作为一种活动，通称为装卸。装卸搬运作业的主要目的及功能如表3-1所示。

表3-1 装卸搬运作业的主要目的及功能

目的	功能
提高生产力	顺畅的装卸系统，能够消除间断生产瓶颈、维持及确保生产水平，有效利用人力，减少闲置设备
降低装卸成本	减少每位员工及每单位产品的装卸成本，并减少延迟、损坏及浪费
提高库存周转率，以降低库存成本	有效的装卸，可加速产品移动、缩减装卸距离，进而减少总作业时间，降低库存成本及其他相关成本

续表

目的	功能
提高产品质量	良好的装卸可以减少产品的破损,使产品质量水平提升,减少客户抱怨
促进配送效益	良好的装卸,可增进系统作业效率,不但能缩短产品总配送时间,提高客户服务水平,亦能提高土地劳动生产率,有助于公司的营运
改善工作环境,增加人员、产品装卸安全	良好的装卸系统,能使工作环境大为改善,不但能保护货物装卸的安全,减少保险费率,且能提高员工的工作情绪

装卸搬运作业是影响物流效率、体现物流水平、决定物流技术经济效果的重要环节之一,其特征主要体现在以下几个方面。

(1) 作业量大

在同一地区生产和消费的产品,其运输量会相对减少,而装卸搬运量却不一定减少。在远距离的供应与需求过程中,装卸作业量会随运输方式的变更、仓库的中转、货物的集疏、包装物流的调整等而使装卸搬运作业量大幅度提高。

(2) 对象复杂

在物流过程中,货物性质(如物理、化学性质)、形态、重量、体积以及包装方式都有很大区别,即使同一种货物,在装卸搬运之前采用不同的包装方式,都可能采用不同的装卸搬运作业方法。例如,袋装水泥和散装水泥的装卸搬运方式存在着很大差别。从装卸搬运的目的来考察,有些货物经装卸搬运要进入储存,有些货物装卸搬运后将进行运输。不同的储存方法、运输方式对装卸搬运方式、设施、设备、配件等的选择都提出了不同的要求。

(3) 作业不均衡

企业内部的装卸搬运相对比较均衡。当包装产品进入社会物流领域,由于产需衔接、市场机制等方面制约,物流量会出现较大的波动性。商流是物流的前提,某种货物的畅销和滞销、远销和近销、销售批量的大与小,对包装产品的流量也会发生很大影响。另外,各种运输方式由于运输量的差别、运输速度的不同,也会使得港口、码头、车站等不同物流节点出现集中到货或停滞等待的不均衡装卸搬运。

(4) 安全性要求高

装卸搬运作业需要人与机械、货物以及其他劳动工具相结合,工作量大,作业环境复杂,这些都导致了装卸搬运作业中存在着不安全的因素和隐患。装卸搬运的安全性,一方面直接涉及人身;另一方面还涉及货物。因此,制定合理的作业规范、创造优良的作业环境是提高货物装卸搬运安全性的重要措施。

3.1.2 装卸搬运技术

装卸搬运作业的主要任务是促进生产者、销售商和客户之间有序、高效的货物流通,其基本过程包括装车(船)、卸车(船)、堆垛、入库、出库以及连接上述各项活动的短程运输,是伴随运输、储存、配送、流通加工等活动而产生的必要活动。装卸搬运是人与货物的结合,而完全的人工装卸搬运几乎不存在。现代装卸搬运作业是由劳动者、装卸搬运设备设施、货物以及信息管理等多项因素组成的作业系统。装卸搬运设备设施的规划与选择取决于货物的特性和组织要求。只有按照装卸搬运作业本身的要求,合理配备各种机械设备,合理安排劳动力,才能使装卸搬运各个环节互相协调、紧密配合。

(1) 装卸搬运作业准备

在包装物流作业中,装卸搬运活动的频率远高于其他各项物流活动,是决定物流速度、效率的关键环节之一。另外,装卸搬运活动所消耗的劳动力较多,其费用在物流成本中所占的比重也较高,是影响物流效益的重要环节之一。因此,做好装卸搬运作业的准备工作至关重要,主要包括以下内容:

① 确定装卸搬运作业方式。根据货物种类、体积、重量、批量、运输车辆或其他设施状况,确定装卸搬运作业方式,选用适当的设施设备。

② 确定装卸场地。预先规划好装卸地点、货物的摆放位置和放置状态,确定站台及车辆的靠接位置等。

③ 准备吊具、索具等附属工具。配合装卸搬运方式,选择和准备有效的吊具、索具,这是提高装卸搬运效率以及减少货物破损的一个重要环节。

(2) 装卸搬运作业方法

按照不同的分类方法,装卸搬运作业可分为不同的类别,如表3-2所示。这里主要介绍单件作业法、集装作业法和散装作业法。

表3-2 装卸搬运作业的分类

分类方法	装卸搬运作业
按作业对象分类	单件作业法、集装作业法、散装作业法
按作业场所分类	车间装卸搬运、站台装卸搬运、仓库装卸搬运
按作业手段分类	人工作业法、机械化作业法、综合机械化作业法
按作业特点分类	间歇作业法、连续作业法
按运动方式分类	垂直作业法、水平作业法、斜面作业法

① 单件作业法。单件装卸搬运是人工装卸搬运阶段的主要方法。一方面表现在某些货物的自身特点,采用单件作业法更有利于安全。另一方面是在某些装卸搬运场合,没有设置或难以设置装卸机械,必须采用单件作业法。第三种情况是由于某些货物体积过大,形状特殊,即使采用现有机械也不便于集装化作业,只能采用单件作业法。

② 集装作业法。它是指将货物先进行集装,再对集装件进行装卸搬运的方法。常用的集装作业法包括集装箱作业法、托盘作业法和其他集装件作业法。

a. 集装箱作业法。集装箱的装卸搬运作业分为垂直装卸和水平装卸作业。根据港口岸集装箱起重机配套的机械类型,垂直装卸法又分为跨车方式、轮胎龙门起重机方式、轨道龙门起重机方式。在铁路车站,集装箱垂直装卸是以轨道龙门起重机方式为主,有时也采用轮胎龙门起重机、跨车。水平装卸法即"滚上滚下"法。港口是以拖挂车和叉车为主要装卸设备。铁路车站主要采用叉车或平移装卸机。

b. 托盘作业法。水平装卸搬运托盘主要采用搬运车辆和辊子式输送机,垂直装卸采用升降机、载货电梯等。在自动化仓库中,采用桥式堆垛机和巷道堆垛机完成货物在仓库货架内的装卸搬运。

c. 其他集装件作业法。捆扎集装货物、集装网、集装袋等可以使用叉车、门式起重机和桥式起重机进行装卸搬运作业。

③ 散装作业法。煤炭、建材、矿石等大宗货物多采用散装装卸方式。谷物、水泥、化肥、食盐、白砂糖等货物随着作业量增大,为提高装卸搬运效率,也采用散装装卸方式。常用的散装作业法包括重力作业法、倾翻作业法、气动输送法和机械作业法。

a. 重力作业法。它是利用货物的位能来完成装卸作业的方法。比如重力法卸车是指底开门车或漏斗车在高架线或卸车坑道上自动开启车门,煤或矿石依靠重力自行流出的卸车方法。

b. 倾翻作业法。它是将运载工具载货部分倾翻,而将货物卸出的方法。铁路敞车被送入翻车机,夹紧固定后,敞车和翻车机一起翻动,货车倒入翻车机下面的受料槽。带有可旋转车斗的敞车和一次翻两节车的大型翻车机配合作业,可以实现列车不解体卸车。自卸汽车靠液压油缸顶起车厢实现货物卸载。

c. 气动输送法。它利用风机在气动输送机的管内形成单向气流,依靠气体的流动或气压差来输送货物的方法。

d. 机械作业法。它是指采用各种机械,采用专门的工作机构,通过舀、抓、铲等作业方式,达到装卸搬运的目的。常用的装卸搬运机械有带式输送机、链斗装车机、单斗装载机、抓斗机、挖掘机等。

3.1.3 装卸搬运作业合理化

装卸搬运的合理化程度对提高作业效率、缩短作业时间、降低物流成本具有重要意义。装卸搬运作业合理化的主要措施包括防止无效装卸,选择合适的搬运路线,提高装卸搬运活性,实现装卸搬运作业的机械化、省力化及组合化。

(1) 防止无效装卸作业

无效装卸作业是指在装卸搬运作业中超出必要的装卸搬运量的作业。防止或消除无效装卸作业的方法有两种:

① 尽量减少装卸次数。产品进入物流环节之后,常常要经过多次装卸作业。要使装卸次数减到最少,首要任务是科学地制订物流作业计划,合理分配物流作业任务。

② 轻型化、标准化包装设计。根据产品重量、高度及对称性等特点,结合人工搬运作业及人机工程学的特点,进行轻型化、标准化包装设计,这会不同程度地减少装卸搬运过程中的无效作业。

(2) 选择合适的搬运路线

货物的搬运路线通常分为直达型、渠道型和中心型,如图3-1所示。

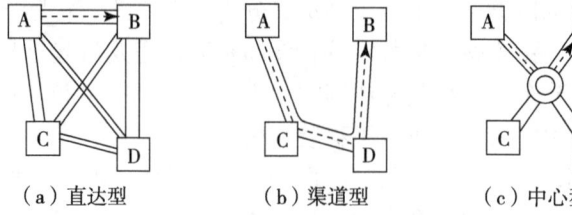

(a) 直达型　　　(b) 渠道型　　　(c) 中心型

图3-1　搬运路线模型

① 直达型。它是指货物经由最近路线到达目的地。在直达型路线上,各种货物从起点到终点经过的路线最短。当物流量大、距离短或距离中等时,采用这种形式比较经济,尤其当货物具有一定的特殊性而时间又较紧迫时则更为有利[图3-1(a)]。

② 渠道型。它是指一些货物在预定路线上移动,与来自不同地点的其他货物同时运到同一个终点。当物流量为中等或少量,而距离为中等或较长时,采用这种形式比较经济,尤其当对不规则分散搬运路线则更为有利[图3-1(b)]。

③ 中心型。它是指各种货物从起点移动到一个中心分拣处或分发中心,然后再运往终点。当物流量小而距离中等或较远时,这种形式非常经济,尤其当中心分拣处或分发中心的外形基本上是正方形且管理水平较高时更为有利[图3-1(c)]。

另外,在某装卸搬运作业中,若物流量大,而且距离又长,则说明搬运路线布置不合理,如图3-2所示。

(3) 提高装卸搬运活性

装卸搬运活性是指货物在进行装卸搬运作业时的难易程度,分为不同的级别,如图3-3所示,0级表示货物杂乱地堆在地面上的状态;1级指货物装箱或经捆扎后的状态;2级表示包装箱或被捆扎后的货物,下面放有枕木或其他衬垫后,便于叉车或其他机械作业的状态;3级指被放于台车上或用起重机吊钩吊住,即刻移动的状态;4级表示被装卸、搬运的货物已被启动,处于直接作业的状态。

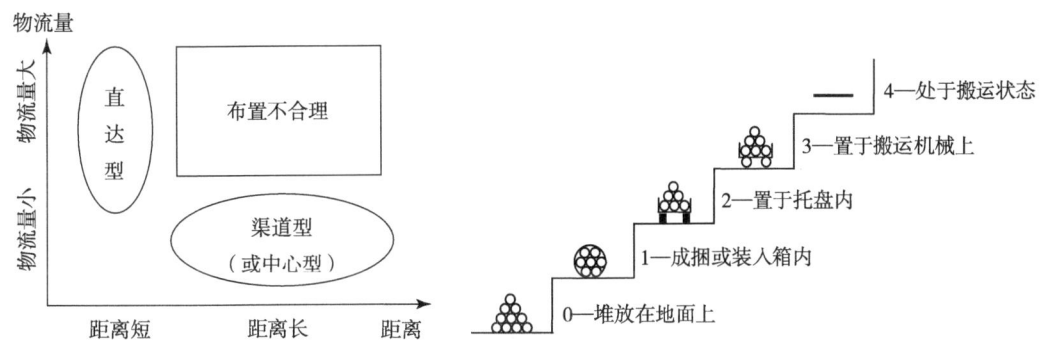

图3-2 搬运距离与物流量关系图　　图3-3 产品的装卸搬运活性

从理论上讲,活性指数越高越好,但同时应考虑具体实施的可能性。为了说明和分析货物搬运的灵活程度,通常采用平均活性指数的方法。该方法是对某一物流过程中货物所具备的活性情况累加后计算其平均值,用δ表示。δ值的大小是确定改变搬运方式的参数。

① 当$\delta<0.5$时,表明搬运系统中多数环节处于活性指数为0的状态,即大部分处于散装情况,其改进方式可采用周转箱、推车等存放货物。

② 当$0.5<\delta<1.3$时,表明搬运系统中大部分货物处于集装状态,其改进方式可采用叉车和动力搬运车。

③ 当$1.3<\delta<2.3$时,表明搬运系统中多数环节处于活性指数为2的状态,可采用单位化货物的连续装卸和运输。

④ 当$\delta>2.7$时,表明搬运系统中多数环节处于活性指数为3的状态,其改进方法可选用拖车、机车车头拖挂的装卸搬运方式。

装卸搬运活性分析,除了上述指数分析法外,还可采用活性分析图法。分析图法是将某具体的物流过程通过图示来表明装卸搬运活性程度，如图3-4所示。分析图法具有明确的直观性，薄弱环节容易被发现和改进。运用活性分析图法通常分为三步：第一步，确定装卸搬运环节的作业顺序及其活性级别；第二步，按搬运作业顺序做出货物活性指数变化图，并计算活性指数；第三步，对装卸搬运作业的缺点进行分析改进，做出改进设计图，计算改进后的活性指数。

（4）实现机械化

在整个物流过程中，与其他物流环节相比，装卸搬运的机械化水平较低。机械化程度一般可分为3个层次，包括简单的装卸器具、专用高效的装卸机具、自动化装卸机具。如何实现装卸搬运作业的机械化，涉及经济条件、生产力发展、社会的需要等诸多方面的问题。在整个装卸搬运活动中，可以将装卸作业费用简化成为机械设备费用和人工费用两个部分。在机械正常工作的前提下，上述两种费用应符合图3-5所示的总费用合成曲线要求。图3-5表明，机械化水平越高，机械费用越大，而人工费用越小。在一定的生产力水平条件下，人工费用总是占有一定的比例。因此，在机械与人员的配备之间存在一个最佳的配比，即图3-5中的点A（总费用的最小值），所对应的机械化程度为点B。另外，可以解放人工劳动，保证人和货物的安全。

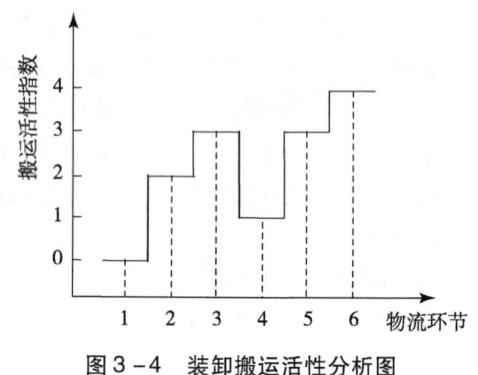

图3-4 装卸搬运活性分析图

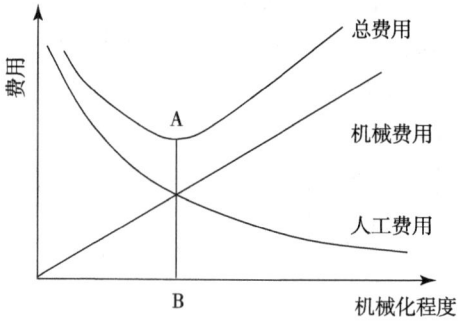

图3-5 机械化程度与费用的关系

（5）实现省力化

尽可能消除重力的不利影响，实现省力化是装卸搬运作业合理化的重要组成部分。在装卸作业中，在有条件的情况下利用重力进行装卸，可减轻劳动强度和能量的消耗，例如将动力传动的小型运输带（板）斜放在货车、卡车和站台上，靠重力的水平分力使货物在倾斜的输送带（板）上移动。在搬运作业中，把货物放在台车上，由器具承担物体的重力，人们只要克服台车的滚动阻力，使货物水平移动。另外，利用重力式移动货架也是一种利用重力进行省力化的装卸方式之一。这种重力式货架的每层栈板均有一定的倾斜度，货箱或托盘沿着倾斜的货架栈板可自行滑到输送机械上。为了减小货物的滑动阻力，货架表面通常需进行光滑处理。有时在货架层上、在承重货物的货箱或托盘下装有滚轮，将滑动摩擦变为滚动摩擦，货物移动时所受到的阻力也会大幅减小。

（6）实现组合化

在装卸作业过程中，通常根据货物的种类、性质、形状、重量来确定不同的装卸搬运作业方式。货物装卸搬运有3种形式，即包装货物逐件进行装卸搬运（称为"分块处理"）；未经过包装处理的颗粒状货物的装卸搬运（称为"散装处理"）；将货物以托盘、集装箱、集装袋为单位进行集装后装卸搬运（称为"集装处理"）。在装卸搬运作业中，应尽可能地进行集装处理，实现单元组合化装卸，充分利用机械进行操作。组合化装卸搬运具有很多优点，例如，装卸单位大，作业效率高，可大量节约装卸作业时间；能够提高货物装卸搬运的灵活性；操作单元统一，易于实现标准化。

3.2 物流运输技术

运输是在不同地域范围间（如两个城市、两个工厂之间，或一个大企业内相距较远的两车间、仓库之间）以改变"物"的空间位置为目的的活动，对"物"进行空间位移。运输与搬运的区别在于，运输是较大范围的活动，而搬运是在同一地域之内的活动。运输是包装物流系统中的重要子系统，通过物流运输技术最终实现货物的使用价值和经济价值。

3.2.1 物流运输功能及特征

在现代生产中，由于生产的专门化、集中化，生产与消费被分割的状态越来越严重，被分割的距离已越来越大，使得运输在整个物流过程中具有举足轻重的特殊地位，被称为"经济的大动脉"。

(1) 功能

物流运输的两大主要功能是产品转移和产品储存。

① 产品转移。运输的主要功能就是货物在价值链中的来回移动。若货物不经过运输，它就无法改变原有的位置，也无法实现使用价值和经济价值。因此，运输最重要的功能就是将货物从原来所处的地点转移到规定的地点，运输的目的就是利用最少的资源，保质保量地实现这种转移。

② 产品储存。运输还具有对货物的临时储存功能，即将运输车辆临时作为储存设备。如果转移中的货物需要储存，而在短时间内将继续转移，则卸货、仓储和再装货费用可能会超过储存在运输工具中每天支付的费用，此时可考虑将运输工具作为暂时的储存设备。用运输工具储存产品可能成本较高，但当需要考虑装卸成本、储存能力限制，或延长前置时间的能力时，从物流的总成本角度来看，却不失为一种合理的做法。

(2) 特征

① 运输的一致性。它是指在若干次装运中，履行某特定的运次所需的时间与原定时间或与前几次运输所需时间的一致性。它是运输可靠性的反映，是高质量运输的最重要的特征。如果运输缺乏一致性，就需要安全储备存货，以防止意外的服务故障。运输一致性还会影响买卖双方承担的存货义务和有关风险。

② 运输实现了货物在物流体系的点和点之间的流动。运输既是生产过程在流通领域内的继续，也是连接产销、沟通城乡的纽带。运输和仓储是现代物流中最基本的活动。物流系统是一个由面和点构成的网络，点上的活动是仓储和一些辅助作业，而线上的活动就是运输。

③ 在整个物流过程中，运输环节的费用较高。日本曾对一部分企业进行了调查，在从成品到消费者手中的物流费用中，保管费用占16%，包装费用占26%，装卸搬运费用

占8%，运输费用占44%，其他费用占6%，显然运输费在物流费用中所占的比重最大。运输路程越远，运输量越大，运输费用也就越高，在整个物流费用中所占的比例也越大。降低运输费用，必然会大幅度降低物流费用。运输费用也与运输方式有关，一种运输方式的改进，一条运输线路的择优，一项运输任务的合理组织等，都会对降低运输成本产生重要巨大的作用。组织合理运输，以最小的费用、较快的时间，及时、准确、安全地将货物从其产地运到销地，是降低物流费用和提高经济效益的重要途径之一。

3.2.2 物流运输方式

物流运输方式包括公路运输、铁路运输、水路运输和航空运输。

(1) 主要运输方式

① 公路运输。这是主要使用汽车以及其他车辆（如人、畜力车）运货的一种方式，主要承担近距离、小批量的货运，水运、铁路运输难以到达地区的长途、大批量货运，以及铁路、水运优势难以发挥的短途运输。公路经济里程为200～500km。随着高等级公路的发展，高速公路网的形成，新型货车、特殊货车的出现，公路的经济里程可达1000km以上。由于公路运输有很强灵活性，较长距离的大批量运输也开始使用公路运输。

公路运输的主要优点是灵活性强，投资较低，易于因地制宜，对收货站设施的要求不高，可以采取"门到门"运输形式，即实现从发货者"门口"直达收货者"门口"，而不需转运或反复装卸搬运。公路运输也可作为其他运输方式的衔接手段。

② 铁路运输。这是使用铁路列车运货的一种方式，主要承担长距离、大批量的货运。在没有水运条件地区，几乎所有大批量货物都是依靠铁路运输，它是在干线运输中发挥主要作用的运输形式。铁路运输经济里程一般在200km以上。

铁路运输的优点是速度快，运输不大受自然条件限制，载运量大，运输成本较低；缺点是灵活性差，只能在固定线路上实现运输，需要以其他运输形式配合和衔接。

③ 水路运输。这是使用船舶运货的一种方式，主要承担大批量、长距离的运输，是干线运输中常见的一种运输形式。在内河及沿海，水路运输也常作为小型运输工具使用，补充、衔接大批量干线运输的任务。水路运输主要有以下4种形式：

a. 沿海运输。使用船舶通过大陆附近沿海航道运货，一般使用中、小型船舶。

b. 近海运输。使用船舶通过大陆邻近国家海上航道运货，根据航程可使用中型船舶，也可使用小型船舶。

c. 远洋运输。使用船舶跨大洋的长途运输形式，主要依靠运量大的大型船舶。

d. 内河运输。使用船舶在陆地内的江、河、湖、川等水道进行运输的一种方式，主要使用中、小型船舶。

水路运输的优点是低成本、大批量、远距离；缺点主要是运输速度慢，受港口、水位、季节、气候影响较大。

④ 航空运输。这是使用飞机或其他航空器运货的一种方式。航空运输的单位成本很高，但速度快、不受地形的限制。在火车、汽车都达不到的地区，可依靠航空运输。航空运输主要适合两类货物的运输，一类是价值高、运费承担能力很强的货物，如贵重设备的零部件、高档产品等；另一类是紧急需要的货物，如救灾抢险货物等。

(2）多式联运

在实际物流运输过程中，越来越多的货物开始采用联合运输方式，以发挥各运输方式的优势，获得最佳的经济效益。

① 定义。

多式联运是一种以实现货物运输的整体最优化效益为目标的联运组织形式。它通常是以集装箱为运输单元，将不同的运输方式有机地组合在一起，构成连续的、综合性的一体化货物运输。通过一次托运、一次计费、一份单证、一次保险，由各运输区段的承运人共同完成货物的全程运输，即将货物的全程运输作为一个完整的单一运输过程来组织。

② 优点。

a. 降低了传统分段运输的时间损失以及货物破损、被盗的风险。

b. 减少了分段运输的有关单证和手续的复杂性。

c. 降低了分段运输的部分相关费用。

d. 货主只需与多式联运经营人一方联系，多式联运经营人对托运人的货物负全程责任。

e. 多式联运经营人提供的全程运费更便于货主就运价与买方达成协议。

f. 运输成本的降低有助于产品总物流成本的降低，从而提高产品的市场竞争力。

③ 组织形式。

a. 海陆联运。这是国际多式联运的主要组织形式，也是远东/欧洲多式联运的主要组织形式之一。这种组织形式以航运公司为主体，签发联运提单，与航线两端的内陆运输部门开展联运业务，与陆桥运输展开竞争。

b. 陆桥运输。在国际多式联运中，陆桥运输起着非常重要的作用。所谓陆桥运输是指采用集装箱专用列车或卡车，把横贯大陆的铁路或公路作为中间"桥梁"，使大陆两端的集装箱海运航线与专用列车或卡车连接起来的一种连贯运输方式。严格地讲，陆桥运输也是一种海陆联运形式。只是因为其在国际多式联运中的独特地位，故在此将其单独作为一种运输组织形式。目前，远东/欧洲的陆桥运输线路有西伯利亚大陆桥和北美大陆桥。

c. 海空联运。又被称为空桥运输。在运输组织方式上，空桥运输与陆桥运输有所不同，陆桥运输在整个货运过程中使用的是同一个集装箱，不用换装，而空桥运输的货物通常要在航空港换入航空集装箱。但是，两者的目标是一致的，即以低费率提供快捷、可靠的运输服务。

由于多式联运具有其他运输组织形式无可比拟的优越性，因而这种运输新技术已在世界各主要国家和地区得到广泛的推广和应用，如远东/欧洲、远东/北美等海陆空联运等。多式联运的组织形式有以下几种。我国对某些国家和地区已开始采用国际多式联运方式，如我国内地经海运往返日本内地、美国内地、非洲内地、西欧内地、澳洲内地等联运线，以及经蒙古或俄罗斯至伊朗和往返西、北欧各国的西伯利亚大陆桥运输线。西伯利亚大陆桥集装箱运输业务发展较快，目前每年维持在10000标准箱左右，运输方式主要采用铁/铁、铁/海、铁/卡3种方式。

3.2.3 物流运输合理化

现代物流对运输作业提出了较高的要求，即在传统物流的基础上，要求组织更加合理的物流运输。合理运输是按照货物流通规律、交通运输条件、货物合理流向、市场供需情况等，采用最短的路线、最少的环节、最少的运力，以最少的费用、最短的时间，把货物从供货地运达收货地，取得最佳的经济效益。

(1) 基本原则

物流运输管理是对整个运输过程的各个环节，如运输计划、发运、接运、中转等活动中的人力、运力、财力和运输设备，进行合理组织、统一使用、协调平衡、监督完成，以提高劳动效率，取得最好的经济效益。运输组织工作必须贯彻执行物流运输的"四原则"，即及时、准确、经济、安全。

① 及时原则。按产、供、运、销等实际情况，及时把货物从供货地运到收货地，尽量缩短货物的在途时间，及时供给社会化再生产和消费者日常生活需要。

② 准确原则。在货物运输过程中，防止各种差错事故，做到不错不乱，准确无误地完成运输任务。

③ 经济原则。采用经济、合理的运输方案，有效地利用各种运输工具和物流设施，节约人力、物力和运力，提高运输经济效益，降低货物运输费用。

④ 安全原则。货物在运输过程中不发生霉烂、破损、丢失、燃烧、爆炸、泄漏等事故，保证货物安全地运达目的地。

(2) 影响因素

① 运输距离。运输货物在空间上的移动距离，即运输里程的大小，是决定其是否合理的最基本因素之一，是物流部门在组织货物运输时必须首先考虑的问题。为了尽量缩短运输距离，应多采用"近产近销"、"就近运输"的原则。运输的直线距离确定后，应尽量避免迂回运输。

② 运输环节。运输环节的复杂程度也是决定运输合理化的一个重要因素。减少运输环节有利于运输合理化。组织直达、直拨运输，可以最大限度地减少中间环节，简化运输过程。

③ 运输工具。在各种运输方式、运输工具并存的情况下，必须科学选择运输路线，合理使用运力。要根据不同货物的特点，分别利用铁路、船舶或汽车运输，选择最佳的运输路线。同时，应积极改进车船的装载技术和装载方法，提高技术装载量，使用最少的运力，运输更多的货物，提高运输生产效率。各种运输工具都有鲜明的特点，经优化选择，最大限度地发挥其作用，是运输合理化的主要工作。

④ 运输时间。运输作业能否及时满足客户的需要，时间是一个决定性的因素。在整个物流过程中，尤其是在远程运输中，运输时间占物流时间的绝大部分。因此，在物流运输过程中，必须特别强调运输时间，加快货运速度，提高运输效率。

⑤ 运输费用。运输费用占物流费用的比例较大，是衡量运输经济效益的一项重要指标。运输费用的高低，不仅关系到物流企业或运输部门的经济核算，而且也影响商品的销售成本。

上述5种因素互相联系、互相制约，必须进行综合比较分析，寻求最佳运输方案。一般情况下，运输时间短、运输费用低（或较低）是考虑合理运输的两个主要因素。

(3) 不合理运输形式

不合理运输是指实际运输作业未能达到现有条件下可以达到的运输水平，从而造成了运力浪费、运输时间增加、运输费用超支等问题的运输形式。不合理运输形式主要包括返程或起程空驶、对流运输、迂回运输、重复运输、倒流运输、过远运输、运力选择不当，以及托运方式选择不当等。

① 返程或起程空驶。空车无货载行驶是不合理运输的最严重形式。在实际运输组织中，有时必须调运空车，从管理上不能将其看成不合理运输。但是，由于调运不当、货源计划不周、不采用运输社会化等原因形成的空驶，属于不合理运输现象。造成这种现象的主要原因有以下几种：

a. 能利用社会化的运输体系而不利用，却依靠自备车送货提货，往往出现单程重车、单程空驶的不合理运输。

b. 由于工作失误或计划不周，造成货源不实，车辆空去空回，形成双程空驶。

c. 由于车辆专用，无法搭运回程货，只能单程实车、单程空载。

② 对流运输。也称"相向运输"或"交错运输"。这是指同一种货物，或彼此间可以互相代用而又不影响管理、技术及效益的货物，在同一线路上或平行线路上做相对方向的运送，而与对方运程的全部或部分发生重叠交错的运输现象。已制订了合理流向图的货物，一般必须按合理流向的方向运输，如果与合理流向图指定的方向相反，也属对流运输。

需要注意的是，有的对流运输是不很明显的隐蔽对流。例如，不同时间的相向运输，从发生运输的时间段分析，并没有出现对流，但仍属于对流运输。因此，判断对流运输的依据为运输作业的实际效果，与运输时间、工具、作业人员等无关。

③ 迂回运输。这是一种舍近取远的运输方式，是指可以选取短距离进行运输，而选择路程较长路线进行运输的一种不合理形式。实际作业中，造成迂回运输的原因非常复杂，只有因计划不周、地理不熟、组织不当等原因造成的迂回运输才属于不合理运输现象。例如，最短距离有交通阻塞、道路情况不好或有对噪声、排气等特殊限制而不能使用时发生的迂回运输，不能将其划分为不合理运输现象。

④ 重复运输。实际作业中有两种形式，一种形式是本来可以直接将货物运到目的地，但是在未达目的地，或目的地之外的其他场所将货物卸下，再重复装运送达目的地；另一种形式是同品种货物在同一地点运进的同时又向外运出。重复运输增加了不必要的中间环节，延缓了流通速度，增加了物流费用和货损的可能性。

⑤ 倒流运输。这是指货物从销售地或中转地向产地或起运地回流的一种运输现象。往返双程的运输都是不必要的，形成了双程的浪费。倒流运输也可以看成是隐蔽对流的一种特殊形式。

⑥ 过远运输。这是指调运物资舍近求远，拉长了货物运距的不合理运输现象。占用运力时间长，运输工具周转慢，货物压占资金时间长，而且远距离运输自然条件变化较大，易出现货损，增加了费用支出。

⑦ 运力选择不当。这是未选择具有优势的运输工具而造成的不合理现象，常见形式包括以下3种：

a. 弃水走陆。在满足客户服务的同等条件下，可以利用水运及陆运时，不利用成本较低的水运或水陆联运，而选择成本较高的铁路运输或汽车运输，使水运优势不能发挥。

b. 铁路、大型船舶的过近运输。主要不合理之处在于火车及大型船舶起运及到达目的地的准备、装卸时间长，机动灵活性不足，在过近距离（非经济运输里程）中利用，发挥不了运速快的优势。相反，由于装卸时间长，反而会延长运输时间。另外，与小型运输设备比较，火车及大型船舶装卸难度大、费用也较高。

c. 运输工具承载能力选择不当。没有根据承运货物数量及重量选择，而盲目决定运输工具，造成过分超载、损坏车辆及货物欠载、浪费运力的现象。另外，"大马拉小车"现象发生较多，由于装货量小，单位货物运输成本必然增加。

⑧ 托运方式选择不当。这种现象是指在可以选择最好托运方式而未选择，造成运力浪费及费用支出增加的一种不合理运输现象。例如，应选择整车运输而采取了零担托运，应采用直达运输而选择了中转运输，应选择中转运输而选择了直达运输等，都属于这一类型的不合理运输。

上述的各种不合理运输形式都是在特定条件下表现出来，在进行判断时必须注意其不合理的前提条件，否则就容易出现错误判断。例如，如果同一种产品，商标不同，价格不同，所发生的对流运输，不能绝对看成不合理运输方式，而应具体分析实际运输的性质，然后再进行判断。

（4）提高运输合理化的方法

在包装物流系统设计中，运输合理化的各种影响因素之间通常存在"效益背反"现象，若设计不合理，会造成效率降低、成本增加。因此，实施具体的运输作业时，应首先明确运输目标，系统分析运输的约束性条件，采用适当的途径、方法提高运输的合理性。常用的运输合理化途径包括以下几方面：

① 提高车辆实载率。车辆实载率有两层含义：一是单车实际载重与运距之乘积和标定载重与行驶里程之乘积的比率，这在安排单车、单船运输时是判断装载状况的重要指标之一。二是车船的统计指标，即一定时期内实际完成的货物周转量（吨万里）占车船载重吨位与行驶公里之乘积的百分比。在计算时，车船行驶的公里数，不但包括载货行驶，也包括空驶。提高实载率可充分利用运输工具的额定能力，减少车船空驶和非满载行驶的时间，从而求得运输的合理化。

② 提高货运能力。在现有基础设备设施条件下，应尽可能减少能源消耗，节约运费，降低单位货物的运输成本，进一步达到合理化运输目标。例如，在铁路运输中，在机车能力允许的情况下多加挂车皮；在水路运输中，实行拖排法和拖带法；在内河运输中，充分利用顶推船队；在公路运输中，实行汽车挂车运输等。

③ 运输体系社会化。实行运输社会化，可以充分利用社会运输资源，统一安排运输工具，避免对流、迂回、倒流、空驶、运力选择不当等不合理运输形式。多式联运是社会化运输体系中现代化程度较高的运输方式，可充分利用面向社会的各种运输系统，通过协议或合同进行一票到底的运输，提高运输效率，使运输更趋于合理化。

④ 运输方式的合理分工。对于中短途距离运输，采用铁路、公路分流。在公路运输经济里程范围内，应尽量利用公路运输，缓解相对紧张的铁路运输，从而加大这一区段的运输能力。另外，充分利用公路从门到门和中途运输快且灵活机动的优势，实现铁路运输难以达到的水平。

⑤ 直达运输。这是货物由发运地到接收地途中不需要换装或在储存场所停滞的一种运输方式，可越过商业、仓库环节或铁路、交通中转等许多中间环节，把货物从产地或起运地直接运到销售地或用户，缩短时间、节省费用。

⑥ 合装整车运输。也称"零担拼整车中转分运",主要适用于商业、供销等部门的杂货运输。物流企业在组织铁路货运当中,由同一发货人将不同品种发往同一到站、同一收货人的零担托运货物,组配后以整车运输的方式托运到目的地;或把同一方向不同到站的零担货物,集中组配在一个车皮内,运到一个适当车站,然后再中转分运。由于整车托运和零担托运之间的运价相差很大,采取合装整车运输,可以节省一部分费用和劳动力。合装整车运输主要有4种形式,即零担货物拼整车直达运输、零担货物拼整车接力直达或中转分运、整车分卸和整装零担。

⑦ 提高技术装载量。一方面是最大限度地利用车船载重吨位,另一方面是充分使用车船装载容积。提高技术装载量的方法有以下几种:

a. 组织轻重配装。把实重货物和轻泡货物组装在一起,既可以充分利用车船装载容积,又能达到装载重量,以提高运输工具的使用效率。

b. 实行解体运输。对一些体大笨重、不易装卸又容易碰撞致损的货物,可以将其拆卸装车分别包装,以缩小所占空间,并易装卸和搬运,以提高运输装载效率。

c. 改进包装技术。货物包装的改进与提高装载量密切相关。改进产品包装设计,使其与现代物流运输工具相适应,实行包装设计模数化、单元化、集装化,是提高车船技术装载量的重要前提之一。

d. 提高堆码技术。根据车船的货位堆码要求和不同货物的包装形状,采取各种有效的堆积方法,如多层装载、骑缝装载、紧密装载等,以提高运输效率。

3.3 托盘包装技术

托盘是一种重要的集装器具,其使用范围和使用数量在各种集装器具中居于首位,适合于机械化装卸运输作业,便于进行现代化仓储管理,可以大幅度地提高货物的装卸、运输效率和仓储管理水平。

3.3.1 托盘包装定义及特征

国家标准 GB 4122《包装术语 基础》中将托盘包装定义为,将包装件或产品堆码在托盘上,通过捆扎、裹包或胶粘等方法加以固定,形成一个搬运单元,以便用机械设备搬运。

托盘包装的主要特征有以下几点:

①整体性能好,堆码平整稳固,在储存、装卸和运输等流通过程中可避免包装件散垛、摔箱现象。

②适合于大型机械进行装卸和搬运,与依靠人力和小型机械进行装卸小包装件相比,其工作效率可提高3~8倍。

③可大幅度减少货物在仓储、装卸、运输等流通过程中发生碰撞、跌落、倾倒及野蛮装卸的可能性,保证货物周转的安全性。

④有利于大幅度降低物流费用。托盘包装增加了托盘制作和维修费用,需要购置相应的搬运、堆码等机械。但是,采用托盘包装代替原来的包装,可以大幅度降低物流费用,

如家电降低 45%，纸制品降低 60%，杂货降低 55%，平板玻璃、耐火砖降低 15%。

3.3.2 托盘包装设计要求

为保证科学合理、安全可靠地满足装卸、搬运、运输等流通环节的要求，托盘包装应满足以下条件：

① 尺寸要求。托盘包装的尺寸计算应包括托盘、捆扎材料、加固附件及被码放的货物的尺寸；货物应符合国家标准 GB 4892《硬质直方体运输包装尺寸系列》、GB 13201《硬质圆柱体运输包装尺寸系列》和 GB 13757《袋类运输包装尺寸系列》的规定，单元货物尺寸应符合国家标准 GB 15233《包装 单元货物尺寸》的规定；托盘包装的高度尺寸应小于或等于 2200mm。

② 重量要求。托盘包装的重量应小于或等于 2000kg；托盘包装的重心高度不应超过托盘宽度的三分之二；为适应质量限制，应尽量减小托盘包装的高度尺寸。

③ 表面利用率。它是托盘包装的重要参数之一，一般不低于 80%。

④ 包装标志。托盘包装的包装标志应符合国家标准 GB 6388《运输包装收发货标志》、GB 191《包装储运图示标志》和 GB 190《危险货物包装标志》的规定。

3.3.3 托盘包装设计方法

托盘包装的质量直接影响着包装产品在流通过程中的安全性，合理的托盘包装可提高包装质量和安全性，加速物流，降低运输包装费用。托盘包装的设计方法有"从里到外"法和"从外到里"法两种。

（1）"从里到外"设计法

这种方法是根据产品的结构尺寸依次设计内包装、外包装和托盘，产品从生产车间被依次包装为小包装件，然后根据多件小包装或尺寸比较大的单个包装来选择包装箱，再将选定的包装箱在托盘上进行集装，然后运输到用户，其设计过程如图 3-6 所示。按照外包装尺寸，可确定其在托盘上的堆码方式。由于尺寸一定的瓦楞纸箱在托盘平面上的堆码方式有很多，这就需要对各种方式进行比较，选择最优方案。

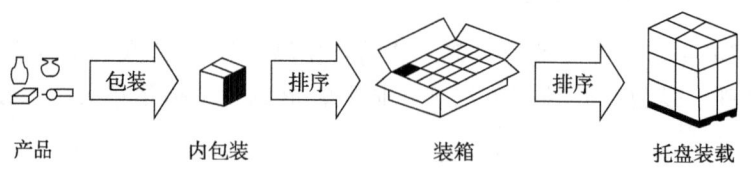

图 3-6 "从里到外"设计法

（2）"从外到里"设计法

这种方法是根据标准托盘尺寸优化设计外包装和内包装，即根据标准托盘尺寸模数确定的外包装尺寸作为包装箱的结构尺寸，再对产品进行内包装（或小包装件），其设计过程如图 3-7 所示。

在托盘包装设计时，应遵循国际公认的硬质直方体的包装模数 600mm×400mm，优先选用国家标准 GB 2934《联运通用平托盘 主要尺寸及公差》中的 1200mm×800mm 和 1200mm×1000mm 尺寸系列托盘，以充分利用托盘表面积，降低包装和运输成本。目前，国外已有解决托盘装载包装设计系统软件，如美国 CAPE Systems 软件公司开发的 CAPE PACK 托盘堆码包装设计软件，日本三菱公司开发的托盘装载设计系统软件等。

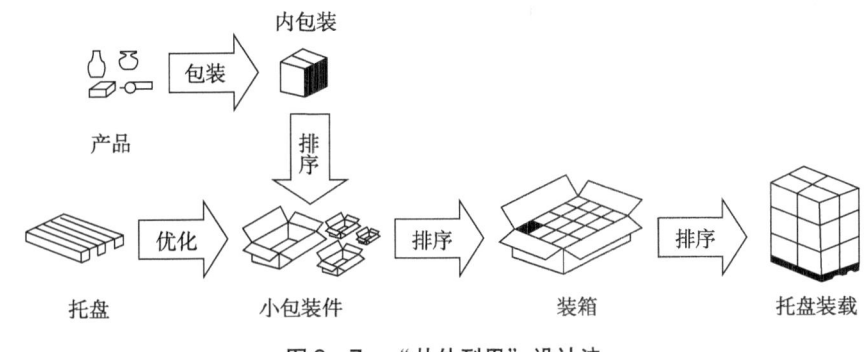

图 3-7 "从外到里"设计法

3.3.4 托盘包装堆码方式

托盘包装堆码方式一般有 4 种，即简单重叠式、正反交错式、纵横交错式和旋转交错式堆码，如图 3-8 所示。不同的堆码方式，有其各自的优缺点，在使用时要加以考虑。

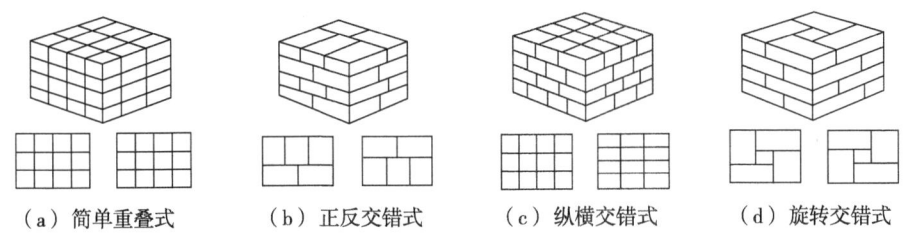

（a）简单重叠式　　（b）正反交错式　　（c）纵横交错式　　（d）旋转交错式

图 3-8 托盘包装堆码方式

①简单重叠式堆码各层货物排列方式相同，但没有交叉搭接，货物往往容易纵向分离，稳定性不好，而且要求最底层货物的耐压强度大。从提高堆码效率、充分发挥包装的抗压强度角度，简单重叠式堆码是最好的堆码方式。

②正反交错式堆码的奇数层与偶数层的堆码图谱相差180°，各层之间搭接良好，托盘货物的稳定性高，长方形托盘多采用这种堆码方式，货物的长宽尺寸比为3∶2或6∶5。

③纵横交错式堆码的奇偶数层按不同方向进行堆码，相邻两层的堆码图谱的方向相差90°，它主要用于正方形托盘。

④旋转交错式堆码在每层堆码时，改变方向90°而形成搭接，以保证稳定性，但由于中央部位易形成空穴，降低了托盘的表面利用率，这种堆码方式主要用于正方形托盘。

在选用托盘堆码方式时，应考虑以下几种原则：

①木质、纸质和金属容器等硬质直方体货物单层或多层采用交错式堆码，并用拉伸包装或收缩包装固定。

②纸质或纤维类货物单层或多层交错式堆码，采用捆扎带十字封合。

③密封的金属容器等圆柱体货物单层或多层堆码，采用木盖加固。

④需进行防潮、防水等防护的纸质品、纺织品单层或多层交错堆码，采用拉伸包装、收缩包装或增加角支撑、盖板等加固结构。

⑤易碎类货物单层或多层堆码，增加木质支撑隔板结构。
⑥金属瓶类圆柱体容器或货物单层垂直堆码，增加货框及板条加固结构。
⑦袋类货物多采用正反交错式堆码。

3.3.5 托盘包装固定方法

托盘包装单元货物在装卸、搬运、运输过程中，为保证其稳定性，都要采取适当的紧固方法，防止其倾斜坍塌。对于需进行防潮、防水等要求的产品要采取相应的包装防护措施。托盘包装常用的固定方法有捆扎、胶合束缚、裹包以及防护加固附件等，如图3-9所示。为保护托盘包装单元的安全运输，通常将这些方法相互配合使用。

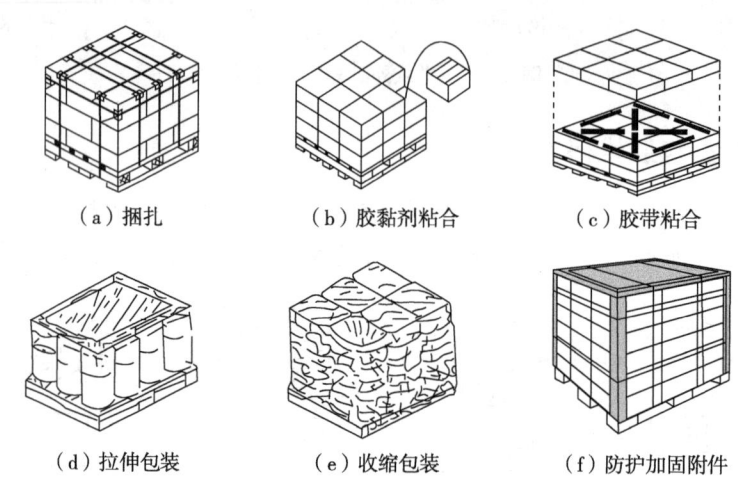

图3-9 托盘包装固定方法

①捆扎紧固方式常用金属带、塑料带对包装件和托盘进行水平捆扎和垂直捆扎，以防止包装产品在运输过程中摇晃，图3-9（a）是捆扎瓦楞纸箱的托盘包装。金属捆扎带主要是钢带，应符合国家标准GB 4173《包装用钢带》的规定；非金属捆扎带主要是塑料捆扎带，应符合国家标准GB 12023《塑料打包带》的规定。捆扎时先从货物底部进行水平捆扎，然后进行垂直捆扎；捆扎带应平直，并具有合适的张力；捆扎应牢固，捆扎力不应过大，以免运输过程中断裂；捆扎带结合部位应封合，封合可采用十字套封合或焊封；另外，捆扎带不允许有位移。

②胶合束缚用于非捆扎的纸制容器等货物在托盘上的固定堆码，它包括胶黏剂束缚和胶带束缚，胶黏剂束缚应在每一货物底面按长度方向上涂刷三道宽度大于10mm的胶黏剂，使其在码放货物时，上下货物及底部货物与托盘铺板表面之间通过胶黏剂加以固定[图3-9（b）]。胶带束缚应用两面施胶的胶带粘贴在上下货物的接触面上或底部货物与托盘的上表面接触面上[图3-9（c）]。双面胶带厚度应大于或等于0.7mm，宽度应为100mm，长度应为400~600mm；每层货物边缘上至少应施加6条双面胶带，中间再施加4条呈"X"型的双面胶带。

③托盘包装也可采用帆布、复合纸、聚乙烯、聚氯乙烯等塑料薄膜对单元货物进行全裹包或半裹包。全裹包又分为拉伸包装和收缩包装，图3-9（d）和图3-9（e）所示分

别是采用拉伸包装和收缩包装方法的托盘包装。对于固定后仍不能满足运输要求的托盘包装，应根据需要选择防护加固附件。防护加固附件由纸质、木质、塑料、金属或其他材料制成，图 3-9（f）所示是安装框架和盖板的托盘包装。

3.4 集装箱包装技术

集装箱运输具有其他运输方式不可比拟的优越性，是全球范围内货物运输的发展方向。

3.4.1 集装箱运输方式

从 1956 年起，国外集装箱运输就由陆地运输发展到了水路运输，随后成为全球范围内货物运输的发展方向。这种运输方式可节约包装材料，简化货运作业手续，提高装卸作业效率，减少运营费用，降低运输成本，便于自动化管理。但是，集装箱具有投资大，需要运输工具和专用码头、泊位以及装卸机械等配套设备。集装箱运输只有在货物流量大、稳定集中，且能实现公路、水路和铁路"多式联运"，以及从生产企业到零售商店或消费者的"门到门"运输条件下，才能充分发挥优势，提高运输效率。

集装箱的运输形式可以采用整装货（FCL：Full Container Load）运输和拼箱货（LCL：Less Than Container Load）运输。整装货运输一般是一批货物达到一个或一个以上集装箱内容积的 75% 或集装箱承载量的 95%，由发货主在其货舱或工厂仓库装箱。集装箱装满后用卡车或其他运输工具运到内地仓库（第一枢纽站），再利用集装箱专用列车运到集装箱码头（第二枢纽站），然后进行海上运输等。拼箱货运输是一批货物不足整箱货的容积或承载量，这些货物由发货主先集中到内地仓库（第一枢纽站），再由仓库根据货物的流向、特性和重量等，把到同一目的地的货物拼装在一个集装箱，然后再用专用列车运到集装箱码头（第二枢纽站），然后进行海上运输等。

3.4.2 集装箱的箱体标记

为了便于对集装箱在流通和使用中识别和管理，便于单据编制和信息传输，国际标准化组织规定了集装箱的代号、识别和标记，我国国家标准 GB/T 1836《集装箱代码、识别和标记》也对相关内容做了规定。集装箱代码、识别和标记的具体位置如图 3-10 所示。

① 箱主代号。国际标准化组织规定，箱主代号由 4 个大写的拉丁文字母表示，前三位由箱主自己规定，第四个字母一律用 U 表示。为避免箱主代号出现重名，所有箱主代号在使用前应向国际集装箱局登记注册。

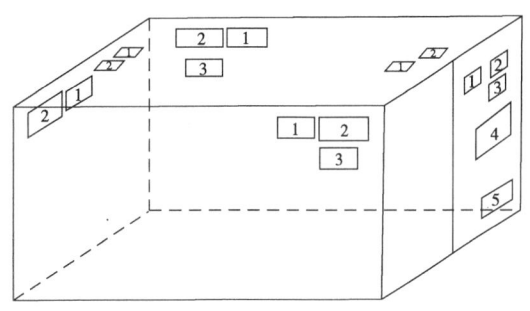

图 3-10 集装箱标记代号的位置

1—箱主代号；2—箱号或顺序号、核对号；
3—集装箱尺寸及类型代号；4—集装箱总重、自重和容积；
5—集装箱制造厂名及出厂日期

②顺序号或箱号。由6位阿拉伯数字组成，若有效数字少于6位，则在有效数字前用"0"补足6位，如"053842"。

③核对数字。它位于箱号后，以一位阿拉伯数字加一方框表示，是由箱主代号和集装箱箱号通过一定的算法计算得出，是用来检验箱主代号和顺序号记录是否准确的依据。具体算法请参考国家标准GB/T 1836《集装箱代码、识别和标记》，本书不再论述。

④国家和地区代号。用两个大写的拉丁字母表示，国际标准化组织公布的国家（地区）代号有220多个，中国为CN、中国香港为HK、中国台湾为TW、日本为JP、美国为US。

⑤尺寸和类型代号，或箱型代码。国际标准化组织规定尺寸和类型代号由4位阿拉伯数字组成，前两位数字表示尺寸的特性，其中第一位表示集装箱的长度，第二位表示集装箱的高度；后两位数字表示集装箱的类型。

⑥总重和自重。额定重量即集装箱总重，自重即集装箱空箱质量（或空箱重量），国际标准化组织要求用英文"MAX GROSS"（或MGW）和"TARE"表示，两者均以千克（kg）和磅（b）同时标记。

⑦超高标记。该标记为在黄色底上标出黑色数字和边框，此标记贴在集装箱每侧的距箱顶不超过12.2m，距右端0.6m处，贴在集装箱识别标记的下方。凡高度超过2.6m的集装箱应贴上此标记。

⑧箱顶防电击警示标记。该标记底色为黄底黑色标符，并用黑色三角形圈住，一般设在罐式集装箱，位于登箱顶的扶梯处，以警告登顶者有触电危险。

⑨空陆水联运集装箱标记。由于该集装箱的强度仅能堆码两层。因而国际标准化组织对该集装箱规定了特殊的标志，该标记为黑色，该标记位于侧壁和端壁的左上角，并规定标记的最小尺寸为高127mm，长355mm，字母标记的字体高度至少为76mm。

集装箱在运输过程中，箱体上必须贴有按规定要求的各种通行标志，才能顺利地通过或进入它国国境，否则，必须办理证明手续，延长集装箱的周转时间。集装箱上主要的通行标记包括安全合格牌照、集装箱批准牌照、防虫处理板、检验合格徽及国际铁路联盟标记等。国际铁路联盟标记是在欧洲铁路上运输集装箱的必要通行标志，凡符合《国际铁路联盟条列》规定的集装箱，可以获得国际铁路联盟标记。

这里需要强调的是，我国铁路集装箱不使用国家地区代号及尺寸与类型代号，额定质量和空箱质量也不按国际标准标记。企业的自备集装箱在我国铁路运输中占有一定比例，为了加强对这部分集装箱的管理，铁路部门对自备箱的编号和标记做了以下规定：

①自备箱的编号由箱主所在铁路局负责，并按规定标记。

②箱主代号由4位拉丁字母组成，前两位由箱主自选，后两位按规定选取。通用箱为TU，冷藏箱为LU，危险品箱为WU，保温箱为BU。

③6位箱号数字，前两位为箱主所在省、直辖市、自治区的行政区划代号，第三至第六位由所在铁路局确定，核对数字由铁道部统一计算提供。1t（t表示吨）集装箱不用核对数字。

④1t自备箱腰部应涂刷150mm宽的白色环带，5t及其以上自备箱腰部应涂刷200mm宽的白色环带，危险品自备箱应涂刷黄色环带。

3.4.3 集装箱的装货积载

集装箱的装货积载是指同种货物在集装箱内的堆载形式与重量、不同货物配载的堆载形式以及总重量配比关系。集装箱运输要减少甚至消除货损,在很大程度上取决于集装箱的装货积载,因此,集装箱运输必须编制集装箱货物积载计划。编制集装箱货物积载计划时,应主要考虑以下3个问题:

① 容积和重量的充分利用。必须熟悉各种集装箱的规格及特性,集装箱容积利用率的计算方法以及货物密度与集装箱容积的关系。

② 一般货物配载问题。主要是货物积载重心要低且稳,货物之间相容性要好。

③ 特殊货物配载问题。特种货物主要指重货和危险货物。特重货物的配载要注意积载的平衡和集装箱容积的充分利用。危险货物按规定一般不准配载。需配载时,应按危险货物运输规则要求进行配载,严禁配载性能不同的危险货物。危险货物的装箱,其性能、容积、规格、储存、积载、标签等,均要符合有关危险货物的运输包装要求。此外,水路运输危险货物的集装箱必须装在船舶舱面的指定位置。

3.4.4 集装箱的货运交接方式

集装箱货运按照装箱的形式可分为整箱和拼箱两种,其交接方式也有所不同,大致可以分为以下四大类:

① 整箱交、整箱接(FCL/FCL)。货主在工厂或仓库把装满货物后的整箱交给承运人,收货人在目的地以同样整箱接货,换言之,承运人以整箱为单位负责交接。货物的装箱和拆箱均由供货人和收货人负责。

② 拼箱交、拆箱接(LCL/LCL)。货主将不足整箱的小票托运货物在集装箱货运站或内陆转运站交给承运人,由承运人负责拼箱和装箱运到目的地货站或内陆转运站,由承运人负责拆箱,拆箱后,收货人凭单接货。货物的装箱和拆箱均由承运人负责。

③ 整箱交、拆箱接(FCL/LCL)。货主在工厂或仓库把装满货后的整箱交给承运人,在目的地的集装箱货运站或内陆转运站由承运人负责拆箱后,各收货人凭单接货。

④ 拼箱交、整箱接(LCL/FCL)。货主将不足整箱的小票托运货物在集装箱货运站或内陆转运站交给承运人。由承运人分类调整,把同一收货人的货集中拼装成整箱,运到目的地后,承运人以整箱交,收货人以整箱接。

上述各种交接方式中,整箱交、整箱接的效果最好,也最能体现集装箱作业的优越性。但在实际作业中,交接地点对交接方式的选择有很大的影响。集装箱货物的交接地点一般有"门"、"场"、"站"三大类。按交接地点不同,交接方式一般分为"门到门"、"门到场"、"门到站"、"场到门"、"场到场"、"场到站"、"站到门"、"站到场"、"站到站"9种:

① "门到门"。由发货人货舱或工厂仓库至收货人的货舱或工厂仓库。

② "门到场"。由发货人货舱或工厂仓库至目的地或卸箱港的堆场。

③ "门到站"。由发货人货舱或工厂仓库至目的地或卸箱港的集装箱货运站。

④ "场到门"。由起运地或装箱港的堆场至收货人的货舱或工厂仓库。

⑤ "场到场"。由起运地或装箱港的堆场至目的地或卸箱港的堆场。

⑥ "场到站"。由起运地或装箱港的堆场至目的地或卸箱港的货运站。
⑦ "站到门"。由起运地或装箱港的集装箱货运站至收货人的货舱或工厂仓库。
⑧ "站到场"。由起运地或装箱港的集装箱货运站至目的地或卸箱港的堆场。
⑨ "站到站"。由起运地或装箱港的集装箱货运站至目的地或卸箱港的集装箱货运站。

综上所述,"门到门"这种方式在整个运输过程中完全采用集装箱运输,并无货物运输,最适宜于整箱交、整箱接。"门到场站"这种方式的特征是,由门到场站为集装箱运输,由场站到门是货物运输,适宜于整箱交、拆箱接。"场站到门"这种方式的特征是,由门至场站是货物运输,由场站至门是集装箱运输,适宜于拼箱交、整箱接。"场站到场站"这种方式的特征是,除中间一段为集装箱运输外、两端的内陆运输均为货物运输,适宜于拼箱交、拆箱接。

3.4.5 集装箱的搬运与固定

(1) 搬运方式

集装箱的搬运分叉举、起吊两种方式。叉举是指采用叉车进行集装箱搬运装卸,要求集装箱设有相应的叉槽结构,而且叉车的叉臂插入叉槽内的深度必须达到集装箱宽度的2/3以上。起吊是指采用起重机进行集装箱搬运装卸。用起重机起吊包括顶角件起吊、底角件起吊和钩槽抓举起吊3种方式。

①顶角件起吊方式。顶角件起吊方式如图3-11所示。图3-11(a)是绳索与顶角件直接连接,绳索与水平方向有一定的角度。图3-11(b)是用起吊框架起吊,顶角件处的绳索成铅垂状。顶角件起吊集装箱时的各种起吊件如图3-12所示,图3-12(a)是起重钩起吊,起重钩从内侧向外钩挂。图3-12(b)也是起重钩起吊,还带有安全装置。图3-12(c)是U形钩起吊,很容易放入顶角件中,并把起重销插入即可。图3-12(d)是手动式扭锁起吊。

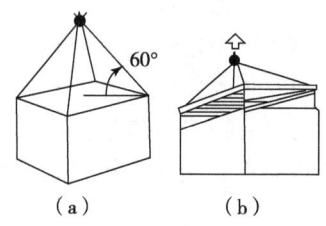

图3-11 顶角件起吊方式

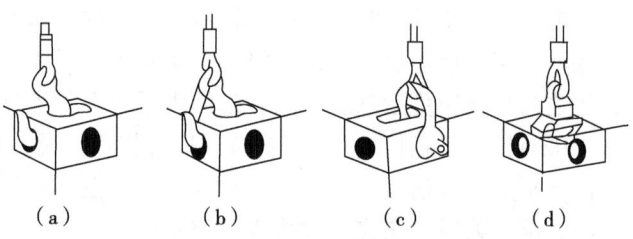

图3-12 顶角件的起吊件

②底角件起吊方式。如图3-13所示,一般要使用专门的吊具,要求吊索与水平方向的夹角必须小于表3-3列出的参考值,且中心线距角件侧面的距离不得大于38mm。

③钩槽抓举起吊方式。需要专门的吊具,由抓钩卡入集装箱底部两侧的抓槽,然后将集装箱起吊。用钩槽抓举起吊时,抓槽结构能承受1.25g(g是重力加速度)的垂直上升加速度。

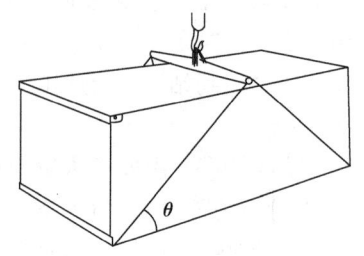

图3-13 底角件起吊方式

表3-3 底角件吊索与水平方向夹角的最小值

集装箱型号	1A, 1AA	1C, 1CC	10D, 5D
夹角最小值	30°	45°	65°

(2) 固定方法

集装箱可装载的货物种类很多,包装方法也不相同,即使是同一规格的货物,装箱后也不一定100%利用箱内容积。对于重荷装载,则可能留有更大的剩余空间。如果集装箱内货物固定不良,可能会导致货物不能承受装卸、运输过程中的冲击与振动,造成散垛、货物破损。因此,需要对集装箱内的货物加以固定,以减少货损。

集装箱内货物固定的常用方法有两种,即拴固带固定法和空气袋塞固法。当集装箱内的货物较少时,可选用如图3-14所示的拴固带固定法,首先把拴固带的钩头插入集装箱的导轨插孔里,然后将带扣拉紧扣牢,以固定货物。

当集装箱内的货物不满又不便采用拴固带固定时,可选用如图3-15所示的空气袋塞固法,利用空气袋填充货物装载后所形成的间隙,将货物挤紧固定。这种固定方法既可以防止货物相对移动,又可以减轻装卸、运输过程中的冲击与振动。空气袋在充气和放气时,具有很大的伸缩范围,对紧固和装卸作业都很方便。利用空气袋取代传统的方木、木片等填充材料,可节约大量的材料费用和紧固作业时间,并避免了填充材料对紧固作业环境的污染。

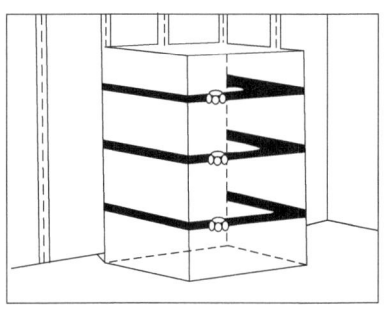

图3-14 拴固带固定法

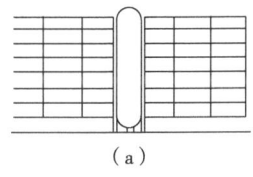 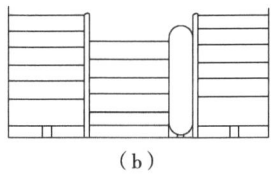 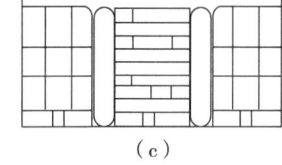

(a)　　　　　　(b)　　　　　　(c)

图3-15 空气袋塞固法

第4章 包装物流储存技术

储存系统是物流大系统中不可缺少的子系统,对货物的供需起着缓冲和平衡调节作用,保证包装物流活动在需要的时间和地点提供适当的产品或货物,从而实现物流的时间价值和空间价值,维持生产、流通的顺畅进行。本章主要介绍物流储存技术、物流储存合理化和库存控制技术等内容。

4.1 物流储存技术

在传统的包装物流中,储存过程一直被认为是无关紧要的,因为它只增加产品的成本,而不产生利润。但是,随着现代物流的发展,产品储存被越来越多的学者和包装物流业者所重视,合理的储存活动能够促进企业提高客户服务的水平,增强企业的竞争力,在包装物流活动中发挥着越来越重要的作用。

4.1.1 储存技术

储存活动是为了克服生产与消费在时间和空间上的距离而形成的。它主要借助各种设施完成对货物的堆码、保管、保养、维护等工作,并将其功能延伸到销售、供应、配送等领域。

(1) 储存的定义

在包装物流科学中,库存、储备、储存概念经常被混淆。这3个概念虽有共同之处,但仍有区别,认识这个区别有助于理解物流中"储存"和"零库存"概念。

① 库存。它是指货物在仓库中处于暂时停滞状态。一般情况下,人们设置库存的目的是防止货物短缺,好比水库里储水。另外,库存还具有保持生产过程连续性、分摊订货费用、快速满足用户订货需求的作用。这里要明确两点:一是货物所停滞的位置,不是在生产线上或在车间里,也不是在非仓库中的任何位置(如汽车站、火车站等类型的流通节点),而是在仓库中。二是货物的停滞状态可能由任何原因引起,而不一定是某种特殊的停滞,这些原因包括能动的各种形态的储备、被动的各种形态的超储以及完全的积压等。

② 储备。它是一种有目的的储存物资的行为,也是这种有目的的行为和对象的总称。

按储备在社会再生产中的作用,可分为生产储备、企业储备、流通储备、国家储备等类型。生产储备是指处于生产领域内的物资储备。企业储备是指各企业仓储领域内的物资储备。流通储备是指准备进入流通领域的物资储备。国家储备是指由国家储备机构或国家物资管理部门掌握的物资储备。物资储备是指社会生产过程中储存备用的生产资料,是生产资料产品脱离一个生产过程但尚未进入另一个生产消费过程时,而以储备形式暂时停留在生产领域和流通领域某一个环节上。物资储备的目的是保证社会再生产连续不断地、有效地进行。所以,物资储备是一种能动的储存形式,是有目的、能动的生产领域和流通领域中物资的暂时停滞,尤其是指生产与再生产、生产与消费之间的暂时停滞。

储备和库存的本质区别有两点。第一,库存明确了停滞的位置,而储备这种停滞所处的地理位置远比库存广泛得多,储备的位置可能在生产及流通中的任何节点上,可能是仓库中的储备,也可能是其他形式的储备。第二,储备是有目的的、能动的、主动的行动,而库存有可能不是有目的的,有可能完全是盲目的。

③ 储存。它是包含库存和储备在内的一种广泛的经济现象。对于不论什么原因形成停滞的货物,也不论是什么种类的物资,在没有进入生产加工、消费、运输等活动之前或在这些活动结束之后,总是要存放起来,这就是储存。这种储存不一定在仓库中,可能在任何位置,也有可能永远进入不了再生产和消费领域。一般情况下,储存、储备这两个概念是不做区分的。

在包装物流科学中,"储存"是一个非常广泛的概念,它是包括储备、库存在内的广义的储存概念。与运输的概念相对应,储存是以改变"物"的时间状态为目的的活动。

(2) 储存作业的一般流程

不同形式的储存,其作业程序也有区别。现以采用仓库作为储存设施的作业为例,其一般流程如图4-1所示,包括接货、保管和发货过程。

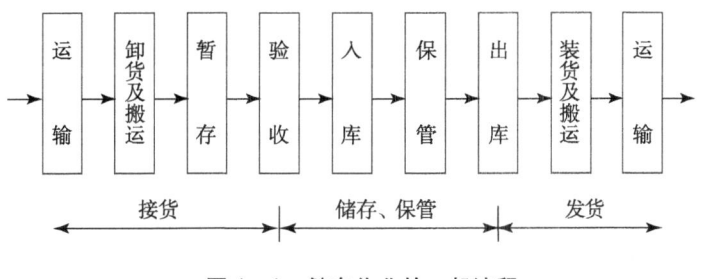

图4-1 储存作业的一般流程

① 接货。根据储存计划和发运单位、承运单位的发货或到达通知单,进行货物的接收、提取,并为入库保管做好准备工作。接货工作包括以下几项内容:

a. 与发货单位、承运单位的联络工作。根据业务部门的协议或合同,与发货及承运单位取得联系,掌握接货有关的信息资料。

b. 制订接货计划。在充分掌握到货的时间、数量、重量、体积等数据资料的基础上,根据接货能力及整个企业的经营要求,与有关业务部门协商,制订接货计划。一方面是根据内部情况,与发货及承运部门商定所确定的到货接取计划。另一方面是根据发货及承运部门的计划,安排本单位接货时间、接货人员、接货地点、接货装备的计划。

c. 办理接货手续。按接货计划,相关职能部门在确定的计划时间办理各种接货手续,如提货或接取手续、财务手续等。

d. 到货处理。在各种手续完成后或手续办理过程中，对所到货物进行卸货、搬运、清点、到货签收，并在适当地点暂存。

e. 验收工作。按接货计划要求，根据有关契约或其他凭证，对所到货物进行核证、检查、检验，确认是否接货。一是核证，核实货物的有关证件，如产品名称、产地、认证材料、出厂日期、装箱单据、发接货手续等。二是数量验收，清检到货总量、单位包装量、按数量指标检查其他内容。三是质量验收，储存作业中的接货一般只做外观质量检查。储运企业如果是代储代存，则只检查和储运有关的外观质量、包装质量，而货物的内在质量由货主负责检查验收。生产企业的储存接运，则需按技术业务部门提出的要求，由专门质量检查部门进行复杂的技术检验。通过验收的货物，即可办理入库手续。

② 保管。根据货物本身特性以及进出库的计划要求，对入库货物进行保护、维护管理等工作。保管工作包括以下几项内容：

a. 与接货单位及用货单位的联络工作。保管工作受接货与用货两个方面的制约，必须充分掌握和了解接货与用货两方面的情报，才能有计划安排好保管工作。

b. 制订保管计划。根据被保管货物的本身特性，在掌握保管时间、数量等要求的基础上，制订保管计划。一是保管数量计划，保管数量的决策不在保管部门而在业务部门。但是，保管条件、场所、人力等是决定保管数量的重要因素，也是制订保管计划的依据。同时，库存量控制的实施点在保管部门，也是库存量计划的制订部门之一。二是分类管理计划，根据库存货物的品种、规格、质量特点，合理规划保管场所和保管方式。三是维护保养计划，根据库存货物的自身特点和存储时间，安排维护保养时间、方法及人力、物力。

c. 办理入库、出库手续。入库、出库手续及由此产生的凭证，是保管的重要基础工作，也是系统管理、财务统计分析的基本信息点。入库手续主要包括各种凭证的签收处理、建立及保管账目等。出库手续包括各种出库凭证的核对，以及处理、通知备货出库等。

③ 发货。根据业务部门的计划，在办理出库手续基础上，进行备货、出库、付货或外运付货工作。发货工作包括以下几项内容：

a. 与收货单位、外运承运单位的联系、联络工作。目的在于充分掌握收货单位的提货时间、能力及外运承运的时间、能力、要求等，合理确定发货计划。

b. 制订发货计划。根据货物特点，在与收货单位及承运单位共同确定了发货方式基础上，制订发货计划，如备货时间、备货方式、装卸搬运力量的安排，其他人力、物力安排等。

c. 核对及备货。备货是保管人员按业务部门通知及发货计划完成的，在外运或交货时，必须核对无误之后完成交货手续及实际交货工作。

d. 办理交货手续。按发货计划，与收货或接运部门办理各项财务、接交等手续。

(3) 货物在储存期间的变化

货物在储存期间的变化主要表现为质量变化和价值变化。

① 质量变化。在储存期间，储存时间、储存环境、储存操作是引起货物质量变化的主要原因。

a. 储存时间。储存期越长,货物由量变到质变的累积越大,最终可能引起质量指标的改变。

b. 储存环境。不良的储存环境可能加速货物的质量变化过程。

c. 储存操作。在储存过程中,碰撞、磨损、冲击等情况可能加速货物的质量变化,如挥发、溶化、熔融、渗漏、机械变化、分解、水解、锈蚀、老化、腐蚀、霉变、发酵、腐败等。

② 价值变化。在储存期间,货物可能发生呆滞损失、时间价值损失等变化。

a. 呆滞损失。储存的时间过长,虽然原货物的使用价值并未变化,但社会需要发生了变化,使得该货物的效用降低,无法按原价值继续流通,形成了长期聚积在储存领域的呆滞货物,最终要以降低价格处理或报废处理。有些呆滞货物同时也存在物理、化学、生化等方面的变化,使货物损失更为严重。

b. 时间价值损失。货物储存实际也是货币储存的一种形式。储存时间越长,利息支付越多。另外,储存时间越长,资金的机会投资损失越大。

4.1.2 仓库技术

仓库是保管、储存货物的建筑物和场所的总称,是包装物流活动的中转站,是调节包装物流系统的中心。

(1) 仓库功能

从供应商的角度来看,仓库主要有流通加工、库存管理、运输和配送等功能。从客户的角度来看,仓库必须以最大的灵活性和及时性来满足自身生产的运行和用户的需求。

① 储存和保管功能。仓库用于储存货物,根据储存货物的特性配备相应的设备,进行合理化作业,以保持货物的完好性。例如,储存挥发性溶剂的仓库,必须设有通风设备,以防止空气中挥发性物质含量过高而引起爆炸。再如,贮存精密仪器的仓库,需防潮、防尘、恒温,因此,应设立空调、恒温等设备。在仓库作业时,还有一个基本要求,就是提供相应的设施以减少在搬运和堆放作业时损坏货物,使仓库真正起到贮存和保管的作用。

② 调节供需功能。创造货物的时间价值是物流的基本职能之一,这一职能主要由物流系统中的仓库来完成。现代化大生产的形式多种多样,从生产和消费的连续性来看,每种产品都有不同的特点,有些产品的生产是均衡的,而消费是不均衡的。还有一些产品的生产不均衡,而消费却是均衡的。要使生产和消费相协调,这需要仓库发挥"蓄水池"的调节作用。

③ 调节货运能力功能。各种运输工具的运输能力是不一样的。船舶的运输能力很大,海运船一般是万吨级,内河船舶也有几百吨至几千吨的。火车的运输能力较小,每节车皮能装运 30~60t,一列火车的运量最多达几千吨。汽车的运输能力很小,一般每辆车装 4~10t。

④ 流通配送加工功能。现代仓库的功能已开始从保管型逐渐向流通型转变,即仓库由储存、保管货物的中心向流通、销售货物的中心转变。仓库不仅要有储存、保管货物的设备,还要增设分拣、配套、集装、流通加工、信息处理等设备,扩大仓库的经营范围,提高综合利用率和服务质量。

⑤ 信息传递功能。伴随着以上功能的改变，导致了仓库对信息传递的要求。在处理仓库活动有关的各项事务时，需要依靠计算机和互联网，通过电子数据交换（EDI）和条形码技术来提高仓储物品信息的传输速度，及时而又准确地了解仓储信息，如仓库利用水平、进出库的频率、仓库的运输情况、顾客的需求以及仓库人员的配置等。

⑥ 产品生命周期的支持功能。现代物流包括了产品从"生"到"死"的整个生产、流通和服务的过程，要求仓储系统对产品生命周期提供支持。随着强制性质量标准的贯彻和环保法规约束力度加大，德国的托普佛法（Topfer Law）明确规定了制造商/配送商要负责进行包装材料的回收，这必然产生退货逆向物流和再循环回收等逆向物流。逆向物流与传统供应链方向相反，是要将最终顾客持有的不合格产品、废旧物品回收到供应链上的各个节点。作为供应链中的重要一环，在逆向物流中仓库又承担了退货管理中心的职能，负责及时准确定位问题商品，通知所有相关方面和发现退回商品的潜在价值，为企业增加预算外或抢救性收入；改进退货处理过程，控制可能发生的偏差；评估并最终改善处理绩效等。

（2）仓库分类

仓库的种类繁多，分类方法也有多种，常用的分类方法有以下几种：

① 按仓库用途来分类。

a. 采购供应仓库。主要用于集中储存从生产部门收购的，或供国际间进出口的商品。这类仓库库场大多设在商品生产比较集中的大、中城市，或商品运输枢纽的所在地。

b. 批发仓库。主要是用于储存从采购供应库场调进或在当地收购的商品。这类仓库一般邻近商品销售市场，规模同采购供应仓库相比一般要小一些，既从事批发供货，也从事拆零供货业务。

c. 零售仓库。主要用于为商业零售业做短期储货。一般是提供店面销售，规模较小，所储存物资周转快。

d. 储备仓库。一般由国家设置，以保管国家应急的储备物资和战备物资。货物在这类仓库中储存时间一般比较长，储存物资也会定期更新，以保证物资的质量。

e. 中转仓库。这种仓库处于货物运输系统的中间环节，临时存放待运货物，一般设置在公路、铁路的场站和水路运输的港口码头附近。

f. 加工仓库。具有产品加工能力的仓库被称为加工仓库。

g. 保税仓库。为国际贸易的需要，设置在海关以外的仓库。外国企业的货物可免税进出这类仓库而办理海关申报手续，且经过批准后，可在保税仓库内对货物进行加工、存储等作业。

② 按保管货物的特性分类。可分为以下几种：

a. 原料仓库。用来储存生产所用的原材料。这类仓库一般比较大。

b. 产品仓库。存放已经完成的产品，但这些产品还没有进入流通区域。这种仓库一般是附属于产品生产工厂。

c. 冷藏仓库。这类仓库有专门的制冷设备，具有良好的保温隔热性能，以保持较低的温度，专门用于储存需要冷藏、冷冻的货物，如牛奶、海鲜、饮料等。现代物流中已形成以冷藏仓库为节点的冷链物流系统。

d. 恒温仓库。这类仓库能够调节温度并能保持恒定温度，有隔热、防寒、密封等功能，并配备专门的设备，如空调、制冷机等。

e. 危险品仓库。这类仓库专门用于保管危险品，对危险品有一定的防护作用，以保证货物对周围环境、人畜不造成危害或危险。

f. 水上仓库。这类仓库在高湿度条件下利用水面或水下存放货物。

g. 地下仓库。这类仓库利用地下洞穴或地下建筑物储存物资，比较容易封闭、抵抗外界干扰，主要储存石油等重要物资，储存安全性较高。

③ 按照仓库的构造来分类。可分为以下几种：

a. 单层仓库。这种仓库是使用最广泛的一种仓库建筑类型，只有一层。它的主要特点是，单层仓库设计简单，所需投资较少；在仓库内搬运、装卸货物比较方便；各种附属设备（如通风设备、供水、供电等）的安装、使用和维护都比较方便。

b. 多层仓库。这种仓库一般占地面积较小，建在人口稠密、土地使用价格较高的地区，货物一般是使用垂直输送设备来搬运。它的主要特点是，可适用于各种不同的使用要求，整个仓库布局比较灵活；分层结构将库房和其他部门隔离，有利于库房的安全和防火；占地面积较小，建筑成本可以控制在有效范围内。

c. 立体仓库（或高架仓库）。立体仓库中货架一般比较高，货物的存取需要采用与之配套的机械化、自动化设备。

d. 散装仓库。这是一种专门保管散装的粒状、粉状货物的容器式仓库。

e. 露天仓库。这类仓库没有建筑物，不能阻挡风、雨、光等自然环境因素对货物的危害，而采取对货物直接防护方式进行保管。

④ 按建筑材料的不同分类。根据仓库使用的建筑材料的不同，将仓库分为钢筋混凝土仓库、钢质仓库、砖石仓库等。

⑤ 按仓库所处位置分类。根据仓库所处的地理位置，将仓库分为码头仓库、内陆仓库等。

⑥ 按仓库的管理体制分类。根据仓库隶属关系的不同，将仓库分为以下几类：

a. 自用仓库。自用仓库就是指某个企业建立的供自己使用的仓库，这种仓库一般由企业自己进行管理。一般自用仓库称为第一或二方物流仓库。

b. 公用仓库。这是一种专业从事仓储经营管理的，面向社会的，独立于其他企业的仓库。公用仓库被称为第三方物流仓库。

（3）仓库基本组成

按仓库系统的信息管理划分，每种仓库都包含了4个基本子系统，即入库子系统、仓储子系统、装卸搬运子系统和出库子系统。若按功能区域划分，仓库可划分为储货区、入库区、出库区和管理区。对于配送中心的附属仓库还有相应的信息子系统、货物分拣子系统和专用的分拣区。现从仓库系统的信息管理角度来介绍仓库的组成。

① 入库子系统。它是仓储工作的缓冲区，承担着货物的接运、验收以及办理入库手续，将到库货物按储存要求进行分装或换装，利用托盘、集装箱、货架等器具组成新的储存单元，并完成有关信息的登记或记录等一系列活动。货物验收的主要任务是核对证件、实物检验和入库登记等。

在大多数情况下，货物在入库区采用自然堆放方式。为提高仓库的入库效率，应考虑从载重汽车或列车上接运货物的装卸工艺和装卸设备的布置，以及将货物从入库区送往库存区的输送系统，尽量减少货物在入库区内的装卸作业时间，实现物流的机械化。另外，在规划入库子系统时，还应考虑仓库管理部门的办公场所、控制中心所需空间、空托盘的堆放空间和库内运输车辆的停车场以及必要的消防设施。

② 仓储子系统。它的任务是做好货位的管理工作，以及仓储货物的养护工作，如防虫害、防腐、防锈蚀、防老化和仓储安全工作，保证仓储货物的物理、机械、化学、生物等性能不发生变化，不受仓储环境影响。货物在仓库内的堆码方式一般有自身堆码、托盘堆码和货架存放三种方式。

a. 自身堆码。它是将同一种货物按形状、质量、数量和性能等特点进行堆放。在货堆之间应留有人员或搬运设备出入的通道。货物堆码方式有重叠式堆码、纵横交错式堆码、正反交错式堆码和旋转交错式堆码。采用自身堆码时，货堆的高度受货物抗压强度的制约和堆码设备提升高度的限制，一般以最底层的货物不被压坏为前提，货堆的高度一般小于4m。如果货物的包装比较规整，有足够的强度，则可采用无托盘的自身堆码方式，作业时在叉车上安装一些附属工具（如纸箱夹、推出器）。

b. 托盘堆码。它是将货物码放在托盘上，其码放方式可采用自身堆码形式，然后用叉车将托盘单元堆码。对于一些怕压或形状不规则的货物，可将货物装在货箱内或箱式托盘内。采用货箱堆码时，由于货箱或托盘立柱承受货垛的重量，故这种托盘应具有较高的强度和刚度。采用托盘堆码时，堆码和出入库作业常采用叉车或其他堆垛机械完成。采用桥式堆垛机时，堆垛高度可达8m以上，仓库容积利用率和机械化程度比自身堆码有较大提高。

c. 货架存放。在仓库内设置货架，将货物或托盘单元堆放在货架上。采用货架存放的最大优点是，货物的重量由货架支撑，不会产生挤压现象，可实现有选择的取货或实现"先入先出"的出库原则。货架存放为仓库的机械化作业和计算机管理提供了必要的条件。

③ 装卸搬运子系统。它包括货物的入库、出库机械系统以及货架（货垛）堆取作业机械系统。若无特殊要求，可将出入库机械系统合为一体。货物的装卸搬运可采用人力驱动，也可采用半自动或全自动的方式，借助辊道输送机、链式运输机、叉车、堆垛机，辅以手推车、电瓶搬运车完成货物的出入库及上、下货架作业。

④ 出库子系统。货物的出库、发运是储存过程的终止，也是仓库作业的最后一个环节。出库子系统承担着整理、包装出库货物，核对出货凭证、登账及向承运机构点交货物。货物出库时，一般应遵循"先进先出"的原则，对有效期限的货物要在期限内发放完毕。对于采用自身堆码和托盘堆码方式的仓库，也可采用"后进先出"的方式。对多品种小批量的货物出库，可以采用拣选出库。

（4）仓库主要性能参数

仓库最重要的两个性能参数是库容量和出入库频率。

① 库容量。它是指仓库能容纳货物的数量，是仓库内除去必要的通道和间隙之外所能堆放货物的最大数量。在规划和设计仓库时，首先要明确库容量。库容量可用"吨(t)"、"立方米(m^3)"或"货物单元"表示。

② 出入库频率。它表示仓库出入库货物的频繁程度，其大小决定了仓库内搬运设备的参数和数量，出入库频率可用"t/h"或"托盘/时"表示。

③ 其他因素。如储存货物的特性、托盘及其辅助工具的尺寸、仓库的自动化程度、

出入库平均作业时间、仓库约束条件（如运输条件、仓库高度、面积及地面承载能力）等。

（5）仓库经营效率的评价指标

评价仓库经营效率的主要指标是库容量利用系数和库存周转次数。

① 库容量利用系数。它是平均库容量与最大库容量之比。由于这是一个随机变量，一般以年平均值作为考核指标。

② 库存周转次数。它是年入库总量或年出库总量与年平均库存量之比。对于生产性和经营性的仓库，仓库周转次数越多，说明资金周转越快，经济效益越高。一些经营好的仓库可以达到每年24次以上，即不到半个月就周转一次。对于储备性仓库，库存货物只是供紧急状况下使用的，周转次数极少，库存周转次数不是一个重要指标，而出库速度是一个重要指标。

③ 其他衡量指标。如单位面积库存量、全员平均劳动生产率、装卸作业机械化程度、机械设备利用系数等。

a. 单位面积库存量。它是总库存量与仓库占地面积之比。在土地紧缺、征用费用高的地方，这是一个很重要的经济指标。

b. 全员平均劳动生产率。它是仓库全年出入库总量与仓库总人数之比，通常它取决于仓库作业的机械化程度。

c. 装卸作业机械化程度。它是指用装卸机械装卸货物的作业量与总的装卸作业量之比。

d. 机械设备利用系数。它是机械设备的全年平均小时搬运量与额定小时搬运量之比，可用该系数来评估机械设备系统配置的合理性。

4.1.3　货架技术

货架是指用支架、隔板或托架组成的立体储存货物的设施。在仓库设备中，货架专门用于存放、保管货物，是实现物流现代化、仓库管理现代化的重要手段和工具。

（1）货架作用

随着现代包装物流业的迅速发展，为实现仓库的现代化管理、改善仓库的功能，不仅要求货架数量多，而且要求具有多功能，能实现机械化、自动化作业。货架的主要作用包括以下几个方面：

① 属于框架式结构，可充分利用仓库空间，提高库容利用率，扩大仓库储存能力。

② 存入货架中的货物，互不挤压，可完好保持货物本身的功能，减少货物破损。

③ 货架存取货物方便，便于清点及计量。

④ 便于采取防潮、防尘、防盗、防虫害技术，提高货物存储质量。

⑤ 有利于实现仓库的机械化及自动化管理。

（2）货架分类

由于存放货物的形状、重量、体积、包装等特性不同，所使用的货架类型也不相同。这里主要介绍被广泛使用的、适于存放多种货物的通用货架，如搁板式货架、托盘式货架、贯通式货架、重力式货架、钢结构平台、悬臂式货架、旋转式货架和移动式货架。

① 搁板式货架。它通常为组装式结构，如图 4-2 所示，按单元货架每层的载重量分为轻、中、重型搁板式货架，层板主要为钢层板、木层板两种。这种货架采用人工存货、取货的方式，层间距均匀、可调，主要用于存放散件或较轻的包装件，便于人工存取。货架高度通常在 2.5m 以下，如辅以登高车则可设置在 3m 左右。单元货架跨度（即长度）、单元货架深度（即宽度）应适合人工操作。

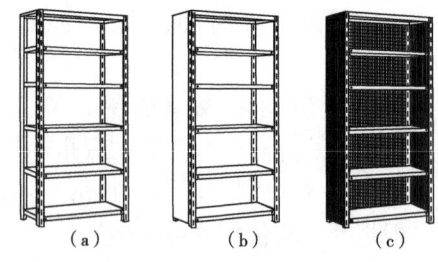

图 4-2　搁板式货架

② 托盘式货架。也称横梁式货架，或货位式货架。它属于重型货架，如图 4-3 所示。国内常用这种仓储货架系统。此类货架要求，首先对货物进行集装单元化作业，即按照货物包装的尺寸、重量、形状及强度等特性进行组盘，确定托盘的类型、规格、尺寸，以及单托载重量和堆高（单托载重量一般在 2000kg 以内）；然后确定单元货架的高度、跨度、深度、层间距。根据仓库屋架下沿的有效高度和叉车的最大叉高，确定货架的高度，低、高位仓库货架高度一般在 12m 以内，超高位仓库货架高度一般在 30m 以内。超高位仓库基本上是自动化仓库，货架总高度由若干段 12m 以内立柱构成。单元货架跨度一般在 4m 以内，深度在 1.5m 以内。托盘上货物的堆码高度应满足机械化作业的相关要求。此类仓库中，低、高位仓库大多用前移式电瓶叉车、平衡重电瓶叉车、三向叉车进行存取作业，货架较矮时也可用电动堆高机、超高位仓库用堆垛机进行存取作业。托盘式货架空间利用率高，存取灵活方便，采用计算机系统管理或控制，基本能达到现代化物流系统的要求，广泛应用于制造业、第三方物流和配送中心等领域，既适用于多品种小批量货物，又适用于少品种大批量货物。托盘式货架在高位仓库和超高位仓库中应用最多。

③ 贯通式货架。也称通廊式货架，或驶入式货架，如图 4-4 所示。此类货架排布密集，空间利用率极高，几乎是托盘式货架的两倍，但要求货物必须是少品种大批量型，且遵循"先进后出"的出库原则。贯通式货架要求，首先进行集装单元化作业，确定托盘的规格、载重量及堆码高度；然后确定单元货架的跨度、深度、层间距，根据屋架下沿的有效高度确定货架的高度。靠墙区域的货架总深度最好控制在 6 个托盘深度以内，中间区域可两边进出的货架区域总深度最好控制在 12 个托盘深度以内，以提高叉车存取的效率和可靠性。此类仓储系统稳定性较弱，货架不宜过高，通常应控制在 10m 以内。托盘单元货物不宜过大、过重，通常应控制在 1500kg 以内，托盘跨度不宜大于 1.5m。叉车常采用前移式电瓶叉车或平衡重电瓶叉车。贯通式货架多用于乳品、饮料等食品行业，冷库中也较为多见。

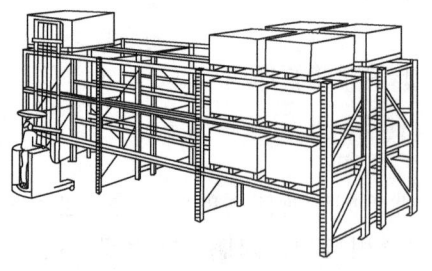

图 4-3　托盘式货架

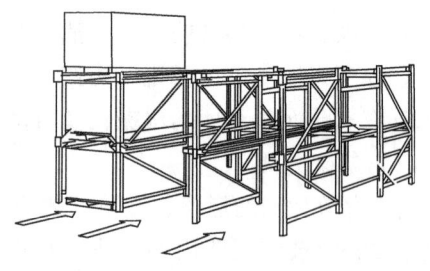

图 4-4　贯通式货架

④ 重力式货架。它由托盘式货架演变而成，采用辊子式轨道或底轮式托盘，轨道呈一定坡度（倾角约3°），如图4-5（a）所示。而对于单件小型产品，可采用图4-5（b）所示的小型重力式货架。这类货架利用货物的自重，实现货物的"先进先出"出库原则，一边进另一边出，适用于大批量、同类货物的"先进先出"存储作业，空间利用率很高，尤其适用于有一定的保质期、不宜长期积压的货物。货架总深度（即导轨长度）不宜过大，否则不可利用的上下"死角"会较大，影响空间利用率，且坡道过长，下滑的可控性较差，下滑的冲力较大，易导致托盘货物的倾翻。此类货架不宜过高，一般在6m以内，托盘单元货物重量一般在1000kg以内，否则可靠性和可操作性会降低。

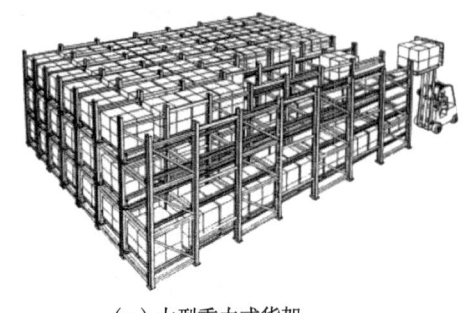
（a）大型重力式货架

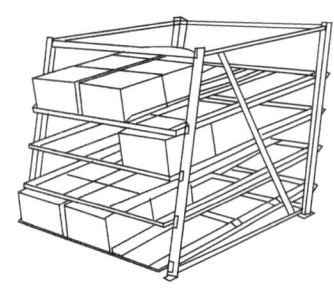
（b）小型重力式货架

图4-5 重力式货架

⑤ 钢结构平台。它通常是在现有的车间（仓库）场地上再建一个二层或三层的全组装式钢结构平台，如图4-6所示，将使用空间由一层变成二层或三层，提高仓库空间利用率。货物由叉车或升降台的货梯送上二楼、三楼，再由小车或液压拖板车运至指定位置。钢结构平台成本适中，易装易拆，可易地使用。此种平台立柱间距通常在4~6m以内，底层高3m左右，二、三层高2.5m左右，立柱通常采用方管或圆管制成，主、副梁通常用H型钢制成，层面板通常采用冷轧型钢楼板、花纹钢楼板、钢格栅等，楼面载重通常小于$1000kg/m^2$。此类货架系统主要用于第三方物流、机械制造等各行业。

⑥ 悬臂式货架。它主要用于存放长形物料，如型材、管材、板材、线缆等，立柱多采用H型钢或冷轧型钢，悬臂采用方管、冷轧型钢或H型钢，悬臂与立柱之间采用插接式或螺栓连接式，底座与立柱间采用螺栓连接式，底座采用冷轧型钢或H型钢，如图4-7所示。货物存取采取叉车、行车或人工作业，货架高度通常在2.5m以内，悬臂长度在1.5m以内，每个悬臂载重量通常在1000kg以内。若由叉车存取货物，则货架高度可高达6m。此类货架多用于机械制造行业和建材超市等。

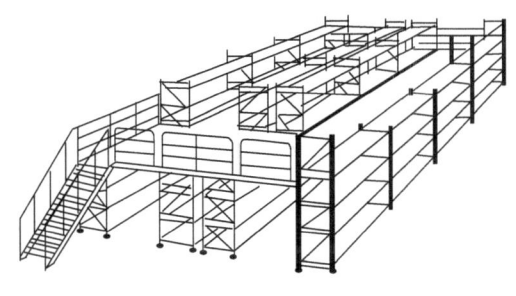
图4-6 钢结构平台

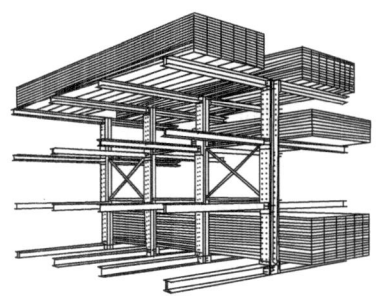
图4-7 悬臂式货架

⑦ 旋转式货架。它分水平旋转和垂直旋转两种，如图4-8所示，属于较为特殊的货架。这种货架系统自动化程度、密封性要求高，适于轻小而昂贵、安全性要求较高的货物存放。单个货架系统规模较小，单体自动控制，独立性强，可作为某种动力设备来使用。此类货架成本较高，主要用于存放贵重货物。

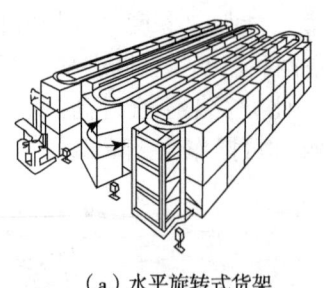

（a）水平旋转式货架　　　　（b）垂直旋转式货架

图4-8　旋转式货架

⑧ 移动式货架。轻中型移动式货架由轻、中型搁板式货架演变而成，如图4-9所示，分手动和电动两种类型。它属于密集式结构，仅需设一个约1m宽的通道，密封性好，美观实用，安全可靠，是空间利用率最高的一种货架。导轨可嵌入

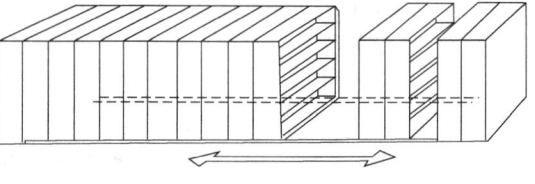

图4-9　移动式货架

地面或安装于地面之上，货架底座沿导轨运行，货架安装于底座之上，通过链轮传动系统使每排货架轻松、平稳移动，货物由人工进行存取。为了在货架系统运行中不发生货物倾倒，通常设有防倾倒装置。这种货架主要用于档案馆、图书馆、银行、企业资料室、电子轻工等行业。重型移动式货架由重型托盘式货架演变而成，由电力驱动，属于裸露式结构，每两排货架置于底座之上，底座设有行走轮，沿轨道运行，底盘内安装有电机及减速器、报警、传感装置等。系统仅需设1~2个通道，空间利用率极高。货物由叉车进行整托存取，通道通常为3m左右，主要用于一些仓库空间不是很大、要求最大限度地利用空间的场所，适用于机械制造等行业。

使用场合、存放货物类型、辅助设施、温湿度、洁净度等诸多因素的不同，决定了货架系统的差异性。上述货架系统的共性是多为组合装配式轻钢结构，表面采用静电喷塑处理。随着包装物流行业的快速发展，货架系统的技术含量、精度会愈来愈高，结构更趋优化，品种更齐全，适应性更广泛。

4.1.4　储存对包装的要求

在包装物流过程中，货物要多次在仓库内储存保管，而仓储时的温度变化、环境条件、堆码层数等对商品的质量均有很大的影响。因此，在包装防护设计时，必须充分考虑储存环节对包装的要求。

（1）仓储堆码对包装的要求

① 堆码面积。仓储环节的保管费与货物在仓库内的占地面积有很大关系。在仓库面积一定的情况下，充分利用仓库高度是提高库存量、减少占地的一种有效方法，如提高堆

码高度、采用高层货架。因此，产品包装设计应尽可能地提高包装件的抗压强度，减少包装材料用量，减小包装件体积，提高仓库空间利用率。

② 堆码强度。仓库内的商品既要尽可能堆高，又要保持堆码稳定性，防止坍塌，这对包装结构及强度提出了要求。瓦楞纸箱包装的安全系数取决于堆码时间、堆码尺寸、环境条件、印刷开孔状况、商品价值、装卸搬运次数等，一般取为 2~5。如果安全系数过小，将发生包装失效、商品损坏。如果安全系数过大，则浪费包装材料、增加包装费用。因此，在进行瓦楞纸箱包装设计时，要充分考虑各种仓储因素、运输因素、制造因素、设计因素对纸箱强度的影响，合理确定和计算堆码安全系数，保证仓储堆码安全性。堆码的基本要求是合理、牢固、定量、整齐、节省、方便。不同的堆码方式对包装件的抗压能力有不同的要求。为了避免堆码最底层的货物被压坏或变形，除产品的包装应有足够的强度之外，也可在货物之间增加托盘，提高货物的稳定性，防止货物的坍塌现象。

(2) 仓储管理对包装的要求

在仓储管理上，进出货速度、货物登记速度和准确程度、货物库存位置等因素直接影响到仓储效率。计算机系统管理和条码技术的应用有利于提高仓库管理的效率和水平，缩短仓储管理时间。因此，产品包装要适应自动化仓储管理的要求，严格遵守产品条码使用标准，合理设计条码的位置，使货物在入库、出库、销售等流通环节方便读码。

(3) 仓储环境对包装的要求

在仓储过程中，包装保护功能的发挥，在很大程度上受到仓储环境的影响。例如，仓库的温湿度对瓦楞纸箱的强度性能有较大影响。一般情况下，随着相对湿度增加，纸箱含水量增加，纸箱的各项物理性能均有下降，须采用防潮包装技术。对于必须在干燥条件下储存的产品，对湿度变化更为敏感，需采用阻湿性强的包装材料密封包装。对于气候干燥地区的货物仓储，要注意保护对水分敏感而造成品质下降的货物。对离海岸近的仓库，应注意采取防锈包装技术。因此，在包装设计之前，应充分了解产品的仓储环境条件，分析仓储环境对包装产品质量的不良影响，正确选用包装材料和包装结构。

4.2 物流储存合理化

由于生产供应与需求的不同，造成了供需矛盾。储存的基本功能是对货物需求的满足，即按要求保持一定量的货物储备，保证在一定时期内满足需要量，这是储存合理化的前提或基础。在实现储存功能的前提下，如何减少储存子系统的费用，是储存合理化的核心任务。

4.2.1 储存合理化标志

储存合理化是指在满足用户需求的前提下，以最经济的方法和手段，使库存费用、订货费用、缺货损失之和保持在最小状态。因此，储存合理化的首要问题是明确需求特征、储存成本及合理化的主要标志。

(1) 需求分类

需求是指单位时间（如年、月、日）内对某种货物的需求量。作为储存子系统的输出，需求主要包括以下几种分类方法：

① 确定性需求与随机性需求。确定性需求是指需求量在计划期间的所有各个时期内是确定并且已知的。按照需求在各个时期时稳定的还是变化的，确定性需求又分为静态需求和动态需求。而随机性需求则是出现在某个时期内的需求量并不确定，但整个情况可以用一个已知的概率函数描述。若该概率分布在考虑的时间内是稳定的，则称为稳定的随机需求，否则称为非稳定的随机需求。

② 瞬时需求与连续需求。瞬时需求是指一定时期内的需求量在时期开始时可以即刻得到满足。而连续需求是指这些需求量在时期中均匀地得到满足。瞬时需求和连续需求的作用直接反映到储存存货的总成本。

③ 独立需求与相关需求。独立需求是指需求变化独立于人们的主观控制能力之外，需求数量与出现的概率是随机的、不确定的、模糊的。相关需求的需求数量和需求时间和其他变量存在一定的相互关系，可以通过一定的结构关系推算得知。对于一个相对独立的企业，产品是独立的需求变量，企业管理者对需求数量与需求时间一般是无法预先精确计算，只能预测估算。而生产过程中的在制品以及原材料，则可以通过产品的结构关系和一定的生产比例关系准确确定需求数量和需求时间。

（2）与储存决策有关的成本

储存决策的目的就是在考虑生产计划、顾客服务水平与经济性的前提下，使储存量合理、补充货物及时。因此，储存决策问题可归结为，在达到一定服务质量要求下确定库存策略，使储存系统中与存储有关的费用总和达到最低。在进行储存决策时，需要考虑的成本因素主要包括订购成本、采购（生产）成本、存储成本和缺货成本4种。

① 订购成本。它是指订货过程与收货过程所引发的成本，主要包括订货或生产设备开始准备工作、运送货物等过程所包含的固定开支。一般假定订购成本和订货数量（生产数量）是不相关的，或者是呈阶跃函数关系。通常可把订购成本分为管理成本和运输成本两大类。

② 采购（生产）成本。它是指购买产品所付出的费用。这个成本参数在可以取得数量折扣，或者大规模生产过程中可以减少生产成本时显得特别重要，如通过调整订货数量，以降低单位产品价格。

③ 存储成本。它是指储藏货物的费用，包括投资资本的利息、保管成本、管理成本、折旧等。通常假定存储成本随存货量数量、货物存储时间而变化，可以用年存储成本占货物价值的百分比来表示。

④ 缺货成本。它是由于货物储存不足、无法满足需求而引发的收益损失，一般包括由于商业信用受损后而发生的成本和收入方面的潜在损失。如果顾客愿意等待，并且需求在延迟一段时间后得到了满足，这些成本通常直接随短缺数量和延迟时间增加而增大；反之，缺货成本则主要与缺货数量成正比。实际上，由于缺货常常导致企业信誉的下降而使公司遭受较大的经济损失，缺货成本通常较难用具体的数值来衡量。

（3）储存合理化标志

储存合理化的主要标志包括质量标志、数量标志、时间标志、结构标志、分布标志、费用标志等。

① 质量标志。储存合理化的主要标志之中，首先应是反映使用价值的质量标志。保

证货物的质量，实现商品的使用价值，是完成储存功能的根本要求。

② 数量标志。在保证货物质量的前提下，储存应有一个合理的数量范围。较为实用的方法是在消耗稳定、资源及运输可控的约束条件下，形成合理的储存量控制方法。

③ 时间标志。在保证储存功能实现的前提下，寻求一个合理的时间，这与储存量有关。储存量越大而消耗速率越慢，则货物的储存时间越长，相反则越短。在具体衡量时，往往用周转速度指标来反映时间标志，如周转天数、周转次数等。如果少量货物长期储存，储存期过长或成为呆滞物，虽反映不到周转指标之中，但也标志着储存存在不合理之处。

④ 费用标志。仓租费、维护费、保管费、损失费、资金占用利息支出等，都能从实际费用中判断储存的合理性。

⑤ 结构标志。它是从货物不同品种、不同规格的储存量的比例关系对储存结构合理性的判断，尤其是相关性很强的各种货物之间的比例关系更能反映储存合理性。由于这些货物之间相关性很强，只要有一种货物出现耗尽，即使其他种类的货物仍有一定数量，也无法投入使用。因此，不合理的储存结构的影响不仅局限于某一种货物，还具有扩展性，即涉及相关性很强的其他种类货物。

⑥ 分布标志。它是指不同地区储存的数量比例关系，以此判断本地区的需求比，对需求的保障程度，也可用来判断对整个物流系统的影响。

4.2.2 储存合理化方法

（1）采用 ABC 分析法，实施重点管理

ABC 分析法是实施储存合理化的基础，在此基础上可以进一步解决各种货物的结构关系、储存量、重点管理、技术措施等合理化问题。在 ABC 分析法的基础上，实施重点储存管理，确定货物的合理库存储备数量和有效的储备方法，乃至实施"零库存"。有关 ABC 分析的内容详见 4.3.3 小节介绍。

（2）追求经济规模，适当集中库存

适度集中库存是利用储存规模优势，以适度集中储存代替分散的小规模储存来实现合理化。集中储存是针对两个制约因素，在一定范围内取得优势的办法。一是储存费用，二是运输费用。储存过分分散，每处储存量有限，互相难以调度，需要分别按货物的要求确定库存量。而集中储存易于调度调剂，储存总量可大大低于分散储存之总量。过分集中储存，储存点与用户之间距离拉长，储存总量虽降低，但运输距离拉长，运费加大，在途时间长，又迫使周转储备增加。因此，适度集中库存是主要在这两方面取得最优集中程度。

（3）加速总周转，提高单位产出

将静态储存转变为动态储存，周转速度加快，会带来一系列的合理化效益，如资金周转快、资本效益高、货损小、库存能力增加、成本降低等。储存作业可采用单元集装存储，建立快速分拣系统来实现"快进快出"、"大进大出"方式。

（4）采用有效的"先进先出"方式

"先进先出"方式可保证每件货物的储存期不至过长，是储存管理的准则之一。实现"先进先出"方式的方法有以下几种：

① 贯通式货架系统。利用货架，形成贯通的通道，从一端存入货物，从另一端取出

货物，货物在通道中自行按先后顺序排队，不会出现越位等现象。贯通式货架系统能非常有效地保证"先进先出"方式。

② "双仓法"储存。这种方式给每类货物准备两个仓位或货位，轮换进行存取，再辅以"必须在一个货位中取尽之后再补充"的规定，则可保证实现"先进先出"方式。

③ 计算机存取系统。采用计算机系统管理，在储存时向计算机输入时间记录，使用一个简单的按时间顺序输出的程序，取货时计算机系统按储存时间给予指示，可保证"先进先出"方式，不做超长时间储存。这种计算机存取系统还能将"先进先出"和"快进快出"相结合起来，即在保证"先进先出"方式的前提下，将周转快的货物随机存放在便于存储之处，加快周转，减少劳动消耗。

(5) 提高储存密度和仓库容积利用率

提高单位仓储面积的利用率的主要方法有以下3种：

① 采用高垛方法，增加储存高度。例如，采用高层货架仓库、托盘、集装箱等设施。

② 缩小库内通道宽度，增加储存有效面积。例如，采用窄巷道式通道，配以轨道式装卸车辆，可减少车辆运行宽度要求。采用侧叉车、推拉式叉车，可减少叉车转弯所需的宽度。

③ 减少库内通道数量，增加储存有效面积。例如，采用密集型货架、可进车的可卸式货架、各种贯通式货架，以及不依靠通道的桥式吊车等。

(6) 采用储存定位系统

储存定位是货物位置的确定。有效的储存定位系统能大幅度节约寻找、存放、取出货物的时间以及劳动力，防止差错，便于清点及实行订货点的管理方式。储存定位系统可采取先进的计算机系统管理，也可采取一般人工管理。

① "四号定位"方式。它是用一组四位数字来确定存取位置的固定货位方法。这4个号码依次是，序号、架号、层号、位号。每一个货位都有一个组号，在货物入库时，按规划要求对货物编号，并记录在账卡上；提货时按组号的四位数字提示，很容易将货物拣选出来。这种定位方式要求对仓库存货区事先做出规划编号，以便快速地存取货物，减少差错。

② 计算机定位系统。这种系统是利用电子计算机储存容量大、检索速度高的优势，在入库时，将存放货位输入计算机系统，出库时向计算机系统发出指令，并按计算机系统的指示人工或自动寻址，找到存放货物后，拣选取货的方式。一般采取自由货位方式，计算机系统指示入库货物存放在就近易于存取之处，或根据入库货物的存放时间和特点，指示合适的货位，取货时也可就近就便。这种方式可以充分利用每一个货位，而不需专位待货，有利于提高仓库的储存能力。

(7) 采用监测清点方式

对储存货物数量和质量的监测不但是掌握基本情况的基本要求，也是科学库存控制的必要条件。及时、准确地掌握实际储存情况，监测货物质量状况，经常与账卡核对，这是人工管理或计算机系统管理都必不可少的作业内容。监测清点的有效方式主要有以下几种：

① "五五化"堆码。这是我国手工管理中采用的一种科学方法。在储存物堆垛时，以"五"为基本计数单位，堆成总量为"五"的倍数的垛形，如梅花五、重叠五等，便于人

工点数,且差错较少。

② 光电识别系统。在货位上安装光电识别装置,对被存货物进行扫描,并自动显示库存数量。

③ 计算机监控系统。利用电子计算机系统指示存取,可防止人工存取易出差错的现象。如果在货物上采用条码扫描技术,使识别计数器和计算机系统连接,每当存、取货物时,识别装置自动将条码识别并将其输入计算机系统,而计算机系统自动做出存取记录。通过计算机系统查询,就可了解所存货物的准确情况,而无须再安装一套对实际库存量的监测系统。

(8) 采用现代储存保养技术

① 气幕隔潮。在潮湿地区或雨季,室外湿度高且持续时间长,仓库内若要保持较低的湿度,就必须防止室内外空气的频繁交换。在库门上方安装鼓风设施,使之在门口处形成一道气流,由于这道气流有较高压力和流速,在门口便形成了一道气墙,可有效阻止库内外空气交换,防止湿气侵入。气幕对仓库还有隔热作用。

② 气调储存。调节和改变储存环境的空气成分,抑制货物的化学变化和生物变化,抑制害虫生存及微生物活动,从而达到保持货物质量的目的。调节和改变空气成分有许多方法,如在密封环境中更换混合好的气体,充入某种成分的气体,以除去或降低某种特定气体成分。气调储存方法对水果、蔬菜、粮食等货物的长期保质、保鲜储存很有效,例如,粮食可长期储存,苹果可储存 3 个月。气调储存对防止生产资料在储存期的有害化学反应也很有效。

③ 塑料薄膜封闭。塑料薄膜虽不完全隔绝气体,但能隔水隔潮。用塑料薄膜封垛、封袋、封箱,可有效地造就封闭小环境,阻缓内外空气交换,完全隔绝水分。在封闭环境内,如水果包装箱,置入干燥剂、缓蚀剂,或注入某种气体,则内部可以长期保持该种物质的浓度,长期形成一个稳定的小环境。该方法比气调仓储简便易行,成本较低。也可用该方法对水泥、化工产品、钢材等做防水封装,防止变质和锈蚀。热缩性塑料薄膜对托盘货物封装后再经热缩处理,可基本排除封闭体内部之空气,塑料膜缩紧贴包装件,不但与外部环境隔绝,还起到紧固作用,防止塌垛、散垛。

(9) 采用集装运储一体化方式

集装箱等集装设施的出现,给储存带来了新观念。在包装物流过程中,采用集装箱后,不需要再用传统意义的库房,省掉了入库、验收、清点、堆垛、保管、出库等一系列储存作业。因此,集装运储对改变传统储存作业有很重要意义,是储存合理化的一种有效方式。

4.3 库存控制技术

库存具有防止产品短缺、保持生产过程连续性、分摊订货费用、快速满足用户订货需求等作用。由于库存涉及如资金占用、包装、仓储、安全、老化、丢失、保险、管理等诸方面的成本和费用,而储存成本往往占货物自身价值的 20% ~40%,因此,库存管理与控制对降低整个包装物流系统的总成本有非常重要的作用。

4.3.1 库存管理策略

库存管理策略是指控制库存量、制订订货规则的一种策略。按库存作业过程分类，库存可分为订货过程、进货过程、保管过程和销售出库过程。为了达到控制库存量的目的，既可以控制订货、进货过程，也可以控制销售出库过程。但是，控制销售出库过程也会限制用户的需求，一般不予采纳。而通常采用控制订货、进货过程的办法来控制库存量，既可主动控制库存量，也不影响企业的社会效益。

（1）库存问题分类

① 按货物的盘点频度分类。库存问题分为连续检查库存问题、周期检查库存问题和混合检查库存问题。连续检查库存问题对库存量进行连续监测，当库存低于一定数量时就进行补充，使订货量或补货后库存量保持在一定的水平。周期检查库存问题，也称为定时补货库存问题，每经过一个循环时间 t 就补充库存量，并使订货量或补货后库存量保持在一定的水平。混合检查库存问题是上述两种检查方法的综合使用，定期检查，当库存量水平低于某一规定量时，进行补给；反之，则不进行补给。

② 按货物需求的重复程度分类。一般将库存问题分为单周期库存问题和多周期库存问题。单周期需求，也称为一次性订货问题，其特征是偶发性和产品生命周期短，因而很少重复订货。例如，一般情况下没有人会买过期的报纸，也不会在农历八月十六预订中秋月饼。多周期需求问题是指在长时间内需求反复发生，库存需求不断补给。在实际生活中，这种需求现象较为多见。多周期需求问题又分为独立需求库存问题和相关需求库存问题两种。针对一定的库存控制系统，独立需求是一种外生变量，相关需求则是控制系统的内生变量。

（2）库存管理策略

对于库存问题，必须回答以下问题，即：

① 如何优化库存成本？

② 如何平衡生产与销售计划，满足一定的交货需求？

③ 如何避免浪费，避免不必要的库存？

④ 如何避免需求损失和利润损失？

归根到底，库存控制要解决 3 个主要问题，即确定库存检查周期、确定订货量和确定订货点（或订货时间）。独立需求库存控制多采用订货点控制策略，涉及库存补给策略，如连续性检查的固定订货量、固定订货点策略，即 (Q, R) 策略；连续性检查的固定订货点、最大库存策略，即 (R, S) 策略；周期性检查策略，即 (t, S) 策略；综合库存策略，即 (t, R, S) 策略。在这 4 种基本的库存策略基础上，又延伸出很多种库存策略。这里重点介绍这 4 种基本的库存策略。

① 连续性检查的固定订货量、固定订货点 (Q, R) 策略。它属于连续性检查类型的策略，其原理如图 4-10 所示，对库存进行连续性检查，当库存量降低到订货点 R 时，即发出订货，每次的订货量保持不变，都为固定值 Q。该策略适用于需求量大，缺货费用较高、需求波动性很大的情形。

② 连续性检查的固定订货点、最大库存 (R, S) 策略。它也属于连续性检查类型的策略，要求随时检查库存状态，当发现库存量降低到订货点水平 R 时，开始订货，订货后

使最大库存量保持不变,即为常量 S。如果发出订单时的库存量为 I,则其订货量即为 $S-I$。

③ 周期性检查 (t, S) 策略。它属于周期性检查类型的策略,其原理如图 4-11 所示。该策略要求每隔一定时期检查一次库存,并发出一次订货,把现有库存量补充到最大库存量 S。如果检查时库存量为 I,则订货量为 $S-I$。首先,经过固定的检查期 t,发出订货,此时,库存量为 I_1,订货量为 $S-I_1$。再经过一定的订货提前期 LT(LT 是随机变量),库存补充量为 $S-I_1$,库存到达 A 点。再经过一个固定的检查期 t,又发出一次订货,订货量为 $S-I_2$,经过一定的订货提前期 LT,库存又达到新的高度 B。如此周期性检查库存,不断补给。该策略不设订货点,只设固定检查周期和最大库存量,适用于一些不很重要的或使用量不大的货物。

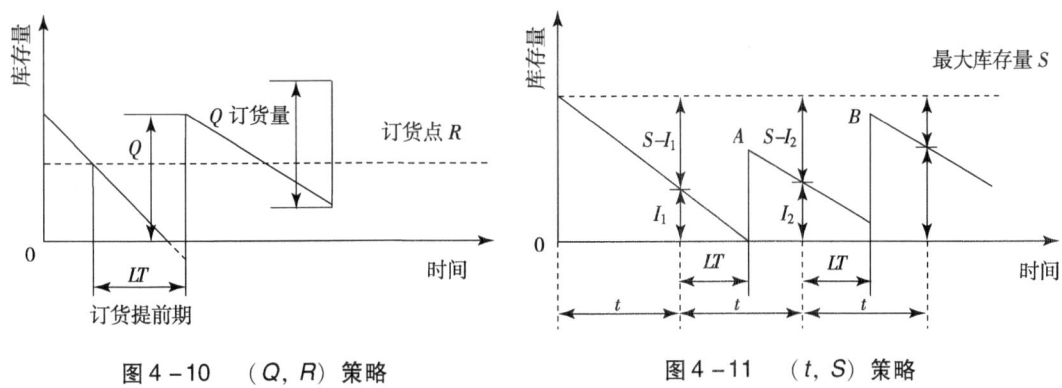

图 4-10　(Q, R) 策略　　　　　图 4-11　(t, S) 策略

④ 综合库存 (t, R, S) 策略。该策略是 (t, S) 策略和 (R, S) 策略的综合,其原理如图 4-12 所示。这种补给策略有一个固定的检查周期 t、最大库存量 S、固定订货点 R。当经过一定的检查周期 t 后,若库存量低于订货点,则发出订货;否则不订货。订货量的大小等于最大库存量减去检查时的库存量。当经过固定的检查时期到达 A 点时,此时库存量已降低到订货点水平线 R 以下,应发出一次订货,订货量等于最大库存量 S 与当时的库存量 I_1 之差 $S-I_1$。经过一定的订货提前期后在 B 点订货到达,库存量补充到 C 点。在第二个检查期到来时,此时库存位置在 D 点,库存量高于订货点水平,无须订货。第三个检查期到来时,库存点在 E,正好位于订货点水平线 R 上,又发出一次订货,订货量为 $S-I_3$。如此循环进行下去,实现周期性库存补给。

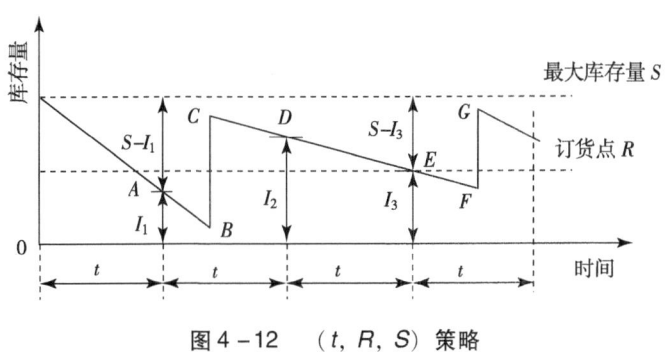

图 4-12　(t, R, S) 策略

4.3.2 库存控制模型

库存控制模型是在经济合理或者某些特定的前提下,根据大量可靠的历史数据对具体库存问题加以概括和抽象,然后建立相应的数学模型并进行优化处理,从而做出正确的库存决策。独立需求库存控制模型根据其主要参数(如需求量、订货提前期)是否为确定值,分为确定型库存模型和随机型库存模型。

(1) 确定型库存模型

确定型库存模型分为周期性检查模型和连续性检查模型。

① 周期性检查模型。此类模型分不允许缺货、允许缺货、实行补货 3 种情况,每种情况又分瞬时到货、延时到货两种类型。最常用的模型是不允许缺货、瞬时到货型,其最佳订货周期 T^* 为

$$T^* = \sqrt{\frac{2C_R}{HD}} \qquad (4-1)$$

式中 C_R——单位订货费用,元;
H——单位产品库存维持费,元/(件·年);
D——需求率,件/年。

最大库存量 S 为

$$S = T^*D \qquad (4-2)$$

② 连续性检查模型。该模型需要确定订货点和订货量两个参数,有 6 种模型,即不允许缺货、瞬时到货型;不允许缺货、持时到货型;允许缺货、瞬时到货型;允许缺货、持时到货型;补货、瞬时到货型;补货、持时到货型。最常用的连续性检查模型是不允许缺货、瞬时到货型,它是一种经典的经济订货批量模型,其最佳订货批量为

$$Q^* = \sqrt{\frac{2DC_R}{H}} \qquad (4-3)$$

最佳订货点为

$$R = LT^*D \qquad (4-4)$$

式中 LT——订货提前期,年。

(2) 随机型库存模型

随机型库存模型也分连续性检查和周期性检查两种类型,需要确定经济订货批量(或经济订货期)、确定安全库存量、确定订货点和订货后最大库存量。当需求量、提前期都为随机变量时,库存模型较为复杂。随机型库存模型可分为经济订货批量模型、经济生产批量模型、价格折扣模型、概率模型和安全库存,详细内容请参考库存控制模型方面的教材等书籍。

4.3.3 库存控制技术

一个有效的库存控制系统应达到以下目标:① 保证供应足够的物料。② 鉴别出畅销品与滞销品。③ 向管理者提供准确、简明和适时报告。④ 花费最低的费用。

但是,在实际作业中,仅依靠数学模型并不能使库存控制系统有效地运行,还需要采

用一些必要的技术手段来保持库存控制系统的高效性。常用的库存控制技术包括 ABC 分析法、准时制物流方式。

（1）ABC 分析法

ABC 分析法，也称帕雷托分析法或主次因素分析法。它是根据对象在技术或经济方面的主要特征，进行分类排队，分清重点和一般，从而有区别地确定管理方式的一种分析方法。由于把被分析的对象分成 A、B、C 三大类，故称为 ABC 分析法。通过分析，将"关键的少数"找出来，并确定与之适应的管理方法，这就形成了要进行重点管理的 A 类事物。

① 原理。在 ABC 分析法中，分析对象的累计频率分为 3 级，与之相对应的因素分为 3 类，A 类因素，发生频率为 70%～80%，是主要影响因素；B 类因素，发生频率为 10%～20%，是次要影响因素；C 类因素，发生频率为 0%～10%，是一般影响因素。这种方法有利于找出主次矛盾，有针对性地采取对策。在库存管理中采用 ABC 分析法可有效地压缩库存总量，使库存结构合理化。例如，当根据货物的年耗用金额来进行排队时，ABC 分析法把货物分成三大类，A 类货物的品种约为 70%，B 类为 25%，C 类为 5%。从表 4-1 中就会发现，少数货物占有很大的资金份额，而大多数货物占有的资金份额却很少，具体分析结果如表 4-2 所示。根据 ABC 分类结果，可采取不同的库存控制策略，具体策略如表 4-3 所示。

表 4-1 各种货物的年耗用金额

货物编号	年耗用金额/元	占总金额的比例/%
22	95000	40.8
68	75000	32.1
27	25000	10.7
03	15000	6.4
82	13000	5.6
54	7500	3.2
36	1500	0.6
19	800	0.3
23	425	0.2
41	225	0.1
合计	233450	100

表 4-2 货物的 ABC 分类

类别	货物编号	年耗用金额/元	占总金额的比例/%
A 类	22，68	170000	72.9
B 类	27，03，82	53000	22.7
C 类	54，36，19，23，41	10450	4.4

② 步骤。ABC 分析法可按以下步骤进行：

a. 将货物按照需求价值从大到小排序。

b. 计算各种货物占用金额的百分比，并进行累计（或进行品种百分比累计）。

c. 按照分类标准，即选择断点，分类确定 A、B、C 三大类货物。

表 4-3 不同类别货物的库存控制策略

存货类别	库存控制策略
A 类	严密控制，每月检查一次
B 类	一般控制，每三月检查一次
C 类	自由处理

例如，通过历史数据统计，得到某仓库一段时期内各种货物的需求量，如表 4-4 所示。按照上述 3 个步骤进行 A、B、C 分类，计算结果如表 4-5 所示。

表 4-4 需求量历史数据

货物编号	需求量/t	货物编号	需求量/t
01	25	06	15
02	7	07	150
03	170	08	4
04	20	09	4
05	3	10	2

表 4-5 ABC 分析结果

货物编号	需求/t	累计需求/t	累计需求百分比/%	货物累计数	累计货物百分比/%	分析结果
03	170	170	42.50	1	10	A 类
07	150	320	80.00	2	20	A 类
01	25	345	86.25	3	30	B 类
04	20	365	91.25	4	40	B 类
06	15	380	95.00	5	50	B 类
02	7	387	96.75	6	60	C 类
08	4	391	97.75	7	70	C 类
09	4	395	98.75	8	80	C 类
05	3	398	99.50	9	90	C 类
02	2	400	100	10	100	C 类

③ 其他评价指标。在 ABC 分析法中，分类的目标是把重要的货物与不重要的货物分离开来，但采用不同的评价指标，分类结果也有区别。年使用量和价值是确定一个货物分类系统时最常用的两个评价指标，但是其他指标也可以用来对货物进行分类，例如缺货后果、供应不确定性、过期或变质风险等。

a. 缺货后果。如果某些存货的供应中断将给其他作业带来严重干扰甚至延误，这种货物应该获得较高的优先级别。

b. 供应不确定性。某些货物尽管价值较低，但其供应缺乏规律性或非常不确定，因此也应该得到更多的重视。

c. 过期或变质的风险。如果货物很容易因过期或变质而失去价值，就应给予更多的关注和监控。

一些更复杂的货物分类系统则同时使用这些指标，并分别按照各个指标给货物进行A、B、C类划分。例如，一个零件可能被划分为 A/B/A 类，即按价值划分它属于 A 类；按缺货后果划分它属于 B 类；按过时风险划分它属于 A 类。ABC 分析法从理论上要求将货物分为 A、B、C 三大类，但在实际应用中也可以根据实际情况将货物分为 5 类或 6 类。另外，在进行 ABC 分析时，所选择的分析时间段也是非常重要的，应选择能反映真实情况的时间段，通常以年作为分析时间段。

在运用 ABC 分析法进行库存分析时，还应注意以下几个问题：

① ABC 分析法的优点是减轻而不是加重库存控制。

② 针对企业的具体情况，可将存货分为适当的类别，不要求局限于三大类。

③ 对于物流企业经营的货物，分类情况并不揭示货物的获利能力。

④ 分类情况不反映货物的需求程度。

因而在进行货物分类时，要针对诸如采购困难问题、可能发生的偷窃问题、预测困难问题、货物的变质或陈旧、仓容需求量的大小和货物在生产和经营上的需求情况等因素加以认真的考虑，做出适当的分类。

(2) 准时制物流方式

准时制物流（just-in-time logistics，JIT logistics）是一种建立在 JIT 管理理念基础上的现代物流方式。准时制物流管理于 20 世纪 50 年代首创于日本丰田汽车公司，1972 年后被广泛应用于日本汽车和电子工业。JIT 管理为日本企业生产高质量、低成本的产品提供了保证。准时制物流是伴随制造业准时生产而产生的，随着准时生产的发展与普及，准时制物流得到了迅速发展和广泛应用。准时制是指在精确测定生产各工艺环节作业效率的前提下，按订单准确地计划，以消除一切无效作业与浪费为目标的一种管理模式。建立在准时制管理理念上的物流方式被称为准时制物流。

① 准时制生产方式。20 世纪中叶，世界汽车生产企业（包括丰田公司）均采取美国福特式的"总动员生产方式"，即在一半时间内人员、设备、流水线等待零件，在另一半时间内零件运到之后，全体人员总动员，紧急生产产品。这种方式造成了生产过程中的物流不合理现象，尤以库存积压和短缺为特征。采取多品种少批量、短周期的生产方式，大大消除了库存，优化了生产物流，减少了浪费。直到 20 世纪 60 年代，为适应消费需求多样化、个性化，追求更多的经济利益，由日本丰田汽车公司形成了为物流体系服务的生产体系，即准时制生产方式。准时制生产方式是指按所需要的数量、在正好需要的时间将所需要的零件送到生产线，实现适时、适量的生产，避免引起生产过剩、导致多余库存等各种浪费，其核心是消减库存，直至实现"零库存"，同时又能使生产过程顺利进行。1973 年以后，这种方式对丰田公司度过第一次能源危机起到了巨大作用，随后引起其他国家生产企业的重视，并逐渐在欧洲和美国的日资企业及当地企业中推广应用。这种方式与源自日本的其他产品的生产、流通方式一起被西方企业称为"日本化模式"，而且日本生产、流通企业的物流模式对欧美的物流也产生了重要影响。

② 准时制物流方式。准时制生产方式的观念本身就是物流功能的一种反映，将这些

观念应用于物流领域,就形成了准时制物流方式,即将正确的商品、以正确的数量、在正确的时间送到正确地点。这里的"正确"是英文"JUST"的意思,按需按时送货。准时制物流的主要目的是使物流过程中产品(如零部件、半成品及制成品)有秩序地流通,不产生产品库存的积压、短缺和浪费等现象。这是一种理想化的模式,在多品种、小批量、多批次、短周期的消费需求的压力下,生产者、供应商及物流配送中心、零售商都要调整自己的生产、供应、流通流程,按下游客户的需求时间、数量、结构以及其他要求组织好均衡的生产、供应和流通。在此过程中,生产者、供应商、物流配送中心或零售商,均应对各自的下游客户的消费需要做精确的预测,因为准时制物流的作业基础是假定下游需求是固定的,即使实际上是变化的,但通过准确的统计预测,也能把握下游需求的变化。

③ 准时制物流的实施方法。建立准时制物流的措施主要包括作业流程化、作业均衡化和看板管理。

a. 作业流程化。它是指按物流所需的作业工序从最后一个工序开始,确定前面一个工序的类别,并依次恰当地安排作业流程。根据作业流程与每个环节所需库存数量和时间先后来安排库存和组织物流,尽量减少货物在生产现场的停滞与搬运,使货物在生产流程上毫无阻碍地流动。

b. 作业均衡化。将一周或一日的作业量按分秒时间进行平均,所有作业流程都按此来组织作业。这样,在流通领域每个作业环节上,单位时间内必须完成的某种作业量就有了标准定额,每个环节都按标准定额组织、安排作业。同时,按此标准定额均衡地组织货物的供应、安排货物的流动。由于准时制物流的生产是按周或按日进行平均量化,所以它与传统的大生产、按批量生产的方式不同,准时制物流的均衡化生产中无批次生产的概念。

c. 看板管理。看板是用来控制物流现场作业的排程工具,用于在工序、部门及企业之间传递生产、运输、储存等物流作业信息。看板通常使用卡片、标志杆或容器等形式,记载信息通常包括零件号码、产品名称、制造编号、容器形式、容器容量、看板编号、移送地点和零件外观等。通过看板管理,现场作业人员将明确产品的流通环节、工序、性能等物流信息,且必须完全依照看板所规定的指示信息内容来从事生产、搬运、运输、储存等物流作业,从而实现改进生产流程、改善生产活动、提高劳动生产率、降低库存成本等目标。

第5章 包装物流配送技术

一般的配送集装卸、包装、保管、运输于一体，通过这一系列活动实现将货物送达的目的。配送几乎包括了所有的物流功能要素，是包装物流活动的一个缩影或在某小范围中物流全部活动的体现，对企业的物流系统和整体服务水平具有重要意义。本章主要介绍配送及配送中心、包装物流配送技术和第三方物流技术等内容。

5.1 配送及配送中心

配送直观而具体地体现了包装物流系统对需求的满足程度。通过高效的配送活动，可以降低物流成本，提高物流效率和物流服务水平。

5.1.1 包装物流配送

作为包装物流活动中一种特殊的、综合的活动形式，配送是商流与物流紧密的结合体，包含了商流活动和物流活动，也包含了物流中若干功能要素。

（1）配送的定义

国家标准 GB/T 18354《物流术语》中将配送定义为：在经济合理区域范围内，根据用户要求，对物品进行拣选、加工、包装、分割、组配等作业，并按时送达指定地点的物流活动。一般的配送集装卸、包装、保管、运输于一体，通过这一系列活动完成将货物送达的目的。特殊的配送还要以加工活动为支撑，包括的内容更广。

配送的主体活动与一般物流不同，一般物流是运输及保管，而配送则是运输及分拣配货，分拣配货是配送的独特要求，也是配送中有特点的活动，以供货为目的的运输则是最后实现配送的主要手段。另外，物流是商物分离的产物，而配送以商流与物流紧密结合为特征。虽然配送在具体实施时，也有以商物分离形式实现的，但从配送的发展趋势看，商流与物流越来越紧密的结合，是配送成功的重要保障。现从两个方面分析配送的概念。

① 从经济学资源配置的角度分析。配送是以现代供货形式实现资源的最终配置的经济活动。这个概念概括了配送在社会再生产活动中的地位和配送的本质。

a. 配送是资源配置的一部分，是经济体制的一种形式。

b. 配送的资源配置作用是"最终配置"，是接近顾客的配置。

c. 配送的主要经济活动是供货，以现代生产力、劳动手段为支撑，依靠现代科学技术，实现"配"和"送"有机结合的一种方式。

d. 配送在社会再生产过程中的位置是处于接近用户的流通领域部分，有其战略价值，但是它并不能解决流通领域的所有问题。

② 从配送的实施形态角度分析。配送是按用户订货要求，在配送中心或其他物流节点进行货物配备，并以最合理的方式送交用户。这个概念概括了配送的本质特征。

a. 整个概念描述了接近用户资源配置的全过程。

b. 配送的实质是一种供货形式，但与一般供货有显著区别。一般供货可以是一种偶然的行为，而配送是一种有确定组织、确定渠道，有一套设备设施和管理力量、技术力量，有一套制度的体制经济形式。所以，从某种角度讲，配送是高水平供货形式。

c. 配送是一种"中转"形式供货。配送是从物流节点至最终用户的一种特殊供货形式，属于"中转"型供货，而一般供货尤其从工厂至用户的供货往往是直达型。从广义角度，可将非中转型供货纳入配送范围，也将配送外延从中转扩大到非中转，仅以"送"为标志来划分配送的外延，这也是有一定道理的。

d. 配送是"配"和"送"有机结合的形式。配送与一般供货的重要区别在于，配送采用有效的分拣、配货等理货作业，使供货达到一定的规模，以规模优势获得较低的供货成本。

e. 配送以用户要求为出发点。配送是从用户利益出发、按用户要求进行的一种活动。配送企业处于服务地位而不是主导地位，应以"用户订单"为依据，以合理性为目标来指导用户，在满足用户利益基础上获得利益，实现共同受益的商业原则，而不能利用配送损害或控制用户，将配送作为部门分割、行业分割、割据市场的手段。

（2）配送的作用

配送几乎包括了所有的物流功能要素，是包装物流活动的一个缩影或在某小范围中物流全部活动的体现，对企业的物流系统和和整体服务水平具有重要意义。配送的作用主要表现在以下几个方面：

① 完善了运输及整个物流系统。干线运输使长距离、大批量的运输实现了低成本化。但是，随后的支线转运或小搬运却成为物流过程的一个薄弱环节。这个环节要求灵活性、适应性、服务性，采用配送方式将干线运输及小搬运衔接起来，完善了物流系统。

② 提高了末端物流的效益。采用配送方式，将多用户的各种货物集中并一次发货，有利于提高末端物流经济效益。

③ 降低了企业库存成本。采取准时配送方式之后，企业可以完全依靠配送中心的准时配送而不需保持自己的库存。企业只需保持少量安全储备而不必留有经常储备，这就可以实现"零库存"，将企业从库存的包袱中解脱出来，同时释放出大量储备资金，从而减轻企业的财务压力。

④ 提高了服务水平。采用配送方式，用户只需向一处订购，或与一个进货单位联系就可订购到货物。另外，用户也只需组织对一个配送单位的接货便可代替原有的高频率接货，因而大大减轻了工作量和负担，也节省了费用。

(3) 配送的分类

配送在长期的实践中以不同的运作特点和形式满足不同的顾客需求,形成了不同的配送形式,如表 5-1 所示。这里主要介绍供应商直接配送、企业自营配送、社会化配送和共同配送。

表 5-1 配送的分类

分类方法	配送的形式
按配送主体分类	供应商直接配送,企业自营配送,社会化配送,共同配送
按配送对象分类	单(少)品种大批量配送,多品种、少批量配送,配套成套配送
按配送时间及数量分类	定时配送,定量配送,定时、定量配送,定时、定量、定点配送,定时、定路线配送,即时配送
按经营形式分类	供应配送,销售配送,供应—销售一体化配送
按配送组织者分类	配送中心配送,仓库配送,生产企业配送,商店配送

① 供应商直接配送。它是指用户为了自己的供应需要所采取的配送形式。在这种配送形式下,一般是由用户或用户集团组建配送据点,集中组织大批量进货(以获得批量折扣),然后向本企业配送或向本企业集团的若干企业配送。这种配送方式是保证供应水平、提高供应能力、降低供应成本的重要方式。在大型企业、企业集团或联合公司中,常采用这种配送形式组织对本企业的供应,例如商业中广泛采用的连锁商店,就常常采用这种方式。

② 企业自营配送。企业通过独立组建配送中心,实现对企业内部各零售店的货物供应配送。作为一种物流组织,配送中心成为企业的一个有机组成部分,其最大的优点是具有灵活性,便于企业对其政策和作业程序进行调整,以满足自身的需要。自营配送模式与其他模式相比,可以提供给商贸企业更多的控制权利。因为企业对所有活动拥有绝对的决策权,这种控制能力使企业把配送活动与企业内部的其他物流过程有机结合。自营配送模式在满足大型商贸企业供应方面发挥了重要的作用,许多超市都通过组建自己的配送中心来完成统一采购、配送和结算。例如,沃尔玛公司所属的自用型配送中心就是公司独资建立的,专门为公司所属连锁店提供配送服务。

③ 社会化配送。在社会化配送模式中,商贸企业可以将全部或部分物流活动委托给第三方物流公司来承担,专业配送公司对信息进行统一组合、处理后按客户订单的要求,配送到各零售店。社会化配送的优势在于,专业配送公司能够通过规模化作业降低物流成本,降低商贸企业的经营风险。这种配送模式还表现为在用户之间进行交流供应信息,起到调剂余缺、合理利用资源的作用。

④ 共同配送。也称协同配送,其实质上就是在同一个地区,许多企业在物流运动中互相配合、联合运作,共同进行理货、送货等活动的一种组织形式。实际操作时有两种具体做法。一种是共同投资建立"共同配送中心",使装卸、储存、配送等职能全面协作化,以便更有效地完成货物分类和理货、发送等工作。另一种是共同(或联合)配送运输、共同发送。共同配送的目的是增大企业中有限的物流量,寻求大量化。由于对共同化的对象相互补充利用,能够追求货物配送的大量化,缩短配送距离,通过大量储存、大量输送、大量处理提高物流效率,大幅度降低单位物流成本。共同配送对社会也是有利的,首先节

约了社会运力,降低了对交通道路的压力;其次减少了空气及噪声污染。

5.1.2 配送作业

配送作业是按照用户的要求,将货物分拣出来,按时按量发送到指定地点的过程。它是配送中心运作的核心内容,其作业流程的合理性、高效性都将直接影响整个物流系统的正常运行。

(1) 一般作业流程

配送的一般作业流程如图 5-1 所示,从上游客户供货到最终发送到下游客户,货物经过进货、搬运、储存、流通加工、拣货、出货、送达等环节,每一个环节都有各自的功能,都不可或缺。从总体上看,配送是由备货、理货和送货 3 个环节组成,而每个环节又包含着若干项作业。例如,备货环节包括订货、供货、进货等作业,理货环节包括搬运、储存、配送加工等作业,而送货环节包括分拣、配货、出货、送达等作业。应强调的是,备货环节与理货环节、理货环节与送货环节之间没有严格的界限。

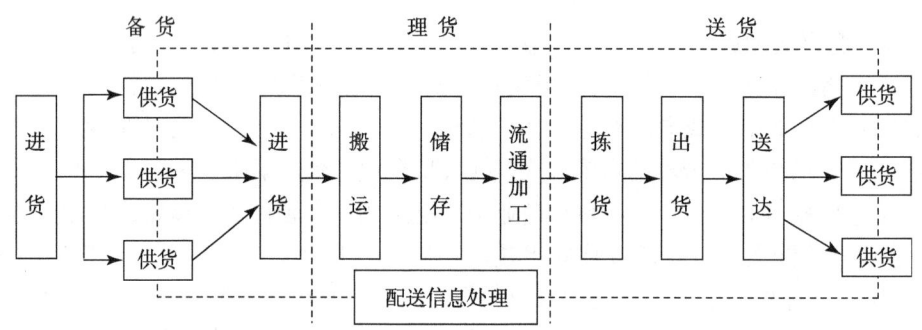

图 5-1 配送的一般作业流程

包装物流配送作业流程的有效化、系统化、科学化是节省物流成本、提高企业利润的一个重要环节。

(2) 配送的功能要素

① 备货。备货是配送的基础工作,若备货成本太高,会大大降低配送的效益。备货工作包括筹集货源、订货(或购货)、集货、进货及有关的质量检查、结算、交接等。配送的优势之一,就是可以集中用户的需求进行一定规模的备货。

② 储存。配送中的储存分为储备及暂存两种形态。储备是按一定时期的配送作业要求,保证配送货物。这种类型的储备数量较大,储备结构也较完善,根据货源及到货情况,可以有计划地确定周转储备、安全储备的结构及数量。配送的储备保证有时在配送中心附近单独设库解决。配送中的储存主要指暂存,是指具体执行日配送时,按分拣配货要求,在理货场地所做的少量储存准备。由于总储存效益取决于储存总量,故这部分暂存数量只会对工作方便与否造成影响,而不会影响储存的总效益,在数量上控制并不严格。另外一种形式的暂存是在分拣、配货之后,主要目的是调节配货与供货的节奏,暂存时间不长。

③ 分拣及配货。这是配送不同于其他物流作业活动的特点之一,是完善供货、支持供货的前期准备工作,是配送企业进行竞争、提高效益的必然延伸,是供货向高级形式发

展的必然要求。分拣及配货可大大提高供货服务水平,是决定整个配送系统水平的关键要素。

④ 配送加工。它是流通加工的一种形式,不具有普遍性,但具有重要作用。通过配送加工,可以支持有效的配送,大大提高用户的满意程度。

⑤ 配装。在单个用户配送数量不能达到车辆的有效货载时,就存在如何集中不同用户的配供货物,进行搭配装载以充分利用运能运力。通过配装供货,可以大大提高供货水平,降低供货成本。配装是配送系统中有现代特点的功能要素,是现代配送不同于已往供货的重要区别之一。

⑥ 配送运输。它属于运输中的支线运输、末端运输。配送运输和一般运输形态的主要区别是,配送运输距离较短、规模较小、频度较高,一般以汽车作为运输工具。由于配送用户多,一般城市交通路线又较复杂,如何组合成最佳路线,如何使配装和路线有效搭配等,是配送运输中难度较大的一项工作。

⑦ 送达服务。这也是配送具有的特殊性。将配好的货物运到用户手中,这还不能认为配送工作的完结。因为送达货物和用户接货往往还会出现不协调,使配送前功尽弃。因此,要顺利地实现货物的移交,并有效、方便地处理相关手续并完成结算,还应考虑卸货地点、卸货方式等具体作业环节。

现以某超市生鲜产品的经营活动为例来说明配送功能。超市经营生鲜产品同传统批发市场不同,超市更关注于生鲜产品的安全和质量,同时超市致力于降低价格吸引更多的消费者。生鲜产品共同配送把多种货品集于一辆车,既提高了车辆的装载率又提高了配送效率。超市为了增加生鲜产品的竞争力采纳自己采购的模式,超市的生鲜产品经特约的供应商,把货集中送到配送中心,再由配送中心向众多连锁超市进行统一配送。配送中心以现代的信息技术为支撑,建立一套高效和准确的数据实时采集系统,信息中心为管理系统提供及时、准确的数据。配送中心建立了有效的信息处理系统按照各连锁店的购货需求进行配送,对各连锁店配送路线的优化选择是典型的最短路径求解方法。配送中心的生鲜食品由于具有易腐质、保质期短的特点,因此生鲜食品配送中心对连锁店多采取少批量、多频次的配送方式,即每天清晨配送一次。根据生鲜产品配送优先序列,由配送中心根据生鲜食品需求信息制订配送计划并优化车辆配送路径。

5.1.3 配送中心

随着现代物流技术的发展,产品的多样性和需求的个性化对配送功能提出了更高的要求,逐步形成了集商流、物流、信息流和资金流于一体的物流配送中心(Distribution center)。配送中心是以组织配送性销售,执行实物配送为主要职能的流通型节点。国家标准将配送中心定义为从事配送业务的物流场所或组织,应基本符合下列要求:①主要为特定的用户服务;②配送功能健全;③完善的信息网络;④辐射范围小;⑤多品种、小批量;⑥以配送为主,储存为辅。

(1) 配送中心的功能

配送中心是企业商流、物流、信息流的交汇点,承担着各企业所需货物的集货、储存、拣选、加工、配送、信息处理等任务,完全不同于传统的仓储设施。它是企业销售网络的核心,也是企业的商流中心、物流中心,更是信息流中心。图 5-2 所示为配送中心模式与传统物流配送模式的比较。

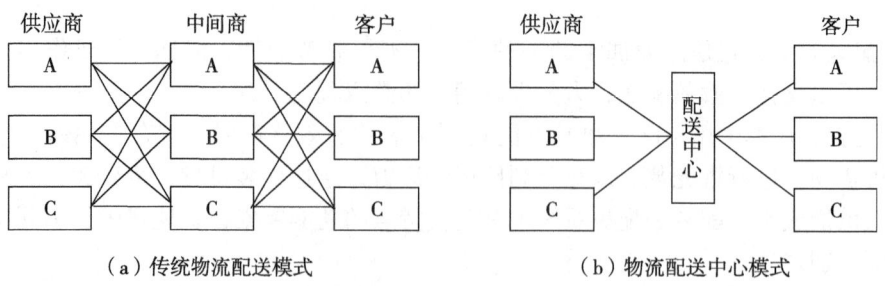

图 5-2 配送模式比较

配送中心的主要功能包括集货、储存、拣选、流通加工、配送和信息处理等。

① 集货。为了满足客户以及最终消费者的多样化、小批量需求，配送中心必须从上游大批量地进货，以防止脱销或因订单延期而引起客户的不满。配送中心这种备齐客户所需货物的过程称为集货，这是配送中心作业流程的第一个环节。

② 储存。根据配送中心大小规模的不同，配送中心分为有储存功能和没储存功能的配送中心。有储存功能的配送中心不仅以储存货物为目的，而且还能保证市场需求，以及配货、流通加工等环节的正常运转。这种集中储存，相比商场前店后库的分散储存，可以大大降低库存总量，增强货物销售调控能力。

③ 拣选。现代配送服务要求迅速、即时、准确无误地把订货货物送到客户。配送中心的客户分散，货物种类繁多，有时所接的订单批量小且时间紧迫，这就要求配送中心在入库作业时必须根据各种标准对货物进行分类储存，把同类或同种货物集中放置，以备后序的拣选作业。这是配送中心所特有的拣选功能。

④ 流通加工。它是货物从生产领域向消费领域流动的过程中，为了促进销售，保持产品质量，方便顾客使用，或降低物流成本、提高物流效率而对货物进行的再加工。例如，根据要求可以拆包分装、开箱分零，有时还需要拆箱组配后再拼箱。

⑤ 配送。它是根据客户要求，在物流节点进行的分货、配货作业并将配好的货物送交客户的过程。配送是分货、配货、配车等多项工序的有机结合体，同时还与订单系统紧密联系，这就要求配送中心提高信息化程度。

⑥ 信息处理。配送中心装备有完整的信息处理系统，能有效地为整个流通过程的控制、决策和运转提供依据，对集货、储存、拣选、流通加工、配送等一系列物流环节进行监控。另外，配送中心和销售终端直接进行信息交流，可即时得到货物的销售情况，有利于合理组织货源、控制最佳库存，还能为企业各部门的决策即时提供依据。

(2) 配送中心的分类

① 按运营主体分类。

a. 以生产制造企业为主体的配送中心。这类配送中心主要以规模较大、物流管理比较完善的生产制造企业为主，在建立销售体制、进行渠道管理时，一般都要建立快捷的配送中心，以降低物流费用、提高售后服务质量。例如，德国林德公司所建的配送中心，建筑面积 12000m^2，主要从事产品零部件的配送服务。

b. 以大型经销商为主体的配送中心。根据行业或货物类别的不同，大型经销商把相关生产企业的货物集中起来,然后向下游配送中心或零售店、连锁店等进行配送。这种配送中心的主要客户是没有建立独立配送中心的生产企业,或本身不能备齐各种货物的零售商或零售店。例如苏宁、国美等大型电商。

c. 以零售业为主体的配送中心。这类配送中心包括零售店、超级市场、百货商店、家用电器商场、建材商场、粮油食品商店等,如沃尔玛、麦德龙、红星美凯龙等大型卖场。

d. 以公共服务业为主体的配送中心。随着城市化高度发展,物流基础设施的进一步完善,干线运输已经使物流成本大大降低,支线运输(即一般所指的配送)越来越被重视。但干线运输与支线运输之间还必须有一个衔接环节,采用配送中心显得越来越重要。如德国不莱梅配送中心有52家物流企业进驻;西班牙马德里内陆港配送中心拥有几十幢独立仓库,由多家物流企业经营。

② 按配送中心的功能分类。

a. 流通型配送中心。这种配送中心以配送作为主要职能,而将储存场所转移到配送中心以外的其他地方。典型的流通型配送中心的作业流程如图5-3所示,配送中心只有为配送备货的少量暂存,而无大量存货。暂存地设在配货场地,而配送中心不设储存区。这种配送中心的主要场所都用于理货、配货,许多采用准时制的企业都采用这种配送中心,前门进货后门出货,要求各方面保持较好的协调性。

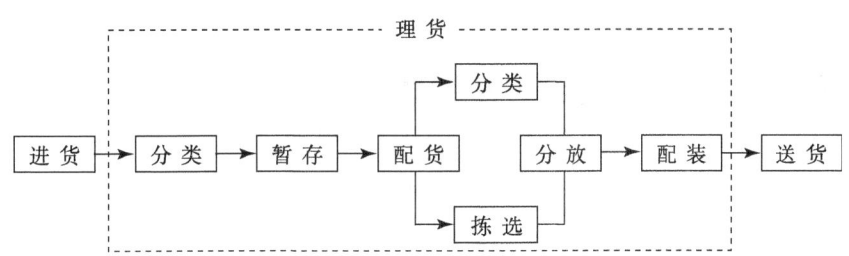

图5-3 流通型配送中心作业流程

b. 加工配送型配送中心。这种配送中心进货对象是大批量、少品种或单一品种的货物,无须分类存放。典型的加工配送型配送中心的作业流程如图5-4所示。进货、储存后进行加工,加工一般是按照客户的要求进行。加工后的货物直接按客户要求进行分放、配货,故这种配送中心有时不单设分货、配货、拣选环节;而在加工部分、加工后分放是主要作业环节,占用了较多的空间。

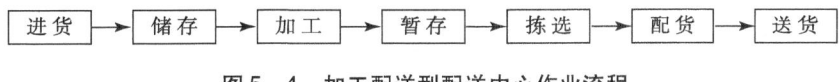

图5-4 加工配送型配送中心作业流程

c. 批量转换型配送中心。典型的批量转换型配送中心的作业流程如图5-5所示。这种配送中心主要以随进随出方式处理订单,将批量大、品种较单一的货物转换成小批量的出货。货物在配送中心短暂停留。

图5-5 批量转换型配送中心作业流程

随着包装物流配送技术、计算机技术、信息技术的有机结合,配送中心的发展趋势是自动化配送中心,图5-6所示的两种典型结构形式。这种配送中心具有更大的灵活性,更强的信息综合管理功能和配送作业监控功能。

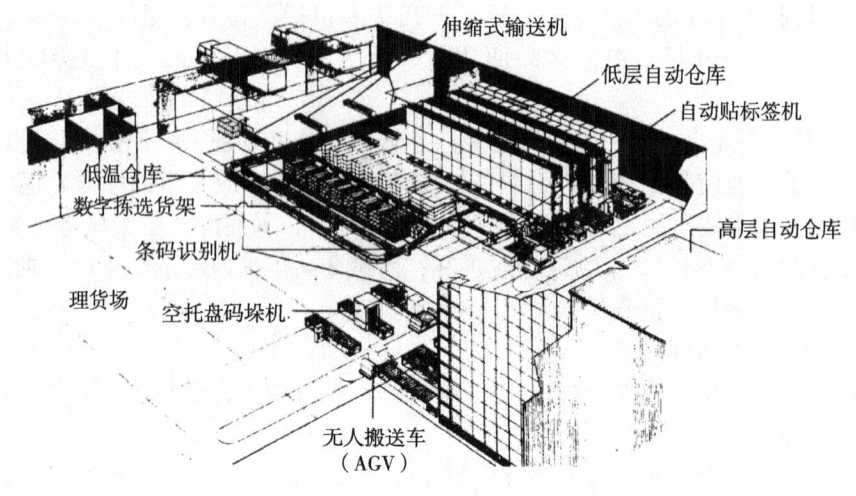

(a)平面结构形式

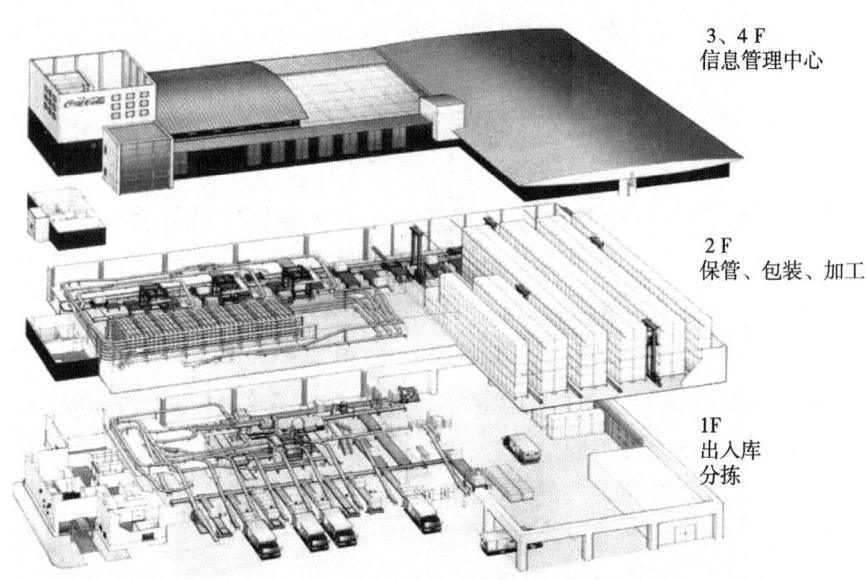

(b)立体结构形式

图5-6　自动化配送中心

5.2　包装物流配送技术

高效的包装物流配送技术是大幅度降低经营成本、获得规模效益的关键,也是大型企业高度集中、规范化管理这一基本特征得以体现的根本保证。

5.2.1 配送技术

不同产品的配送可能有其独特之处，例如，水泥及木材的配送需要一些流通加工的过程。流通加工可能在不同环节出现，如储存环节、备货环节。配送模式的确定是根据配送对象的性质及状态、配送工作流程、配送工艺装备等因素而定的，相同或相近的货物就归纳成一种类型的模式。各种模式都有各自比较特殊的流程、装备、工作方法等。

（1）配送货物类型

配送的货物包括各种包装形态及非包装形态的、能够混装混载的产品，主要是种类、品种及规格复杂多样的中、小件产品。

① 百货，个体较小，但能组合包装以适应用户要求。
② 小机电产品，可通过包装形成外观统一包装件。
③ 仪表、电工产品，它们都可借助包装形成确定外形尺寸的包装件。
④ 工具轴承、五金件、标准件。
⑤ 无腐蚀、污染的化工、建材包装件。
⑥ 书籍、杂志等印刷品及办公用品。
⑦ 其他杂货。

上述产品的共同特点是：可以采用内包装形式直接放入配送箱、盘等工具中；可以通过外包装改变组合数量；由于有包装，可以用车辆、托盘混载；单个产品尺寸都不大，可以大批量存放于现代仓库的单元货架。

（2）配送工艺

① 中、小件产品主要适合用于多用户的多品种、少批量、多批次的配送，需求的计划性不太强，往往需要根据订单即时组织配送，故配送用户、配送量、配送路线都难以稳定，甚至每日的配送都要对配装、路线做出选择。这类产品也经常采用即时配送形式，可以实现"零库存"。

② 中、小件杂货的配送工艺全过程基本符合标准流程，没有或很少需要流通加工环节，其流程的重要特点是分拣、配货、配装的难度较大，这3项操作是这种工艺流程的独特之处。这与货物品种多样化以及需求的多品种、少批量等情况有关，每个用户需求种类多而单种数量少，配送又很频繁，这就必然要求有较复杂的理货、配货及配装工作。

（3）配送积载

配送作业服务的对象是众多的客户和各种不同的货物，为了降低配送运输成本，需要充分利用运输配送的资源，进行配送积载，对货物进行装车调配、优化处理，提高车辆在容积和载货两个方面的装载效率以及车辆运能运力。

① 影响因素。影响配送积载的因素包括货物的特性、外形尺寸、拼装性以及装载方法等。例如，轻质货物（如棉花、泡沫塑料、膨化食品），由于车辆容积的限制和运行限制（主要是超高），无法满足吨位，造成吨位利用率降低，而且车厢尺寸与货物包装容器的尺寸不成整倍数关系，无法装满车厢。

② 配送积载原则。在配送作业中，应遵循先送后装、轻重搭配、大小搭配、货物性质搭配，以及确定合理的堆码层数及方式等原则。另外，到达同一地点的适合配装的货物应尽可能一次积载，积载时不允许超过车辆所允许的最大载重量，车厢内货物重量应分布

均匀，将滚动的货物竖直摆放，防止车厢内货物之间碰撞。装货结束之后，需要在门端口处采取适当的固定方法，防开门卸货时，货物倾倒而造成货损等。

5.2.2 配货作业

配货，又称分拣，是配送中心依据顾客的订单要求或配送计划，迅速、准确地将货物从储位或其他区位拣取出来，并按一定的方式进行分类、集中的作业过程。配货作业可采用自动化的分拣设备，也可以采用手工方法，这取决于配送中心的规模及其现代化的程度。制订科学合理的配货作业流程，对于提高配送中心的运作效率、提高服务质量具有重要的意义。配送中心分拣作业基本流程如图5-7所示。

配货作业有两种基本形式，即分货方式和拣选方式。

① 分货方式。它是指分货人员（或分货工具）从储存点集中取出各个用户共同需要的货物，然后巡回于各用户的货位之间，将这种货物按用户需求量分配的方法。这种方法也被称为播种方式。分货作业的基本流程如图5-8所示，首先将需要配送的同种货物，从配送中心集中搬运到发货场地，然后再根据各客户对该种货物的需求量进行再分配。这种方式适用于分货位固定，货物易于集中移动且对同一种货物需求量较大的情况。

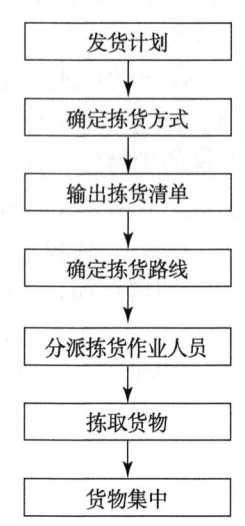

图5-7 分拣作业基本流程

② 拣选方法。它是拣选人员或拣选工具巡回于各个储存点，将客户所需的货物取出，完成货物配备的作业方法。这种方法也被称为摘果方式。拣选作业的基本流程如图5-9所示，用分拣车在配送中心分别为每个客户拣选其所需货物。此方法的特点是，配送中心的每种货物的位置是固定的，灵活机动，准确程度高，不容易产生货差，方便管理，易于实现现代化。这种配货作业适用于货物类型多、数量少的情况。

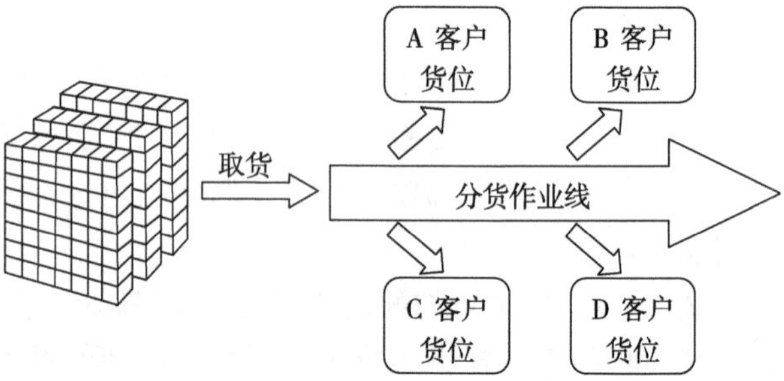

图5-8 分货作业流程

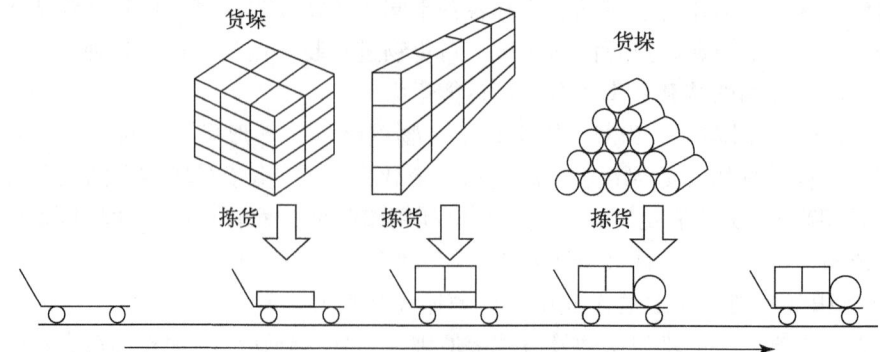

图5-9 拣选作业流程

5.2.3 配送合理化

配送系统是一个全面、综合的物流子系统,在决策时,应对配送作业进行系统分析、设计,避免"效益背反"现象,防止造成不合理配送损失。

(1) 合理化指标

配送决策是一个配送系统的重要内容,但尚无一个统一的标准指标和检验方法。一般情况下,配送合理化要达到配送库存合理指标、资金利用指标、成本效益指标、供应保证指标、社会运力节约指标、下游客户物流资源节约指标等。

① 库存合理指标。库存是判断配送合理性的重要标志,具体指标包括库存总量合理和库存周转合理。

a. 库存总量。在一个配送系统中,库存量从分散的各个客户集中转移到配送中心,要求配送中心的库存数量加上各客户在实行配送后库存量之和应低于实行配送前各用户库存量之总和。由于库存总量是动态的、变化的,故应在一个时段来考察,并且不考虑因客户自身规模扩大后的库存增加量对库存总量的影响。

b. 库存周转。由于配送中心的调剂作用,配送中心可以实现以低库存保证高需求的功能,所以有配送中心后的库存周转应该快于原来各客户的库存周转,这也是识别配送系统合理性的一个指标。

② 资金利用指标。资金利用的合理化可以从以下 3 个指标来判断。

a. 资金总量。随着储备总量的下降、销售方式的改变,资金总量应该有一个较大的降低。

b. 资金周转。周转快慢是衡量配送合理性的重要标志,实行集中配送以后,能在较短时间内回笼更多资金。

c. 资金投向改变。资金分散投入还是集中投入,是资金调控能力的重要反映,实行配送中心以后,资金必然从分散投入改为集中投入,使资金利用更趋合理。

③ 成本效益指标。总效益、宏观效益、微观效益、资源筹措成本都是判断配送合理化的重要指标,但不同的配送方式会有不同的判断侧重点。

④ 供应保证指标。配送必须提高对客户的供应保证能力,一是减少缺货次数;二是提高配送中心的集中库存量;三是在出现特殊情况时,配送中心必须有即时配送的能力来保证客户的特殊要求。

⑤ 社会运力节约指标。对于企业的销售物流,支线运输成为目前运能运量使用不合理、产生浪费的主要原因。运力使用是配送合理化的重要标志之一。运力的合理化是依靠供货运力的规划、整个配送系统的合理流程,以及社会运输系统合理衔接实现的。判断运力合理化的简单方法有以下几种:

a. 企业配送中心车辆总数减少,而承运量增加。

b. 企业配送中心车辆的空载率减少,而重载率增加。

c. 客户单独自提自运减少,由集中的配送中心运输增加。

⑥ 下游客户物流资源节约指标。配送的重要观念是以配送代替客户库存。实行配送中心后,各客户库存量、仓库面积、仓库管理人员应减少,用于订货、接货、供应的人员应减少,应真正解除客户的后顾之忧。

（2）合理化方法

为了实现配送的合理化，企业一般要从各个层次、各个方面进行配送各项资源的优化配置与整合。

① 推行一定程度的专业化配送。采用专业设备与设施、规范的操作程序；采用降低配送作业的复杂程度与难度，从而达到配送合理化的标准。

② 加强配送中心的加工功能。加工借助于配送，加工目的更明确、与客户的联系更紧密，避免盲目性。

③ 推行共同配送。企业实行共同配送，可以缩短总路程，提高配送的装载率，降低配送车辆的空载率，提高配送作业的有效程度，从而追求配送全过程的合理化。

④ 稳定客户关系。企业应该与客户建立稳定、长期、密切的战略协作关系，配送中心既是客户的供应代理人，同时承担客户一部分储存的功能。

⑤ 推行准时看板配送。准时看板配送追求的是供货时间与客户需求时间、生产时间等保持同步。只有配送作业做到准时，客户才有可靠的供货源，才可以放心地实施低库存或零库存，有效地安排接货的人力、物力，以追求最高效率的工作。另外，在有充分的货源保证的情况下，客户能够更好地来组织安排生产、销售等工作。

⑥ 采取协同配送的现代配送方式。协同配送主要是在配送中心信息化的基础上，把过去按不同货主、不同货物进行配送的方式改为不区分货主和货物，采取集中配送的"货物及配送的集约化"，即把货物放在同一条路线运行的卡车上，用同一台卡车为更多的客户服务，既充分运用运力，又提高了顾客服务水平。

5.3 第三方物流技术

第三方物流是一个新兴行业，已得到各方面的关注与重视。目前，第三方物流的市场份额占物流费用的比例在世界各地有所不同。在英国，该比例高达35%；在欧盟，1290亿美元的物流服务市场中有310亿美元物流业务由第三方物流公司完成，约占25%。我国第三方物流的市场份额还很低，大多数企业还是倾向于自营物流作业，由此导致物流供应链效率低下，企业缺乏足够的市场反应能力。

5.3.1 第三方物流

在1988年美国物流管理委员会的一项顾客服务调查中，首次提到"第三方服务提供者"一词，随后欧美国家首先提出第三方物流概念。2001年我国公布的GB/T 18354《物流术语》中将第三方物流定义为，供方与需方以外的物流企业提供物流服务的业务模式。

（1）第三方物流系统

第三方物流系统是一种实现物流系统集成的有效方法和策略，它通过协调企业之间的物流运输和提供后勤服务，把企业的物流业务外包给专门的物流管理部门。对于一些特殊的物流运输业务，通过外包给第三方物流承包者，既提高了供应链管理和运作的效率，企业也能够把时间和精力投入于核心业务。第三方物流系统的结构关系如图5-10所示，它是一种集成物流模式，为多家企业提供物流服务，使企业物流的小批量库存补给变得更为经济。当多家供应商彼此位置相邻时，就可以采用混装运输的办法，把各家供应商的货物依次混装在同一个货车上，实现小批量交货。

(2) 第三方物流的核心业务

第三方物流企业面临的挑战是能否为客户提供比客户自营物流运作更高的价值。这不仅要考虑同类服务提供者的竞争，还要考虑潜在客户的内部运作。第三方物流企业的核心业务主要体现在提高物流运作效率、与客户运作的整合、发展客户运作，以创造运作价值。

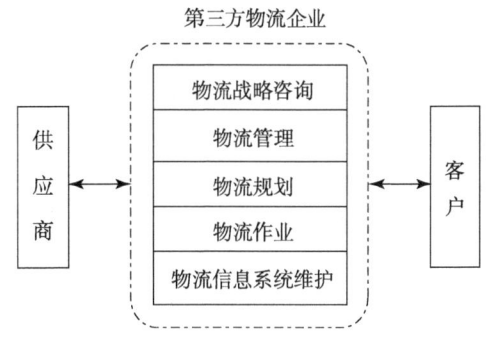

图 5-10 第三方物流系统结构关系图

① 提高运作效率。第三方物流企业为客户创造价值的最基本的途径，是取得比客户自营运作更高的运作效率，具有较低的成本服务比。要提高运作效率，就需要对每一项物流基本作业（如运输、仓储等）进行开发、规划，同时将物流各个基本环节和基本功能系统化。

② 客户运作整合。第三方物流服务带来增值的另一个方法是，引入多客户运作，或者在客户中分享资源，例如多客户整合的仓储和运输网络。整合的运作规模效益是提高效率的重要方面，第三方物流整合运作的复杂性很高，需要更多的信息技术，而这种整合增值方式对于单个客户进行内部运作的、很不经济的运输与仓储网络也适用。因此，这种规模经济效益是递增的，如果运作得好，将产生更有利的竞争优势以及更广泛的客户基础。

③ 横向或纵向整合。第三方物流服务供应商也需要进行资源整合、业务外包。对主要是以管理外部资源为主的第三方物流服务提供商，这类公司为客户创造价值的方法是强有力的信息技术和物流规划管理与实施技术。它可以通过纵向整合，购买具有成本和服务优势的单项物流功能作业或资源，发展与单一物流功能提供商的关系，从而实现创造价值的目标。在横向上，第三方物流公司如果能够结合类似的但不是竞争的公司，联合为客户服务，扩大为客户提供服务的地域覆盖面。

④ 发展客户运作。第三方物流公司为客户创造价值的另一类方式是，通过发展客户公司及组织运作来获取价值，它基本上接近传统意义上的物流咨询公司所做的工作，不同的是所提出的解决方案要由物流供应商自己来开发、完成运作，增值活动中的驱动力在于客户自身的业务过程。

(3) 第三方物流的正负面效应

① 第三方物流的正面效应。

第三方物流越来越受到众多企业的青睐，原因就在于它使企业能够获得比原来更大的竞争优势，这种优势主要体现在以下几个方面：

a. 集中精力发展核心业务。一般来说，生产企业的关键业务不会是物流业务，并且物流业务也不是它们的专长，而新兴的第三方物流企业由于从事多项物流项目的运作，可以整合各项物流资源，使得物流的运作成本相对较低，物流作业更加高效。

b. 业务优势。第三方物流使生产企业获得自己本身不能提供的物流服务。由于客户所从事的行业不同，由此带来的客户服务要求也是千差万别，例如生鲜产品对快速、及时、冷藏的要求，危险化工品对安全、仓储设备的要求。生产企业通过物流业务的外包就可以将这些任务转交给第三方物流公司，由它们来提供具有针对性的定制化物流服务。

c. 成本优势。第三方物流可降低生产企业运作成本。一方面，专业的第三方物流提供商利用规模生产的专业优势和成本优势，通过提高各环节资源的利用率实现费用节省，使企业能从分离费用结构中获益。另一方面，现代物流领域的设施、设备与信息系统的投入是相当大的，第三方物流可以减少对此类项目的建设和投资，变固定成本为可变成本。

d. 客服优势。第三方物流企业所具有的信息网络优势使得它们在提高顾客满意度上具有独特的优势，所具有的专业服务可以为顾客提供更多、更周到的服务，加强企业的市场感召力。另外，设施先进的第三方物流企业还具有对物流全程监控的能力，通过其先进的信息技术和通信技术对在途货物的实施监控，及时发现、处理配送过程中出现的意外事故，保证订货及时、安全送到目的地。

② 第三方物流的负面效应。

第三方物流确实能给企业带来多方面的利益，但这并不意味着物流外包就是所有企业的最佳选择，事实上，第三方物流也不可避免地存在以下负面效应：

a. 生产企业对物流的控制能力降低。由于第三方的介入，使得企业自身对物流的控制能力下降，在双方协调出现问题的情况下，可能会出现物流失控的风险，从而使企业的客服水平降低。另外，由于外部服务商的存在，企业内部更容易出现相互推诿的局面，影响效率。

b. 客户关系管理的风险。一方面，企业与客户的关系被削弱。由于生产企业是通过第三方来完成产品的配送与售后服务，同客户的直接接触少了，这对建立稳定密切的客户管理非常不利。另一方面，客户信息泄露风险。客户信息对企业而言是非常重要的资源，但第三方物流公司并不只面对一个客户，在为企业竞争对手提供服务的时候，企业的商业机密被泄漏的可能性将增大。

c. 公司战略机密泄露的风险。物流是一个企业发展战略的重要组成部分，第三方服务商由于承担着这一战略职能，通常对企业的战略有很深刻的认识，从采购渠道的调整到市场策略，从经营现状到未来预期，从产品转型到客户服务策略，第三方服务商都可能得到相关信息，使企业核心战略被泄露的风险增加。

d. 连带经营风险。第三方物流是一种长期的合作关系，如果服务商自身经营不善，则可能影响企业的经营，解除合作关系又会产生较高的成本，因为稳定的合作关系是建立在较长时间的磨合期上的。

海尔第三方物流的发展战略如表 5-2 所示。

表 5-2　海尔第三方物流发展战略

市场定位	以大型生产/商业/电子商务集团为对象；服务包括物流系统评估/设计/咨询/全程代理
发展战略	整合企业内外物流资源，联合储运公司，信息平台低成本扩张，重视市场营销品牌经营
技术创新	物流容器标准/单元化，搬运机械化，信息实时化跟踪（条码无线传输），全自动立体库
市场创新	以青岛为出口基地，以广东、贵州、湖北为生产基地，有10个海外工厂，通过供应链物流一体化降低成本

5.3.2　第三方物流利润来源

第三方物流发展的推动力就是要为客户及自己创造利润。它必须通过自己物流作业的高效化、物流管理的信息化、物流设施的现代化、物流运作的专业化、物流量的规模化来创造利润，其利润来源包括作业利益、经济利益、管理利益和战略利益。

(1) 作业利益

第三方物流服务首先能为客户提供"物流作业"的改进利益。一方面，第三方物流公司通过物流服务，提供给客户不能自我提供的物流服务或物流服务所需要的生产要素，这是产生物流外包并获得发展的重要原因。在企业自行组织物流活动情况下，或者局限于组织物流活动所需要的专业知识，或者局限于自身的技术条件，企业内部物流系统难以满足自身物流活动的需要，而企业自行改进或解决这一问题又往往是不经济的。物流作业的另一个改进是，改善企业内部管理的运作方式，增加作业的灵活性，提高质量和服务、速度和服务的一致性，获得更好的物流作业效率。

(2) 经济利益

第三方物流服务为客户提供经济或与财务相关的利益是第三方物流服务存在的基础。低成本是由于低成本要素或规模经济的经济性创造的，其中包括劳动力要素成本。通过物流外包，可以将不变成本转变成可变成本，又可避免盲目投资而将资金用于其他用途，从而降低物流成本。另外，通过物流外包，采用第三方物流服务，供应商要申明成本和费用，物流成本的明晰性增加。

(3) 管理利益

第三方物流服务给客户带来的不仅仅是作业的改进和成本的降低，还应该给客户带来与管理相关的利益。正如前面所述，物流外包可以使用企业不具备的管理专业技能，也可以将企业内部管理资源用于其他更有利的环节或部门，并与企业核心战略相一致。物流外包可以使公司的人力资源更集中于公司的核心活动，而同时获得其他公司（第三方物流公司）的核心经营能力。此外，单一资源、减少供应商数量等带来的利益也是物流外包的潜在原因，单一资源减少了公关等费用，并减轻了公司在运输、搬运、仓储等服务商之间协调的压力。第三方物流服务给客户带来的管理利益还有很多，如订单的信息化管理、避免作业中断、运作协调一致等。

(4) 战略利益

物流外包还能产生战略意义，以及地理范围跨度的灵活性（设点或撤销）和根据环境变化进行调整的灵活性。共担风险的利益也可以通过第三方物流服务来获得。

5.3.3 第三方物流运作模式

当生产企业和商业企业把物流活动委托给第三方物流企业完成时，便会出现商流、物流一体化或相互分离的配送模式。

(1) 商流、物流一体化的第三方物流模式

商流、物流一体化的第三方物流模式，是一种销售配送中心或企业（集团）内自营型配送模式，其模式结构如图 5-11 所示。

① 适用范围。第三方物流企业作为配送的主体，围绕着产品销售和提高市场占有率这个根本目的，把配送作为促销的一种手段而与商

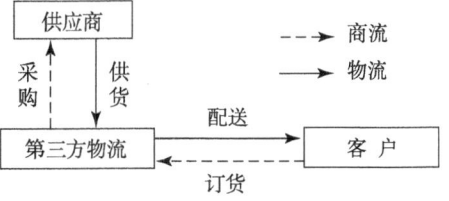

图 5-11 商流、物流一体化的第三方物流模式

流融合在一起。最典型的形式是以批发商店为主体所开展的配送活动，以及连锁经营企业所进行的内部配送活动。

② 优点。第三方物流企业可以直接组织到货源及拥有产品所有权和支配权，可获得一定的资源优势。

③ 缺点。不利于实现物流配送活动的规模经营，不可避免地要受到销售情况的制约。同时，企业采取销售配送模式直接配送自己的产品，往往难以获得物流方面的优势，并不是配送模式的最佳选择。

(2) 商流、物流分离的第三方物流模式

商流、物流分离的第三方物流模式，是一种流通型配送中心或企业（集团）内自营型配送模式，其模式结构如图 5-12 所示。

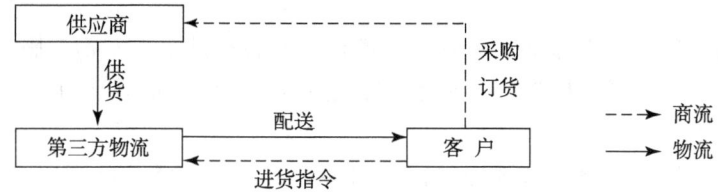

图 5-12 商流、物流分离的第三方物流模式

① 应用范围。从事配送活动的专业组织或机构（如配送中心），专门为客户（生产企业）提供诸如货物的保管、分拣、加工、运送等系列化服务，属于"交货代理物流服务业"，其初级形态是单项服务外包型配送。

② 优点。这类型企业的业务活动比较单纯，占压资金较少；配送活动属于代理性质，经营风险较小；易于扩大服务范围和经营规模。因此，商流、物流分离型的配送模式，尤其是社会化中介型配送形态，是一种有效的、比较完整意义上的配送模式，代表了现代物流配送业务的一个主要发展方向。

③ 缺点。配送企业不直接掌握货源，在开展配送活动的过程中，可能会出现调度和调节能力较差、不灵活等问题。

戴尔公司的供应物流主要是指公司的物料采购运作，涉及商务计划和物料采购等环节，其目标是在保证物料供应的基础上库存最小。深谙外包精髓的戴尔公司没有在零部件生产上花精力，而将这些工作交由 Intel 等硬件生产厂家完成。因此，供应物流能否敏捷响应直接影响戴尔的后续乃至整体生产运营。

戴尔的供应物流采用第三方物流模式，其实施关键是供应商管理库存（VMI）和信息共享。戴尔先和供应商签订合同，要求每个供应商都必须按照它的生产计划，按照 8~10 天的用量将物料放在由第三方物流企业管理的 VMI 仓库里（在我国，第三方物流企业是伯灵顿全球有限公司）。戴尔确认客户订单后，系统会自动生成一个采购订单给伯灵顿，伯灵顿在 90min 内迅速将零部件运送到戴尔的装配厂（戴尔称为客户服务中心），最后由供应商根据伯灵顿提供的送货单与戴尔结账。为了使自己和供应商的库存都尽可能降到最低，告诉供应商真实的需求，所有交易数据都在互联网上不断往返，实现"以信息代替库存"。通过敏捷的供应物流，戴尔的零部件库存周期一直维持在 4 天以内，远低于行业 30~40 天的平均水平。零部件库存的减少是戴尔增加利润的一个重要来源，也是规避因 IT 行业零部件和产成品更新加快而贬值风险的一种重要手段。

第6章 包装物流供应链技术

经过原材料的开采、生产，零部件的加工，产品的制造、包装、装卸、搬运、运输、储存、分销、零售，直至最终消费及包装废弃物的回收处理，形成了一个完整的包装物流供应链系统。本章主要介绍包装物流供应链、包装物流供应链技术、供应链物流管理等内容。

6.1 包装物流供应链

供应链是一个大系统，是人类生产活动和整个经济活动的客观存在，人类生产和生活的必需品都要经历包装物流供应链活动。在这一过程中，它既有物质材料的生产和消费，也有非物质形态产品（如服务）的生产（提供服务）和消费（享受服务）。

6.1.1 供应链概念

早期的观点认为，供应链是制造企业中的一个内部过程，它是指把从企业外部采购的原材料和零部件，通过生产转换和销售等活动，再传递到零售商和用户的一个过程。传统的供应链局限于企业的内部操作层面，注重企业的自身资源利用目标。

有些学者把供应链的概念与采购、供应管理联系起来，用来表示与供应商之间的关系，这种观点得到了研究合作关系、准时制生产方式、精益化供应、供应商行为评估等问题的学者的重视。但是，这种观点仅局限于制造商和供应商之间的关系，而且供应链中的企业独立运作，忽略了与外部供应链的成员企业的联系，往往会造成企业之间的目标冲突。

随后，供应链管理概念开始关注制造企业与其他企业的联系及其外部环境，认为它应是一个"通过链中不同企业的制造、组装、分销、零售等过程将原材料转换成产品，再到最终用户的转换过程"。这是更大范围、更为系统的概念。例如，史迪文斯（Stevens）认为，通过增值过程和分销渠道控制从供应商的供应商到用户的用户的流就是供应链，它始于供应的源点，结束于消费的终点。

目前，供应链的概念更加注重于围绕核心企业的合作关系，如核心企业与供应商、供应商的供应商乃至一切前向的关系，核心企业与用户、用户的用户及一切后向的关系。此时，对供应链的认识也形成了一个网链概念，例如丰田（Toyota）、耐克（Nike）、尼桑（Nissan）、苹果（Apple）公司的供应链管理都是从网链关系来理解和实施。哈理森（Harrison）将供应链定义为，供应链是执行采购原材料、将它们转换为中间产品和成品并且将成品销售到用户的功能网链。这种概念同时强调供应链的战略伙伴关系问题。菲力浦（Phillip）、温德尔（Wendell）等认为，供应链中战略伙伴关系是很重要的，通过建立战略伙伴关系，可以与重要的供应商和用户更有效地开展工作。

综上所述，供应链是一个范围更广的企业结构模式，包含了所有加盟的节点企业，它围绕核心企业，通过对信息流、物流、资金流的控制，将供应商、制造商、分销商、零售商、最终用户连成一个整体的功能网络结构模式，从原材料的供应开始，经过链中不同企业的制造、加工、组装、分销等过程直到最终用户。

6.1.2 供应链特征及牛鞭效应

根据供应链的定义，其基本组成可简单归纳为如图6-1所示的模型结构，它是一个功能网络结构模式，由围绕核心企业的供应商、供应商的供应商和用户、用户的用户组成，一个企业是一个节点，节点企业和节点企业之间是一种需求与供应关系。

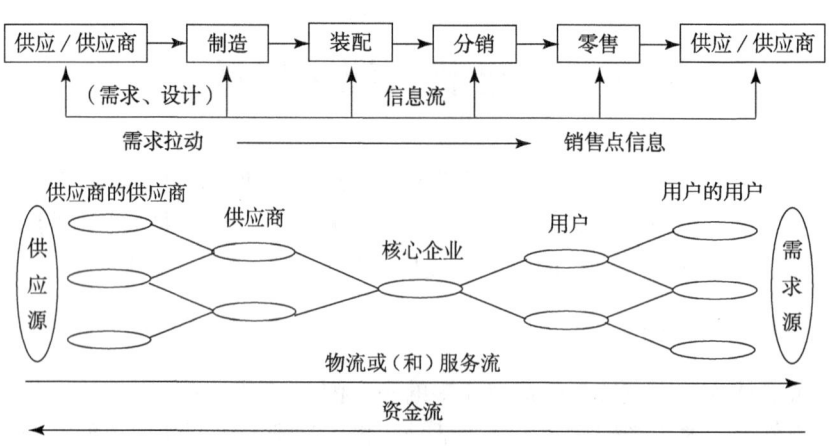

图6-1　供应链的基本结构模式

（1）供应链特征

① 复杂性。

因为供应链节点企业组成的跨度（层次）不同，供应链往往由多个、多类型甚至多国企业组成，故供应链的结构模式比一般单个企业的结构模式更为复杂。

② 动态性。

供应链管理因适应企业战略和市场需求变化的需要，有些节点企业需要动态更新，故供应链具有明显的动态性。

③ 面向用户需求。

供应链的形成、存在、重构，都是基于一定的市场需求而发生，并且在供应链的运作过程中，用户的需求拉动是供应链中信息流、物流、商流、资金流进行运作的动力源。供应链不仅仅是一条连接从供应商直到最终用户的物流链、信息链、资金链，而且是一条增值链，使所有供应链的参与者受益。物流在供应链上因加工、包装、运输、配送等过程增加了价值，给相关企业都带来了收益。

④ 交叉性。

节点企业可以是这个供应链的成员，同时又是另一个供应链的成员，形成供应链的交叉结构，增加了协调管理的难度。

(2) 供应链的牛鞭效应（bullwhip effect）

牛鞭效应是对需求信息扭曲在供应链中传递的一种形象的描述。其基本思想是：当供应链上的各节点企业只根据来自其相邻的下级企业的需求信息进行生产或者供应决策时，需求信息的不真实性会沿着供应链逆流而上，产生逐级放大的现象。当信息达到最源头的供应商时，其所获得的需求信息和实际消费市场中的顾客需求信息发生了很大的偏差。由于这种需求放大效应的影响，供应方往往维持比需求方更高的库存水平或者说是生产准备计划。

从供应商的角度看，"牛鞭效应"是供应链上的各层级销售商（总经销商、批发商、零售商）转嫁风险和进行投机的结果，它会导致生产无序、库存增加、成本加重、通路阻塞、市场混乱、风险增大，因此妥善解决就能规避风险、减量增效。企业可以从如下 6 个方面进行综合管理。

① 订货分级管理。从供应商的角度看，并不是所有销售商（批发商、零售商）的地位和作用都是相同的。供应商应根据一定标准将销售商进行分类，对于不同的销售商划分不同的等级，对他们的订货实行分级管理，如 3M 公司为其关键客户提供完美订货服务。为了提高服务质量，确保关键客户，3M 公司推行了一种称为"白金俱乐部"的服务措施。3M 公司对"白金俱乐部"的成员实行了各种意外事故保障措施，以便在主要供货地点缺货时，能够获得所需的存货来完成"白金"客户的订货。

② 加强出入库管理，合理分担库存责任。避免人为处理供应链上的有关数据的一个方法是使上游企业可以获得其下游企业的真实需求信息，这样，上下游企业都可以根据相同的原始资料来制订供需计划。例如，IBM、惠普和苹果等公司在合作协议中明确要求分销商随时反馈零售商中央仓库里产品的出库情况。

③ 缩短提前期，实行外包服务。一般来说，订货提前期越短，订量越准确，因此鼓励缩短订货期是破解"牛鞭效应"的一个好办法。根据 Wal-Mart 的调查，如果提前 26 周进货，需求预测误差为 40%，如果提前 16 周进货，则需求预测的误差为 20%，如果在销售时节开始时进货，则需求预测的误差为 10%。并且通过应用现代信息系统可以及时获得销售信息和货物流动情况，同时通过多频度小数量联合送货方式，实现实需型订货，从而使需求预测的误差进一步降低。

④ 规避短缺情况下的博弈行为。面临供应不足时，供应商可以根据顾客以前的销售记录来进行限额供应，而不是根据订购的数量，这样就可以防止销售商为了获得更多的供应而夸大订购量。通用汽车公司长期以来都是这样做的，现在很多大公司，如惠普等也开始采用这种方法。

⑤ 参考历史资料，适当减量修正，分批发送。供应商根据历史资料和当前环境分析，适当削减订货量，同时为保证需求，供应商可使用联合库存和联合运输方式多批次发送，这样，在不增加成本的前提下，也能够保证订货的满足。

⑥ 提前回款期限。提前回款期限、根据回款比例安排物流配送是消除订货量虚高的一个好办法，因为这种方法只是将期初预订数作为一种参考，具体的供应与回款挂钩，从而保证了订购和配送的双回路管理。

6.1.3 供应链管理

与传统的企业管理模式不同，供应链管理强调各节点企业之间的合作关系和整合管理。供应链的概念和传统的销售链是不同的，它已跨越了企业界限，从建立合作制造或战略伙伴关系的新思维出发，从产品生命线的源头开始，到产品消费市场，从全局和整体的角度考虑产品的竞争力，使供应链从一种运作性的竞争工具上升为一种管理性的方法体系，这就是供应链管理提出的实际背景。供应链管理是一种新的管理理念与模式，随着企业组织管理和运作模式的变化而发展，在现代企业组织与管理中发挥着越来越重要的作用。

（1）发展阶段

20世纪70年代，供应链管理最早被应用于企业内部管理，其目的主要是改善生产制造流程，进而改进以销售为主的配销流程。80年代，由于改善生产制造流程成效显著，企业管理者体会到整合企业内部资源的重要性，以及资源整合可以提高劳动生产率、降低企业成本，成为当时企业管理关注的重要领域。随着信息及网络技术的大幅进步，为供货商、制造商、零售商及顾客间物流信息的流通提供了技术支持，供应链管理理念便产生了。90年代，产品的质量和数量已能够满足顾客的要求，而将顾客所订购的产品快速、正确地送达已是满足顾客需求的另一项服务重点。随后，为了进一步满足企业运作模式的新要求，供应链管理将供货商、制造商、零售商及顾客结合，将企业管理的领域由内部延伸到企业与企业间的外部问题，通过整合供应链系统资源来提升顾客服务质量、满足顾客需求及降低营运成本。表6-1列出了供应链管理的发展阶段及管理重点。

表6-1 供应链管理的发展阶段及管理重点

20世纪80年代	20世纪90年代		2000年以后
制造资源计划（MRPⅡ）	准时生产制（JIT）	精细生产与精细供应	供应链
① 推动式系统； ② 物流订货以可分配需求为基础； ③ 消除安全库存和周转库存； ④ 依赖于相关订货计划和可靠预测； ⑤ 通过变动对需求的响应实现柔性化	① 拉动式系统； ② 来自最终用户的固定需求量； ③ 生产能力与需求匹配； ④ 固定的生产协作单位； ⑤ 柔性制造系统； ⑥ 相似产品范围很小； ⑦ 经济生产批量很小； ⑧ 供应提前期很短	① 消除浪费； ② 库存和在制品占用最小； ③ 成本在供应链上透明； ④ 多技能员工； ⑤ 减少工件排队； ⑥ 调整、转换时间很短； ⑦ 多品种小批量生产； ⑧ 每一个阶段连续改进	① 快速反应； ② 供应具有柔性； ③ 顾客化定制生产； ④ 与最终需求同步生产； ⑤ 受控的供应链过程； ⑥ 合作伙伴之间的能力是集成的； ⑦ 全面应用电子商务； ⑧ 并行的产品开发

（2）定义比较

从20世纪80年代起，国外许多学者对供应链管理的定义及内涵进行了大量研究与描述。

最早人们把供应链管理的重点放在管理库存上，作为平衡有限的生产能力和适应用户需求变化的缓冲手段,它通过各种协调手段,寻求把产品迅速、可靠地送到用户手中所需要的费用与生产、库存管理费用之间的平衡点,从而确定最佳的库存投资额。实际上,供应链管理是一种集成的管理思想和方法,它将供应链上的各个企业视为一个不可分割的整体,使供应链上各个企业分担的采购、生产、分销和销售的职能成为一个协调发展的有机体,使得产品以正确的数量、质量,在正确的时间送达正确的地点,交付正确的客户,其目的就是在满足顾客要求的服务水准下,使得整体系统的成本最小化。

在国家标准 GB 18354《物流术语》中,将供应链管理定义为"利用计算机网络技术全面规划供应链中的商流、物流、信息流、资金流等,并进行计划、组织、协调与控制"。

(3) 特征

供应链管理模式与传统的物料管理和控制有着明显的区别,主要体现在以下几个方面:

① 供应链管理把供应链中所有节点企业看作一个整体,供应链管理涵盖了整个物流系统,从供应商到最终用户的采购、制造、分销、零售等职能领域过程,如图 6-2 所示。

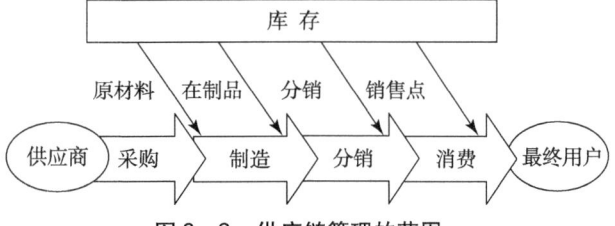

图 6-2 供应链管理的范围

② 供应链管理强调和依赖战略管理。"供应"是整个供应链中节点企业之间共享的一个概念(任意两个节点企业之间都是供应与需求关系),同时它又是一个有重要战略意义的概念,因为它影响甚至决定了整个供应链的成本和市场占有份额。

③ 供应链管理采用了集成的思想和方法,而不仅仅是节点企业、技术方法等资源的简单连接。

④ 供应链管理具有更高的目标,通过管理库存和合作关系以达到高水平的服务,而不是仅仅完成一定的市场目标。

⑤ 供应链管理以同步化、集成化生产计划为指导,以各种技术为支持,围绕供应、生产作业、物流、需求来组织管理企业活动,如图 6-3 所示。它的主要任务是计划、合作、控制从供应商到用户的物料(零部件和成品等)和信息,其目标在于提高用户服务水平和降低总成本,并且寻求两个子目标之间的平衡。

⑥ 以供应链管理的 5 个领域为基础,还可以将供应链管理细分为职能领域和辅助领域。职能领域主要包括产品工程、产品技术保证、采购、生产控制、库存控制、仓储管理、分销管理。而辅助领域主要包括客户服务、制造、设计工程、会计核算、人力资源、市场营销。

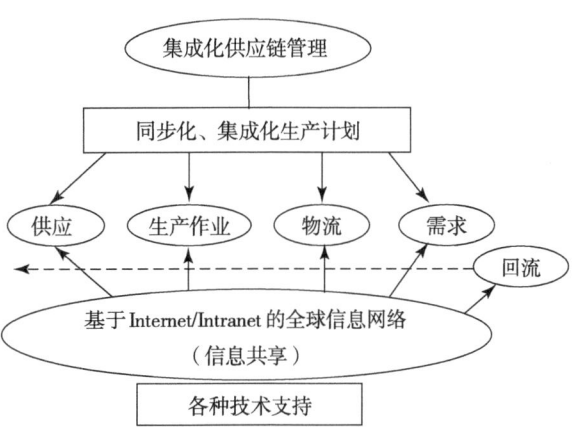

图 6-3 供应链管理所涉及的领域

海尔集团取得今天的业绩,和企业实行全面的供应链管理是分不开的。借助先进的信息技术，海尔发动了一场管理革命：以市场链为纽带，以订单信息流为中心，带动物流和资金流的运动。通过整合全球供应链资源和用户资源，逐步向"零库存、零营运资本和（与用户）零距离"的终极目标迈进。

从生产规模看，海尔现有10800多个产品品种，平均每天开发1.3个新产品，每天有5万台产品出库。海尔一年的资金运作进出达996亿元，平均每天需做2.76亿元结算，1800多笔账。随着业务的全球化扩展，海尔集团在全球有近1000家分供方（其中世界500强企业44个），营销网络53000多个，海尔还拥有15个设计中心和3000多名海外经理人，如此庞大的业务体系，依靠传统的金字塔式管理架构或者矩阵式模式，很难维持正常运转，供应链流程重组势在必行。

总结多年的管理经验，海尔探索出一套供应链管理模式。海尔认为，在新经济条件下，企业不能再把利润最大化当作目标，而应该以用户满意度的最大化、获取用户的忠诚度为目标。这就要求企业更多地贴近市场和用户。供应链简单地说就是把外部市场效益内部化。过去，企业和市场之间有条鸿沟，在企业内部，人员相互之间的关系也只是上下级或是同事。如果产品被市场投诉了，或者滞销了，最着急的是企业领导人，而基层的员工可能也很着急，却无能为力。所以，海尔不仅让整个企业面对市场，而且让企业里的每一个员工都去面对市场。由此，海尔也把市场机制成功地导入企业的内部管理，把员工相互之间的同事和上下级关系转变为市场关系，形成内部的供应链机制。员工之间实施SST，即索赔、索酬、跳闸。如果你的产品和服务好，下道工序给你报酬，否则会向你索赔或者"亮红牌"。

结合市场链模式，海尔集团对组织机构和业务流程进行了调整，把原来各事业部的财务、采购、销售业务全部分离出来，整合成商流推进本部、物流推进本部、资金流推进本部，实行全集团统一营销、采购、结算；把原来的职能管理资源整合成创新订单支持流程3R（研发、人力资源、客户管理）和基础支持流程3T（全面预算、全面设备管理、全面质量管理），3R和3T流程相应成立独立经营的服务公司。

整合后，海尔集团商流本部和海外推进本部负责搭建全球的营销网络，从全球的用户资源中获取订单；产品本部在3R支持流程的支持下不断创造新的产品满足用户需求；产品事业部将商流获取的订单和产品本部创造的订单执行实施；物流本部利用全球供应链资源搭建全球采购配送网络，实现JIT订单加速流；资金流搭建全面预算系统；这样就形成了直接面对市场的、完整的核心流程体系和3R、3T等支持体系。

商流本部、海外推进本部从全球营销网络获得的订单形成订单信息流，传递到产品本部、事业部和物流本部，物流本部按照订单安排采购配送，产品事业部组织安排生产；生产的产品通过物流的配送系统送到用户手中，而用户的货款也通过资金流依次传递到商流、产品本部、物流和分供方手中。这种方法形成了横向网络化的同步的供应链流程。

6.2 包装物流供应链技术

有效的包装物流供应链可以提高企业竞争力、工作效率和用户服务水平，达到成本和服务之间的有效平衡，给企业带来优良的经济效益和社会效益。

6.2.1 结构模型

从企业与企业之间关系的角度了解和掌握供应链结构模型,是有效设计供应链系统、合理实施供应链管理的前提条件。常见的供应链结构模型主要包括链状模型和网状模型。

(1) 链状模型

链状模型是一维结构模型,以制造商为核心企业,能清楚地表明供应链的组织结构关系。它包括两种模型,即链状模型Ⅰ和链状模型Ⅱ。

① 链状模型Ⅰ。它是最简单的链状模型,如图6-4所示。该模型表明,产品最初来源于自然界,如矿山、油田、水、空气等,最终去向是用户。产品根据用户需求生产,最终被用户消费。产品从自然界到用户经历了供应商、制造商和分销商等环节,在流通过程中完成了产品加工、包

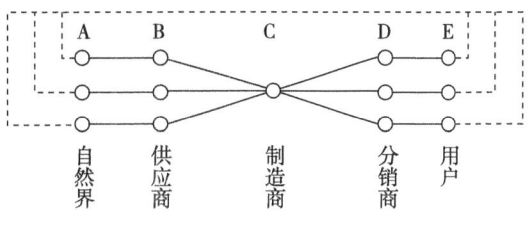

图6-4 链状模型Ⅰ

装、装卸、搬运、运输、配送、流通加工等作业。产品被用户消费之后又返回到自然界,完成物质循环。显然,链状模型Ⅰ仅表明了供应链的基本组成和组织概貌,可将其进一步简化成链状模型Ⅱ。

② 链状模型Ⅱ。经过对链状模型Ⅰ的进一步抽象,链状模型Ⅱ把各企业抽象成一系列节点,用字母或数字表示,并以一定的方式和顺序联结成一种链状模型,如图6-5所示。在链状模型Ⅱ中,产品的

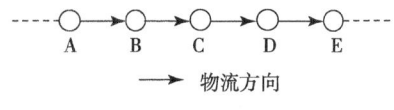

图6-5 链状模型Ⅱ

最初来源(自然界)、最终去向(用户)以及产品的物质循环过程都被隐含抽象。链状模型Ⅱ注重研究供应链的中间过程,而从工程研究角度,把自然界和用户放在模型中没有太大的作用。

a. 供应链的方向。在供应链上除了物流、信息流以外,还存在资金流。物流的方向一般都是从供应商流向制造商,再流向分销商。在特殊情况(如退货)下,产品在供应链上的流向与上述方向相反。在确定供应链的方向时,应按照物流的方向来定义供应链的方向,以及供应商、制造商和分销商之间的顺序关系。

b. 供应链的级。在图6-5所示的链状模型Ⅱ中,若把节点C作为制造商,则节点B为一级供应商,节点A为二级供应商,而且还可递归地定义三级供应商、四级供应商。而且,可以相应地认为节点D为一级分销商,节点E为二级分销商,并递归地定义三级分销商、四级分销商。一般情况下,一个企业应尽可能考虑多级供应商或分销商,这样有利于从整体上了解供应链的运行状态。

(2) 网状模型

实际上,供应链是一个网络化、复杂化的产业系统,将其看成直线链状结构往往是不全面的。在图6-5所示的链状模型Ⅱ中,节点C的供应商可能不止一家,而是有一系列节点B_1、B_2……B_m等m家,分销商也可能有一系列节点D_1、D_2……D_n等n家。同理,节点C也可能有一系列节点C_1、C_2……C_k等k家,这样链状模型Ⅱ就转变为一个网状模型的供应链,如图6-6所示。网状模型更能说明货物的复杂供应关系。在理论上,网状模

型可以涵盖所有企业，把所有企业都看作是其上面的一个节点，并认为这些节点存在着联系，而且这些联系有强有弱，也在不断地变化着。在实际的供应链中，一个企业仅与有限多个企业相联系，但这不影响对供应链模型的理论设定。网状模型对供应关系的描述性很强，适合于对供应关系的宏观把握。

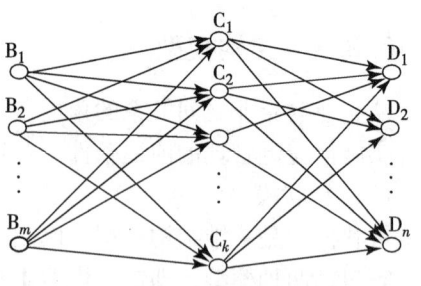

图6-6 网状模型

① 入点和出点。在网状模型中，物流从一个节点向另一个节点做有向流动。这些物流从某些节点补充流入，从某些节点分流流出。把这些物流进入的节点称为入点，把物流流出的节点称为出点。入点相当于矿山、油田、橡胶园等原始材料提供商，出点相当于用户。图6-7所示的A节点为入点，F节点为出点。对于有的企业既为入点又为出点的情况，将代表这个企业的节点一分为二，变成两个节点，一个为入点，一个为出点，并用实线将其框起来，如图6-8所示，A_1 为入点，A_2 为出点。同理，若有的企业对于另一企业既为供应商又为分销商，也可将这个企业一分为二，甚至一分为三或更多，变成两个节点，一个节点表示供应商，一个节点表示分销商，也用实线将其框起来，如图6-9所示，B_1 是C的供应商，B_2 是C的分销商。

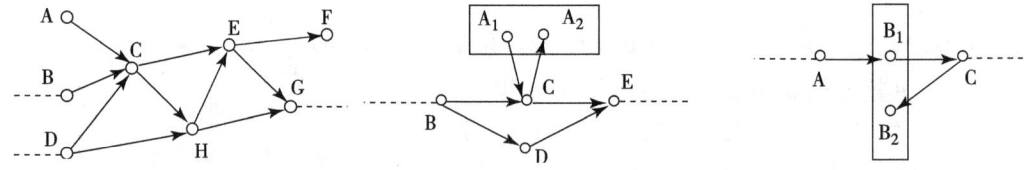

图6-7 入点和出点　　图6-8 包含出点和入点的企业　　图6-9 包含供应商和分销商的企业

② 子网。有些企业规模非常大，内部结构也非常复杂，与其他企业相联系的只是其中一个部门，而且内部也存在着产品供应关系，用一个节点来表示这些复杂关系显然不合适，这就需要将表示这个企业的节点分解成很多相互联系的小节点，这些小节点构成一个网，称为子网，如图6-10所示的圆圈表示的区域。在引入子网概念后，分析图6-10中C与D的联系时，只需考虑 C_2 与D的联系，而不需要考虑 C_3 与D的联系。子网模型对企业集团是一种很好的描述形式。

③ 虚拟企业。在子网模型中，还可以把为完成共同目标、通力合作，并实现各自利益的一类企业形象地看成是一个特殊的企业，即虚拟企业，如图6-11所示。虚拟企业的节点用虚线框起来。虚拟企业是一些独立企业为了共同的利益目标，在一定时间内联结成的相互协作的利益共同体，当共同的利益目标已完成或利益不存在时，虚拟企业也就不复存在。

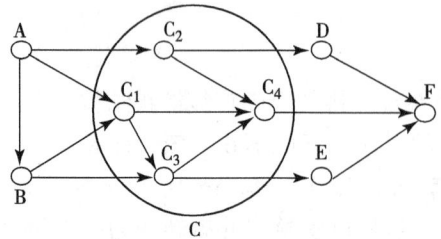

图6-10 子网模型

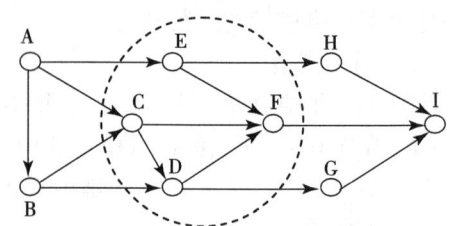

图6-11 虚拟企业的网状模型

6.2.2 设计原则

在供应链的设计过程中，应遵循以下几种原则：

(1) "自上向下"和"自下向上"相结合

"自上向下"法是从全局到局部的分解方法，而"自下向上"法是从局部到全局的集中方法。在企业具体设计一个供应链系统时，往往是首先由主管高层做出战略规划与决策，规划与决策的依据来自市场需求和企业发展规划，然后由下层部门实施决策，二者相互结合共同实现供应链的优化设计，提高整个供应链的竞争力。

(2) 简捷性原则

为了满足灵活而快速地响应市场的能力，供应链的每个节点都应是精简的、具有活力的，能够实现业务流程的快速组合，从而减少物流成本，推动实施准时制物流和精益生产。

(3) 集优性原则

供应链的各个节点企业的选择应遵循强—强联合的原则，以实现资源外用的目的。每个节点企业只集中精力致力于各自核心的业务过程，就像一个独立的制造单元，这些单元化企业具有自我组织、自我优化、面向目标、动态运行和充满活力的特点，能够实现供应链业务的快速重组。

(4) 协作性原则

实施供应链的合作关系，意味着共同开发新产品、新技术，相互交换数据和信息，共享市场机会，共担市场风险。因此，供应链管理的关键就在于供应链中各节点企业之间的联结和合作，以及彼此在设计、生产、竞争策略等方面的良好协调，从而获得最佳效益。

(5) 不确定性原则

不确定性在供应链中是普遍存在的，不确定性对供应链中的需求、供应和生产决策方面都有影响，甚至在某些情况下会产生很大的消极作用，导致供应链的扭曲。企业规避或化解不确定性影响的方法包括以下几个方面：① 订货分级管理。② 加强入库管理，合理分担库存责任。③ 缩短提前期，实行外包服务。④ 规避短缺情况下的博弈行为。⑤ 根据统计数据，适当减量修正，分批发送。

(6) 创新性原则

创新性设计是供应链系统设计的重要原则，也是简捷性、不确定性原则的要求。进行创新设计，要注意以下几个问题：

① 创新必须在企业总体目标和战略的指导下进行，并与战略目标保持一致。

② 应从市场需求的角度出发，综合运用企业的能力和优势。

③ 发挥企业各类人员的创造性，集思广益，并与其他企业共同协作，发挥供应链整体优势。

④ 建立科学的供应链、项目评价体系和组织管理系统，进行技术经济分析和可行性论证。

(7) 战略性原则

供应链的战略性原则体现在供应链的长远规划和预见性。供应链的系统结构发展应与企业的战略规划保持一致，并在企业战略指导下进行。只有坚持战略性原则，才能避免不确定性对供应链系统的影响，从而有利于实现企业和整个供应链的长远利益。

6.2.3 设计过程

供应链的设计主要包括分析市场竞争环境、分析企业现状、提出供应链设计项目、建立设计目标、分析供应链的组成、分析和评价技术可能性、设计和产生新的供应链、检验新的供应链8个作业程序，其流程图如图6-12所示。

（1）分析市场竞争环境

分析市场竞争环境的主要任务是明确产品需求，目的是找到针对哪种产品市场开发供应链有效。因此，需要明确以下问题：现在产品需求是什么？产品的类型和特征是什么？用户想要什么？用户在市场中的分量有多大？根据这些情况来确定用户的需求，以及因卖主、用户、竞争产生的压力。该作业程序的输出是每一产品按重要性排列的市场特征，还需要对市场的不确定性进行分析和评价。

（2）分析企业现状

分析企业现状的主要任务是分析企业供需管理的现状，若企业已有供应链管理，则分析供应链现状。该作业程序的目的不是评价供应链设计的重要性和合适性，而是研究供应链开发的方向，分析寻找企业存在的问题以及影响供应链设计的因素。

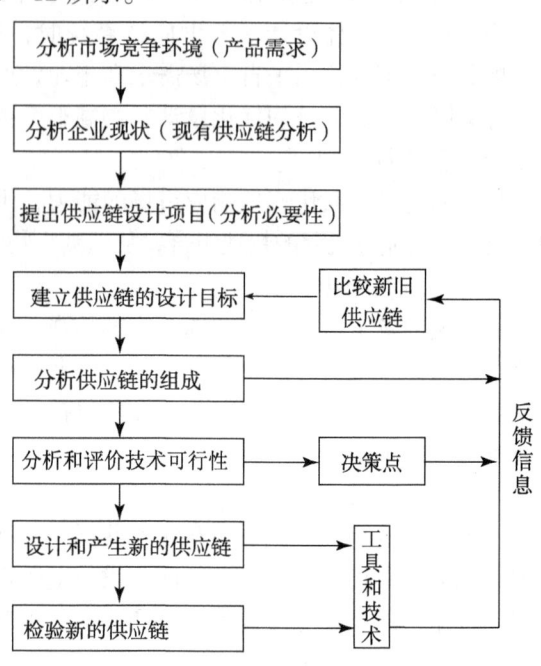

图6-12 供应链的设计过程

（3）提出供应链设计项目

提出供应链设计项目是针对企业存在的问题所做出的决策，应重点分析供应链设计项目的必要性和可行性。

（4）建立供应链的设计目标

目标分为主要目标和一般目标。主要目标在于获得高水平用户服务与低库存投资、低单位成本两个目标之间的平衡。一般目标包括进入新市场、开发新产品、开发新分销渠道、改善售后服务水平、提高用户满意程度、降低成本、提高工作效率等。

（5）分析供应链的组成

分析供应链的组成，提出组成供应链的基本框架。供应链中的成员组成分析主要包括制造商、供应商、分销商、零售商以及用户等。确定选择和评价标准对选择供应链的组成成员是非常重要的。

（6）分析和评价技术可行性

在可行性的基础上，结合本企业的实际情况，对供应链的开发与设计提出技术选择建议和支持。技术方案的可行性是供应链的开发与设计的基础，如果技术方案不可行，则必须重新设计。

(7) 设计和产生新的供应链

在设计供应链时，必须借助各种技术和科学方法解决以下 6 个方面的问题。

① 供应链的成员组成，供应商、设备、企业、分销中心的选择和定位，以及流转计划和控制等。

② 原材料的来源，包括供应商、供应量、供应价格、运输方式、物流量和服务质量、服务费用等。

③ 生产设计问题，包括需求目标预测、产品生产品种、生产能力、生产计划、生产作业计划、供应路径、库存管理、跟踪控制等。

④ 分销任务和能力设计，如产品服务哪些市场、运输方式、价格等问题。

⑤ 信息管理系统设计。

⑥ 物流管理系统设计。

(8) 检验新的供应链

新的供应链设计完成之后，需要通过科学方法和技术对供应链进行测试、检验和试运行。检验结果通常会出现以下 3 种情况。

① 供应链运行顺畅，这表明供应链设计工作可以结束。

② 供应链不能正常运行，此时应返回到第四个作业程序，重新建立供应链设计目标、分析供应链的组成、分析和评价技术可能性、设计和产生新的供应链，直到新的供应链能够运行顺畅。

③ 供应链在某些环节还存在一些问题，应根据具体问题进行修改或补充，也可以在供应链运行过程中进行调整。

6.2.4 包装企业供应链系统

包装企业的供应链也具有一般企业供应链的特点，包括供应商、企业自身、顾客，涉及企业商流、信息流、物流、资金流，是将产品生产和流通过程中涉及的原材料供应商、制造商、分销商、零售商以及最终用户连成一体的网链结构。

在市场经济全球化的背景下，包装企业建立供应链系统，实现物流、信息流和资金流的集成，有利于企业更好地了解客户，提供个性化的产品和服务，使资源在供应链网络上合理流动来缩短交货周期，降低库存，更重要的是提高了包装企业对市场和最终顾客需求的响应速度，在整个供应链网络的每一个过程实现最合理的增值，同时降低管理成本，从而提高包装企业的市场竞争力。

包装企业供应链系统设计的重点在于信息流、物流和资金流的集成。系统主要包括以下几个模块：进销存、生产计划、生产中心、质量管理和财务管理。以采购为例：在包装企业供应链系统中，采购业务主要是指包装企业进行原材料的采购。一般来说，包装企业在生产产品的同时要由上游的供应商提供原材料，企业在制定生产计划的同时还要制订物料需求计划。因此，包装企业的采购是建立在信息实时流动的基础之上的，包装企业与供应商共享市场信息及生产数据，供应商可以根据包装企业的生产和库存需求来组织生产。包装企业的采购、库存、生产、销售、质量和财务管理等子系统构成 Intranet（内部网）；供应商和客户等构成 Extranet（外部网）。企业内部用户可以通过 Intranet 访问各自的模块，外部用户通过 Extranet 登录包装企业的网站来进行操作。系统各模块间是高度集成的，数据可以充分共享。这样，就得到了基于 Internet／Extranet 集成模式的包装企业供应链系统模型图，如图 6-13 所示。

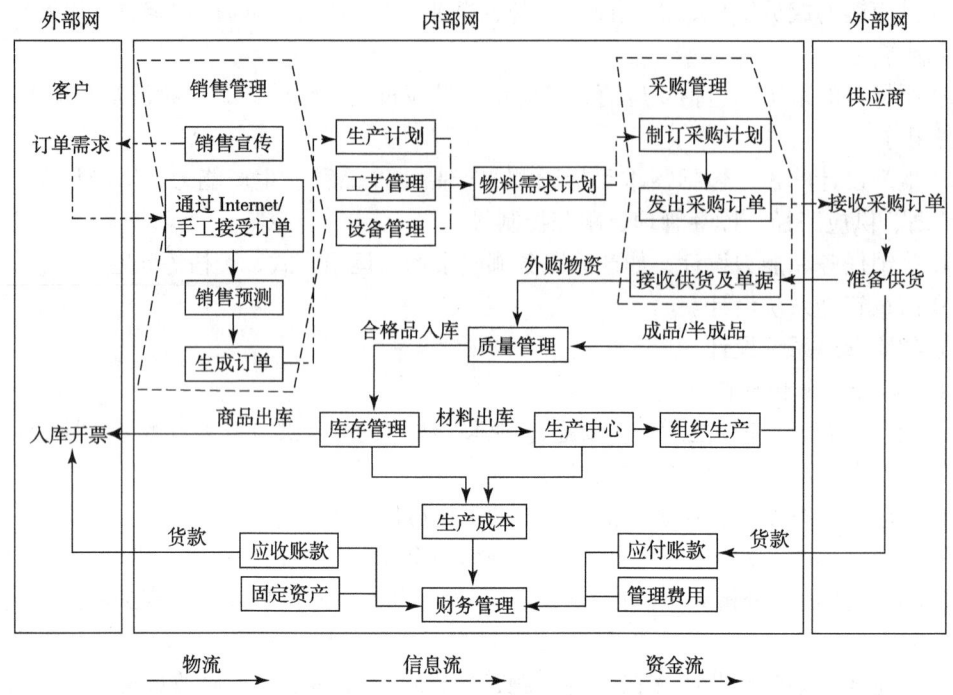

图 6-13　包装企业供应链系统模型图

6.3　供应链物流管理

物流管理作为现代供应链管理思想的起源，同时也是供应链管理的一个重要组成部分。产品从采购开始，经过多层次的生产、分配、销售，最后送达用户，这些物流活动都不是孤立的，总是受到供应链的影响和制约。高效的物流管理是供应链系统正常运转的前提条件和必要条件。

6.3.1　供应链物流管理

物流各功能要素之间普遍存在着"效益背反"现象，如何避免这一不利现象的产生是物流系统管理的重要任务之一。解决该问题的传统方法是，分析组成物流系统的各个环节，在各种效益背反、相互矛盾的主要功能要素之间权衡利弊、协调关系，从而寻求最优的物流作业，或独立去管理部分环节。而在物流系统变得更大、更复杂时，这种处理办法往往不再有效。供应链物流管理就是采用供应链管理思想来实施对物流活动的组织、计划、协调与控制，实际上是把企业的所有物流活动作为一个统一的过程来管理。供应链物流管理的基本原则和方法包括以下 5 个方面。

(1) 整体观念

供应链物流是一个单向、连续的过程，链中各环节不是彼此分割的，而是通过某种联系

（如契约、合同等），在物流、资本、信息等方面形成的一个有效整体。供应链内成员企业不能孤立地优化自身的物流活动，而是通过协作、协调与协同，提高供应链物流的整体效率。

（2）全过程管理

供应链物流管理是全过程的战略管理，它连接供应链的各节点企业，是企业之间相互合作、联系的纽带。因此，必须依靠全过程贯通的物流信息，才能保证从总体上来把握供应链物流管理，如果部分信息出现信息的局限或失真，可能导致整体管理的计划失真和判断失误。

（3）协调利益

从物流角度分析，在供应链内部存在不同的利益，不同链节上的利益观不同。因此，在供应链物流管理中，必须通过合理的利益协调和有效分配，形成统一的利益观。

（4）全新的管理方法

传统方法不能完全适应供应链中的物流管理，需要采取新的管理方法。这些方法主要包括以下几种：

① 采用整合的方法来代替企业管理的方法。
② 采用总体综合的方法代替接口的方法。
③ 采用解除最薄弱链的方法寻求总体平衡。
④ 采用简化供应链的方法来增强信息的有效性，防止信号的堆积放大。
⑤ 采用经济控制论的方法实现系统控制。

（5）有效利用社会力量

供应链物流管理虽然指明了从企业战略角度来管理全部供应链，但并不是只能依靠企业内部力量进行运作，也可利用社会力量来执行。例如，利用一个或者多个第三方物流企业进行物流的运作，而由第四方物流去进行总体的物流资源整合。

6.3.2 企业包装物流管理

物流是企业赖以生存和发展的外部条件，也是企业本身必须从事的重要活动。例如，一个生产企业要购进原材料，经过若干工序的加工，形成产品后再销售出去。一个运输公司要按客户的要求将货物输送到指定地点。企业物流是指在企业经营过程中，产品从原材料供应，经过生产加工，到产成品和销售，以及伴随生产消费过程中所产生的废弃物的回收及再利用的完整循环活动。以生产企业为例，企业包装物流管理包括以下几个方面的活动：

（1）企业供应物流管理

企业供应物流管理又称为采购物流管理，不仅以保证供应为目标，而且还以最低成本、最少消耗、最大保证为目标来组织供应物流活动。因此，企业供应物流管理必须解决有效的供应网络、供应方式、零库存等问题。

① 供应物流模式。

企业的供应物流有3种组织方式，第一种是委托社会销售企业代理供应物流方式；第二种是委托第三方物流企业代理供应物流方式；第三种是企业自营物流方式。这3种方式都有不同的管理模式，其中供应链方式、零库存方式、准时供应方式、虚拟仓库供应方式是主要的方式。

② 目标。

a. 降低运输成本。b. 降低库存水平。c. 减少人力和物流设备。

③ 方法。

为了最大限度降低产品制造过程中大量零部件的库存占用费用，提高企业的竞争能力，应积极推行在途库存的生产体系。它的基本思想是，"在必要的时间，对必要的零部件从事必要量的采购"。在具体方法上，企业以时间为单位来划分各时间段所需要的零部件，相应零部件的订货单位也应小型化，以此为基础向零部件生产商订货，并要求其在规定的时间内将零部件送到装配工厂。

④ 基本流程。

供应物流过程因不同企业、不同供应环节和不同供应链而有所区别，从而使企业的供应物流出现了许多不同种类的模式。但是，尽管不同的模式在某些环节具有非常复杂的特点，而供应物流管理的基本流程是相同的，其过程包括以下几个环节：

a. 获取资源。它是完成后续所有供应活动的前提条件，也是由企业的核心生产过程提出来的，同时也应按照供应物流可以承受的技术条件和成本条件进行决策。

b. 组织到厂物流。所获取的资源必须经过物流过程才能到达企业。这个物流过程是企业外部的物流环节，往往还需要反复进行装卸、搬运、储存、运输等物流活动。

c. 组织厂内物流。如果企业外物流到达企业的"门"，便以此"门"作为企业内外物流的划分界限。例如，以企业的仓库为外部物流终点，便以仓库作为划分企业内外物流的界限，从"门"和仓库开始继续到达车间或生产线的物流过程称作供应物流的企业内物流。

(2) 企业生产物流管理

传统的企业生产活动主要注重单个的生产加工过程，而忽视了每一个生产加工工序之间的衔接，破坏了生产的连续性，使得一个生产周期内，物流活动所用的时间远多于实际加工的时间。所以，对企业生产物流管理进行研究，可以大大缩短生产周期，节约劳动力。

企业生产物流管理涉及生产运作管理，是企业在生产工艺中的物流管理，即生产企业的原材料、零部件或半成品，按工艺流程的顺序依次经过各个车间和各道工序，最终成为产成品，并送达成品库暂存的过程。这种物流活动是与整个生产工艺过程相伴而生的，实际上构成了生产工艺过程的一部分。在企业生产过程的物流管理中，原材料、零部件、燃料等辅助材料从企业仓库或企业的"门口"开始，进入到生产线的开始端，再进一步随生产加工过程一个一个环节地流动。在流动过程中，原材料等本身被加工，同时产生一些废料、余料，直到生产加工完成，然后进入产成品仓库，至此企业的生产物流过程结束。

(3) 企业销售物流管理

企业销售物流管理是企业将生产的产品向批发商、零售商传递的物流管理，它是企业为保证本身的经营效益，伴随销售活动，通过购销或代理协议，将产品所有权转给用户（或者将成品转移到流通环节）的物流活动。在现代社会中，市场是一个完全的买方市场，销售物流活动带有极强的服务性，以满足买方的需求为目的，最终实现销售。在这种市场前提下，销售往往要送达用户并经过售后服务才算终止。因此，企业销售物流的空间范围很大，通过包装、送货、配送等一系列物流活动实现销售，主要分析送货方式、包装水平、运输路线等问题，采取各种诸如少批量、多批次、定时、定量配送等特殊的物流方式达到目的。

① 销售物流过程。销售物流的起点，一般情况下是生产企业的产成品仓库，经过分销渠道，完成长距离、干线的物流活动，再经过配送完成市内和区域范围的物流活动，到达企业、商业用户或最终消费者。

② 销售物流模式。销售物流是一个逐渐发散的物流过程，这与供应物流形成了一定程度的镜像对称，通过这种发散的物流，使资源得到广泛的配置。它有以下 3 种主要模式：a. 由生产者企业自己组织销售物流。b. 委托第三方组织销售物流。c. 由购买方上门取货。

在构建企业直接销售物流系统中，一个最显著的措施是实行企业物流中心的集约化，将原来分散在各支店或中小型物流中心的库存集中在大型物流中心，通过数字化设备或信息技术实现进货、保管、在库管理、发货管理等物流活动的效率化、省力化和智能化，将原来的中小批发商或销售部转化为企业销售公司的形式，专职从事销售、促进订货等商流服务。物流中心的集约化从配送的角度是增加了成本，但它削减了与物流关联的人力费、保管费、在库成本等费用，从整体上提高了物流效率。

③ 销售物流形式。有大量化、计划化、商物分离化、差别化、标准化等多种形式。

a. 大量化。通过控制客户的订货，增加运输量，使发货大量化。一般通过延长备货时间得以实现。例如，家用电器企业规定三天之内送货，这样做能够掌握配送货物量，大幅度提高配送的装载效率。

b. 计划化。对客户的订货按照某种规律制订发货计划，并对其实施管理。例如，按路线配送、按时间表配送、混装发货、返程配载等各种措施已被用于运输作业。

c. 商物分离化。通过将订单活动与配送活动的相互分离，把自备载货汽车运输与委托运输乃至共同运输联系在一起。利用委托运输可以压缩固定费用开支，提高运输效率，从而大幅度节省运输费用。商物分离化把批发和零售从大量的物流活动中解放出来，可以把这部分力量集中到销售活动上，使企业的整个流通渠道更加通畅、物流效率提高、成本降低。

d. 差别化。根据货物周转的快慢和销售对象规模的大小，把仓储地点和配送方式区别开来，是利用差别化方法实现物流合理化的策略，即实行周转较快的货物群分散保管，周转较慢的货物群集中保管，以压缩流通阶段的库存，有效利用库存面积，使库存管理简单化。另外，也可以根据销售对象决定物流方法。例如，供货量大的销售对象从企业直接送货，供货量分散的销售对象通过流通中心供货。

e. 标准化。销售批量规定订单的最低数量，会明显提高配送效率和库存管理效率。例如，成套或者成包装数量出售，一级烟草批发商进货就必须至少以一箱（50 条）为一个进货单位。

(4) 企业逆向物流管理

① 企业逆向物流网络。企业逆向物流，又称企业回收物流，是指对企业排放的无用物进行运输、装卸、处理等的物流活动。企业在生产、供应、销售的活动中，总会产生各种边角余料和废料，若回收物品处理不当，往往会影响整个生产环境，甚至影响产品质量，也会占用很大空间，造成浪费。逆向物流网络如图 6-14 所示。企业逆向物流已受到企业界、理论界的高度重视，各行业的知名企业已着手在逆向物流管理领域降低由退货造成的资源损失率。对逆向物流的重视，不但为它们带来了直接的积极效应，还获得了成本

下降、客户满意度提高、环保等多方面的间接经济效益和社会效益。另外，资源环境观和经济观的发展变化也促进了企业逆向物流的迅速发展。

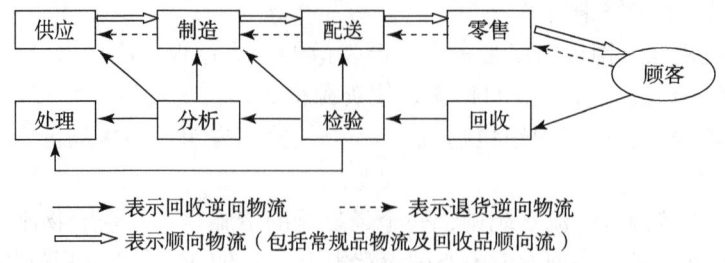

图 6-14 逆向物流网络

② 企业逆向物流特征。企业逆向物流作为企业价值链中特殊的一环，与正向物流相比，有着明显的不同，主要体现在以下 4 个方面：

    a. 企业逆向物流产生的地点、时间和数量是难以预见的。

    b. 企业发生逆向物流的地点较为分散、无序，不可能集中一次向接受点转移。

    c. 企业逆向物流发生的原因通常与货物的质量或数量的异常情况有关。

    d. 企业逆向物流的处理系统与方式复杂多样，不同的处理方式对恢复资源价值的贡献差异显著。

③ 企业逆向物流分类。根据不同产业形态，将逆向物流分为投诉退货、终端使用退回、商业退回、维修退回、生产报废与副产品、包装六大类别。表 6-2 给出了这六大类别逆向物流的特点，这些逆向物流普遍存在于企业的经营活动之中，涉及的部门从采购、配送、仓储、生产、营销到财务部门。

表 6-2 逆向物流类别及其特点

类别	周期	驱动因素	处理方式	举例
投诉退货（运输丢失、偷盗、质量问题、重复运输等）	短期	市场营销，客户满意服务	确认检查，退换货补货	电子消费品，如手机、DVD 机、录音笔等
终端使用退回（经过完全使用后需要处理的产品）	长期	经济 市场营销	再生产、再循环	电子设备的再生产，地毯循环，轮胎修复
		法规条例	再循环	白色和黑色家用电器
		资产恢复	再生产、再循环、处理	计算机元件及打印机硒鼓
商业退回（未使用商品退回还款）	短期、中期	市场营销	再使用、再生产、再循环、处理	零售商积压库存，时装、化妆品
维修退回（缺陷或损坏产品）	中期	市场营销 法规条例	维修处理	有缺陷的家用电器、零部件、手机
生产报废和副产品（生产过程的废品和副产品）	较短期	经济 法规条例	再循环、再生产	药品行业，钢铁业
包装（包装材料和产品载体）	短期	经济	再使用	托盘、条板箱、器皿
		法规条例	再循环	包装袋

④ 企业逆向物流环节。企业逆向物流主要包括回收、检验与处理决策、分拆、再加工和报废处理等环节。

a. 回收。它是将顾客所持有的货物通过有偿或无偿的方式返回销售商。这里的销售商可能是供应链上任何一个节点，例如来自顾客的货物可能返回到上游的供应商、制造商，也可能是下游的配送商、零售商。

b. 检验与处理决策。首先对回收货物的功能进行测试分析，并根据产品结构特点以及产品和各零部件的性能确定可行的处理方案，如直接再销售、再加工后销售、分拆后零部件再利用、产品或零部件报废处理等。然后，对各方案进行成本效益分析，确定最优处理方案。

c. 分拆。它是指按产品结构的特点将产品分拆成零部件。

d. 再加工。它是指对回收产品或分拆后的零部件进行加工，恢复其价值。

e. 报废处理。对没有经济价值或严重危害环境的回收货物或零部件，通过机械处理、掩埋或焚烧等方式进行销毁。西方国家对环保要求越来越高，而后两种方式会给环境带来一些不利影响，如占用土地、污染空气等。因此，目前西方国家主要采取机械处理方式。

例如，针对忽视逆向物流所造成的巨额利润流失，雅诗兰黛公司决定改善逆向物流管理系统。它投资130万美元购买用于管理逆向物流的扫描系统、商业智能工具和数据库。系统运转的第一年，就为该公司带来了以前只有通过裁员和降低管理费用才能产生的成本价值。随后，逆向物流系统通过对该公司24%以上的退货进行评估，发现可以再次分销的产品居然是真正需要退回的1.5倍，这又为公司节省了一笔人力成本。同时，逆向物流系统对超过保质期的产品的识别精度也大大提高，较大幅度地降低了退货销毁率，进一步提高了公司的经济效益和社会效益。

第7章 包装物流信息技术

包装物流信息化是现代物流的基本特征,也是物流发展的必然趋势,及时准确的信息对物流活动的作用起着越来越重要的作用,已成为决定企业生存和发展的最重要的资源。物流信息与物流过程中的生产、包装、装卸、搬运、运输、配送、储存等基本功能有机结合,使整个物流活动高效、顺畅地进行。本章主要介绍包装物流信息系统和技术等内容。

7.1 包装物流信息系统

包装物流信息产生于物流活动,又应用于物流活动,只有通过有效的物流信息管理和组织,使之成为物流信息系统,才能有效地处理和解决物流信息的问题,促进物流信息化。

7.1.1 包装物流信息

信息是进行包装物流管理、策划和控制的基础,信息流从供应商到最终用户的不同成员之间交换、共享和流动,将采购、制造、货物分销和售后服务连接为一个整体。

(1) 定义

在国家标准 GB 18354《物流术语》中,将物流信息定义为"反映物流各种活动内容中有关的知识、资料、图像、数据、文件的总称"。物流信息是伴随着物流活动产生,贯穿于物流活动的整个过程,并对物流活动进行有效控制和支持。因此,物流信息被称为现代物流的中枢神经,从狭义范围分析,物流信息是指与物流活动(如生产、包装、装卸、搬运、运输、配送、储存、流通加工等)有关的信息。从广义范围分析,物流信息不仅指与物流活动有关的信息,而且包含与其他流通活动有关的信息,如货物交易信息和市场信息等。

由于物流活动中各种作业的内容存在差异,所以物流各子系统、各不同功能要素领域的信息也有所不同,如储存信息主要包括库存清单、顾客订单、入库凭单、出库凭单、作业命令、货运单证以及各种发票等,运输信息主要包括客户委托信息、路况信息、调度计划、运输状态、运费结算等。这些信息对物流各个领域活动进行有效控制和支持,是物流管理系统所不可缺少的信息组成部分。

(2) 分类

对物流信息分类是进行物流信息管理的基础,常用的物流信息分类方法包括按信息领域分类、按信息作用分类、按信息加工程度分类、按信息应用领域分类等,如表 7-1 所示。这里按信息作用分类,主要介绍计划信息、控制及作业信息、统计信息、支持信息。

表 7-1 物流信息的分类

分类方法	物流信息
按信息领域分类	物流系统内信息、物流系统外信息
按信息作用分类	计划信息、控制及作业信息、统计信息、支持信息
按信息加工程度分类	原始信息、一次信息、二次信息、三次信息等
按信息应用领域分类	生产信息、储存信息、运输信息、配送信息、服务信息等

① 计划信息。它是指尚未实现的且已当作目标确认的一类信息,如物流量计划、仓库库存量计划、车皮计划等。只要尚未进入具体业务操作的信息,都可以归入计划信息。它的特点是带有相对稳定性,信息更新速度较慢,对物流活动有非常重要的战略指导意义。

② 控制及作业信息。它是指物流活动过程中发生的信息,是掌握物流活动实际情况不可缺少的信息,如库存种类、库存量、在运量、运输工具状况、价格、运费、投资在建情况、港口发货情况等。它的特点是动态性非常强,更新速度很快,信息的时效性很强。控制及作业信息的主要作用是控制和调整正在发生的物流活动,指导即将发生的物流活动,以实现对过程的控制和对业务活动的微调。

③ 统计信息。它是指物流活动结束后,对整个物流活动所做的一种终结性、归纳性的信息。这种信息是一种恒定不变的信息,有很强的资料性,如以前年度发生的物流量、物流种类、运输方式、运输工具等信息。它的特点是信息所反映的物流活动已经发生,再也不能改变。统计信息的主要作用是正确掌握过去的物流活动及规律,以指导物流战略发展和制订计划。

④ 支持信息。它是指对物流计划、业务、操作有影响的或有关的文化、科技、产品、法律、教育、民俗等方面的信息,如物流技术革新、物流人才需求等。这些信息不仅对物流战略发展有价值,而且对控制、操作能起到指导与启发的作用,可以从整体上提高物流水平。

(3) 特征

① 信息量大、分布广。物流信息的产生、加工、处理、应用在时间、地点、方式、领域等方面互不相同,这要求较高性能的信息处理系统和功能强大的信息收集、传输和存储设备。

② 具有很强的时效性。绝大多数物流信息动态性、时效性强,信息的价值衰减速度快,对信息管理的及时性要求较高。

③ 信息种类多。不仅物流系统内部各个环节有不同种类的信息,而且由于物流系统与其他系统(如生产系统、供应系统等)密切相关,因此还必须收集这些物流系统外的有关信息。这使得物流信息的分类、分析、筛选等工作的难度增加。

④ 具有明确的衡量标准。为了保证物流信息的科学性，要求物流信息具有准确性、完整性、实用性、共享性、安全性以及低成本性。准确性是指物流信息能够正确地反映物流及其相关活动的实际情况，且便于用户理解和使用。完整性是指信息没有冗余或不确切的含义，数据完整统一。实用性是指信息要满足用户的使用，便于专业和非专业人员的访问。共享性是指物流活动的各个作业组成部分必须能够充分地利用和共享收集到的信息。安全性要求信息在系统中必须安全传送，如采用防火墙技术、安全传输协议、增强的用户验证系统等信息安全技术。低成本性则要求信息的搜集、处理、存储必须考虑成本问题，只有在收益大于成本的前提下，才可能开展相应的信息工作。

（4）作用

① 中枢神经作用。因为信息流经收集、加工、处理、传递后，成为系统决策的依据，对整个物流活动起规划、指挥、协调的作用。如果没有信息系统，整个物流系统就会瘫痪。物流信息系统就像传递中枢神经信号的神经系统，高效的信息系统是物流系统正常运转的必要条件。

② 支持保障作用。物流信息对整个物流系统起支持和保障作用，主要体现在以下4个方面：

a. 业务方面。物流信息可以在物流系统的各个层次上记录物流业务，例如记录订货内容、安排库存任务、作业程序选择、定价、开票以及消费者查询等。

b. 控制方面。物流系统可以通过建立合理的指标体系来评价和控制物流活动，而物流信息则作为"变量"与这些评价指标进行比较，以确定指标体系是否有效、物流活动是否正常。

c. 决策方面。物流信息通常以决策结论或决策依据的形式出现，从而协助管理人员进行物流活动的分析、比较和评价，从而做出有效的物流决策。

d. 战略方面。主要是在物流信息的支持下，有助于开发和确定物流战略。

③ 指导作业作用。主要体现在指导包装物流活动作业，支持顾客订货和采购订货。指导作用具体包括以下几个方面：

a. 订货管理。订货管理作业中的信息需求来源于供应链的成员企业之间的需求信息的传递。订货管理的主要活动是准确登记和识别顾客的订货，通常都是通过电话、邮件、传真或电子数据交换等方法实现需求信息的传递。因此，信息技术对订货管理的影响很大，低成本信息传递的可得性促进着订货管理的创新。

b. 订货处理。订货处理作业中的信息需求来自分配库存和确定责任，以满足顾客需求。传统的分配方法是按照事先确定的先后顺序向顾客分配可得的库存或已做了计划的在制品。在信息技术所支持的订货处理系统中，通过双通道通信技术保持与顾客的联系，在已计划物流作业的限制条件内产生能满足顾客需要的、经过谈判的订单。

c. 配送作业。配送作业中的信息需求具体体现为方便和协调物流设施内的作业而需要获取的信息。物流设施的主要目的是提供各种原材料和货物，以满足订货需求。配送作业强调以最低限度的重复或多余的工作来调节所需原材料和货物种类的可得性，关键是在满足顾客订货需要的条件下尽可能少地储备库存和处理库存。

d. 库存管理。库存管理作业中的信息需求涉及利用信息执行已指定的物流计划，结合利用人力资源和信息技术，对库存进行配置，然后进行管理，满足已计划的各种需求。

库存管理工作应保证整个物流系统拥有各种按计划执行的适当资源。

e. 运输和装运。运输和装运作业中的信息需求是利用信息指导库存的运输工作，统一订货，充分利用运输能力，保证及时获得所需的运输设备，提高作业效率。

f. 购买获取。购买获取作业中的信息需求涉及完成购买的订货准备、修正和发放所需要的信息，保证与供应商的信息保持一致。在许多情况下，购买获取的信息与有关订货处理的信息类似。这两种形式的信息交换有助于把制造商与顾客和供应商联系在一起，方便作业。购买获取与订货处理之间的主要区别在于需求转移作业的类型不同。

7.1.2 物流信息系统和物流管理的关系

及时准确的物流信息对现代物流的作用非常重要。首先，市场份额的竞争就是对顾客的竞争。要使顾客满意，必须向顾客提供最好的、有效的服务。例如，向顾客提供及时准确的订单状态、货物可得性、交货计划和发票等服务，已成为使顾客全面满意的重要组成部分。其次，及时准确的物流信息有利于降低库存，提高企业核心竞争力。最后，信息在物流管理的资源分配和组织计划中发挥着重要作用。

（1）物流管理对信息系统的需求

在供应链物流过程中，信息流在从供应商到最终用户的不同成员之间交换、共享和流动，将采购、制造、货物分销和售后服务连接为一个整体。在物流过程中，各个战略经营单位之间都有信息交流，有的是直接的，有的是间接的。

物流管理对信息提出了更高的要求。按照物流一体化的观点，物流信息可以分为战略信息、经营信息和技术信息等3个层次。这3个层次的信息的服务对象也不同。战略信息为物流系统计划服务，经营信息为经理进行营业分析服务，而技术信息为实现物流控制服务。由战略信息、经营信息和技术信息依次向下的信息流，与由基层的操作活动信息、控制信息、分析信息和计划信息所构成的向上的信息流构成一个信息反馈回路，从而保证整个物流系统实现对物流管理目标的定位。

（2）物流信息系统对物流管理的作用

物流信息系统对物流管理的作用主要体现在缩短物流渠道、增加渠道的透明度、实现物流系统管理等几个方面：

① 缩短物流渠道，寻找减少周转时间和库存的办法。库存包括中间库存和最终库存两类，它们可能出现在供应链的不同节点上。中间库存是指零部件、在产品、产成品的库存。当供应链出现问题，引起需求波动时，中间库存起缓冲作用。这些库存增加了供应链的总长度。零库存原则要求顾客与供应商之间保持紧密的配合，以减少对库存的依赖。解决这一矛盾的重要手段就是利用物流信息系统实现对不同节点上库存的控制。

② 增加物流渠道的透明度。物流渠道的透明度是指物流主体能够清楚掌握日期、数量、质量等货物信息，以及在供应渠道中可以达到的目的地等信息。在传统物流作业中，物流各方对这些信息不是完全清楚的，企业或个人仅对企业内部的信息比较了解，甚至对内部信息也未能准确掌握，使得物流领域中的"流通瓶颈"不易被发现，如过多库存、过长运输、过量破损等问题。不良的渠道透明度会导致不良的供应链控制。为达到有效控制供应链，掌握渠道的实时信息是非常必要的。

③ 实现物流系统管理。物流已被看成对企业具有很大影响的重要因素。一方面，这

种转变是由于经济全球化趋势导致供应链的延长，企业必须把物流系统整合起来管理，连接市场的供需双方，而且重视每一衔接环节的决策，尽可能避免系统中某一部分的不良决策对整个系统运行的影响。为满足系统管理物流目标，应积极采用先进的物流信息技术，加工、分析、处理、控制、协调物流信息，保证信息在整个物流系统中自由、准确、及时地流动。另一方面，物流供应链是由许多不同的企业组成，每个企业为获得自身的利益，不惜以增加供应链的长度为代价，物流信息系统把这些企业联结为合作者，并使渠道透明，增加了协调渠道和取得最佳流动的能力。

7.1.3 企业物流信息系统

企业物流信息系统是指由人员、设备和程序组成的、为物流管理者执行计划、实施、控制等职能提供相关信息的交互系统，它作为企业管理系统中的一个子系统，可以通过对企业物流信息的加工处理来达到对物流、资金流、信息流的有效控制和管理，并为企业管理人员进行信息分析和管理决策提供支持。

（1）基本组成

企业物流信息系统的基本组成要素有硬件、软件、数据库和数据仓库及人员等。

① 硬件。它包括计算机、网络通信设备等，如计算机、服务器、通信设备，这是物流信息系统的物理设备和硬件资源，是实现物流信息系统的基础，构成了系统运行的硬件平台。

② 软件。它包括系统软件和应用软件两大类。系统软件主要用于系统的管理、维护、控制及程序的装入和编译等工作，而应用软件用于指挥计算机进行信息处理的具体程序或文件。软件系统主要包括功能完备的数据库系统，实时的信息收集和处理系统，实时的信息检索系统，报告生成系统，经营预测、规划系统，经营监测、审计系统及资源调配系统等。

③ 数据库与数据仓库。数据库技术将多个用户、多种应用程序所涉及的数据按照一定的数据模型进行组织、存储、使用、控制和维护管理，具有数据独立性高、冗余度小、共享性好等特点，能够进行数据完整性、安全性、一致性的控制，而且数据库系统能够面向一般管理层的事务性处理。数据仓库是面向主题的、集成的、稳定的、不同时间的数据集合，用以支持经营管理中的决策制定过程。基于主题而组织的数据便于面向主题分析决策，它所具有的集成性、稳定性及时间特征使其成为了分析型数据，为决策层提供决策支持。数据仓库系统也是一个管理系统，它由3部分组成，即数据仓库、数据仓库管理系统、数据库仓库工具。

④ 人员。它包括系统分析人员、系统设计人员、系统实施和操作人员、系统维护人员、系统管理人员、数据准备人员以及各层次管理机构的决策者等。

（2）功能结构

物流信息系统的功能结构包括信息处理、事务处理、预测、计划、控制、辅助决策和决策优化等。

① 信息处理功能。物流信息系统能够对各种形式的信息进行收集、加工整理、存储和传输，以便向管理者及时、准确、全面地提供各种信息服务。信息处理功能主要包括以下几个方面：

a. 信息收集。采集方式包括手工方式和各种信息采集技术。所采集的数据经初步处理，按信息系统数据组织结构和形式输入到系统中。

　　b. 信息处理。物流信息系统的最基本目标就是将输入的数据加工成物流信息。信息处理可以是简单的计算、汇总、查询和排序，也可以是复杂的模型求解和预测。

　　c. 信息存储。数据进入系统之后，经过整理和加工，成为支持物流系统运行的物流信息，通过各种存储介质进行存储，并可随时输出到其他各个子系统中。

　　d. 信息传输。信息系统最基本的功能之一就是信息传输，应具备相应的传输设备和传输技术，还必须保证信息传输的安全性、及时性、完整性。这里需要强调的是，物流过程伴随着很多动态信息，应保证动态信息的实时传输，才能实现对物流过程的有效控制。

　　② 事务处理功能。物流信息系统应服务于部分日常性事务管理工作，如账务处理、统计报表处理等，将部分领导和员工从烦琐、单调的事务中解脱出来，既节省人力资源，又提高管理效率。

　　③ 预测功能。物流信息系统不仅能准确反映物流系统的实际运行状况，而且能根据历史数据，运用适当的数学方法和科学的预测模型来预测物流系统的发展速度、发展规模、物流服务水平，以及区域经济的发展（包括经济规模、经济结构、市场运作状况），通过这些相关因素对物流发展做出宏观和微观的预测。这种预测可以是整个物流规模的预测，也可以是一个库存量、运输量的预测。

　　④ 计划功能。物流信息系统针对不同的管理层提出不同的要求，应为各部门提供不同的信息，并对各部门作业进行合理的计划与安排。例如，库存补充计划、运输计划、配送计划等，这有利于保证管理工作的效果。

　　⑤ 控制功能。物流信息系统应对物流系统的各个环节的运行情况进行监测、检查，比较物流过程实际执行情况与其物流计划的差异，及时发现问题，并根据偏差分析其原因，采用适当的方法加以纠正，保证物流系统实现预期目标。

　　⑥ 辅助决策和决策优化功能。物流信息系统不但能为管理者提供相关的决策信息，达到辅助决策的目的，还可以利用各种半结构化或非结构化的决策模型以及相关技术进行决策优化，为各级管理层提供各种最优解或次优解，以便提高管理决策的科学性，从而合理利用企业的各项资源，提高企业的经济效益。

　　（3）层次结构

　　物流信息系统的层次结构是一种塔型结构，如图 7-1 所示。在垂直方向，物流信息系统可以划分为 3 个层次，即决策层、管理层和作业层。从水平方向，信息系统贯穿供应物流、生产物流、销售物流、回收及废弃物流，涉及包装、装卸、搬运、仓储、运输、流通加工等各个作业环节。因此，物流信息系统是物流活动的中枢神经网络，它遍布于物流系统的各个层次和方面。

　　① 作业层。它的任务是有效地使企业现有的人力、物力资源在预算的范围内执行各项活动，主要完成事务处理、报表处理和查询处理等作业。各项处理作业所需的数据主要来自企业内部，数据量很大，这是企业管理信息系统的基础。作业层的事务处理和交易系统及时地处理每天的货物订货管理、计划管理、运输管理、采购管理、库存管理、设备管理和财务管理等，反馈和控制企业基层的日常生产和经营工作的信息。它具体包括以下 9 个方面。

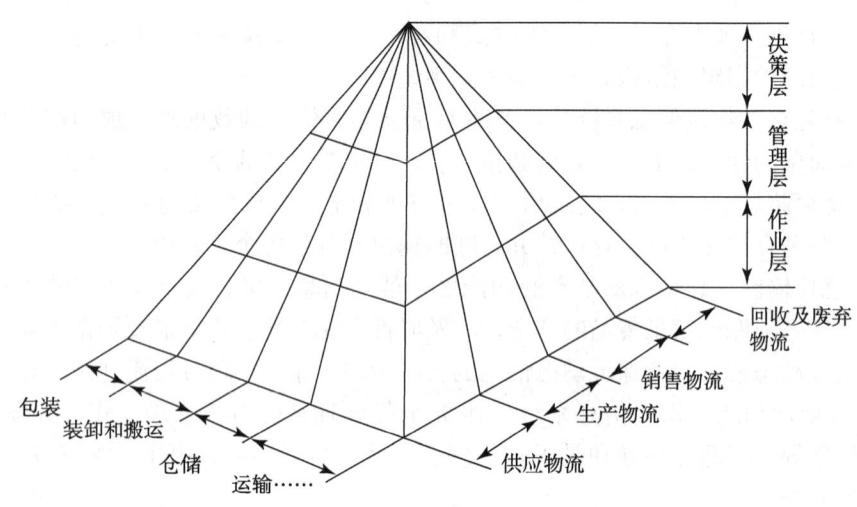

图7-1 物流信息系统的层次结构

　　a. 原始数据采集与处理。主要包括货物购、销、调、存等数据的登录与修改，会计记账，文字、声音、图像等文件的录入与修改，各种事务的原始记录等。

　　b. 业务管理。主要包括运输管理、存储管理、配送管理、流通加工管理等，每一大类还有很多细分的业务，包括合同、票据、报表等业务的日常处理。

　　c. 财务管理。主要包括成本核算、资金核算、利润核算、固定资产管理、综合财务计划管理等。

　　d. 人事管理。主要包括员工档案管理、工资奖金管理、劳动纪律考核管理、劳动用工调配管理、综合统计（报表）管理等。

　　e. 物业管理。主要包括低值易耗品管理、固定资产管理、能源消耗管理等。

　　f. 办公管理。主要包括会议管理、文字管理、公文档案管理、企业宣传管理等。

　　g. 考核管理。主要包括经济指标考核管理、员工劳动绩效考核管理、员工违纪违规管理。

　　h. 综合查询管理。主要包括综合计划指标完成查询、库存查询、商品价格查询、货物配送计划查询、员工状况查询等。

　　i. 统计分析与决策支持管理。主要包括购进统计分析、库存统计分析、运输统计分析、劳动效率统计分析、销售统计分析、顾客统计分析、财务统计分析等。

　　② 管理层。它的任务是保证企业经营所需要的人、财、物的调用，综合衡量企业的生产经营情况，检查企业的主要经济技术指标完成情况，将它们与计划指标进行比较，从中观察其发展趋势，找出偏差的原因，提出解决方案。管理层的信息处理是根据有关部门的计划或使用预算模型来编制企业的计划和预算，定期提供企业经营情况的综合报告，使用数学方法分析执行计划的偏差，为管理人员提供满意的执行方案。信息处理需要来自作业层产生的信息或数据，如各种计划、标准、预算和成本指标等。它具体包括以下4个方面：

　　a. 合同管理、客户关系管理、质量管理、计划管理、市场信息等的管理。

　　b. 根据运行信息，监测物流系统的运行状况。

　　c. 建立物流系统的特征值体系，制定评价标准。

d. 建立控制与评价模型。

③ 决策层。它的任务是确定企业的目标，制定达到该目标应采用的战略计划。物流信息系统的决策系统可以帮助物流企业高层领导更加深刻地了解物流战略的制定、实施和评价以及它们之间的内在联系，对物流企业决定自身的发展方向、建立明确的发展目标具有重要的指导作用。决策层的信息处理包括建立数学模型，用模拟法分析、预测企业的发展目标和达到该目标的途径。例如，在确定企业的战略发展方向、物流服务的规模效益时，所需要的数据不仅来自内部管理信息，还需要来源广泛的外部环境数据，如企业当前和未来活动领域内的经济形势、政治环境、科技发展、市场预测、竞争对手的实力和市场占有率、备选战略方案及其所用资源等。

（4）功能模块

企业物流信息系统的主要功能模块包括货物管理子系统、存储管理子系统、配送管理子系统、运输与调度子系统、客户服务子系统、财务管理子系统、质量管理子系统、人力资源管理子系统等，如图7-2所示。

① 货物管理子系统。它包括采购计划管理、采购合同管理、货物出入库管理、货物进销存管理等功能模块，如图7-3所示。该子系统可以使企业货物仓库的管理全面信息化，覆盖范围广泛，从货物的采购计划、审批、采购合同、合同执行情况的跟踪反馈，到货入库、发货、结算与统计，全部都要通过货物管理子系统进行调度管理。

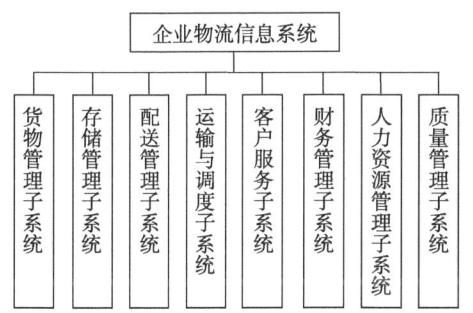

图7-2 企业物流信息系统主要功能模块

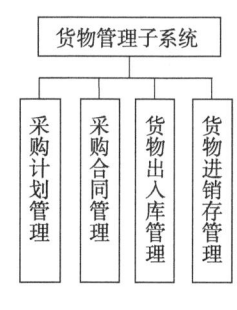

图7-3 货物管理子系统的功能模块

a. 采购计划管理。它的主要任务是制定货物采购计划，主要作业包括计划编制、计划读取、计划审核、查询修改以及报表打印，根据需要对货物的采购作业进行合理安排，其中计划编制是辅助半结构化决策。

b. 采购合同管理。它的主要任务是完成备用物品及其他设备的采购合同，主要作业包括合同生成、合同录入、查询修改、合同审核、合同处理及报表打印。采购合同管理应对合同的处理、执行情况，如应付款、已付款和未完成合同等各项统计做到一目了然。

c. 货物出入库管理。它的主要作业包括单据录入、查询、修改、调整，统计报表输出、打印、自检、月结算等。在货物入库后，可以根据不同的货物属性、出入库条件进行查询和修改，同时可以对不同的库存情况进行及时调整，并根据具体需要产生一些报表供打印输出或浏览。

d. 货物进销存管理。它是为货物管理子系统提供所覆盖业务的信息查询，以及计划与完成情况的对比分析。

② 存储管理子系统。它包括日常管理、账单管理、统计报表、数据查询等功能模块，如图7-4所示。

a. 日常管理。它包括货物凭单录入管理、冲账管理、查询管理、货物估价调整管理、原材料维修管理，其中储存物品凭单一般由货物入库凭单、货物出库凭单、销售出库凭单、报废出库凭单、委托加工出库凭单、货物库存调整凭单等组成。

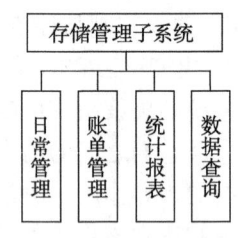

图7-4 存储管理子系统的功能模块

b. 账单管理。它主要对仓库的使用资金账单进行管理，有利于企业决策者和仓库管理人员了解并掌握仓库资金的调度。

c. 统计报表。它包括统计各种物品的出入库及使用情况，了解仓库库存、仓库总账、损耗误差、货物活动、原材料进货等现状，并统计各种材料的计划采购数量、实际库存数量及总的库存数量等，最后完成相应的图形绘制和报表打印。

d. 数据查询。它是对货物的消耗、库存数量和物品修理费支出的查询，可分别进行单一货物的消耗查询、各部门消耗货物的查询、各类货物消耗金额的查询、各类货物储备金额的查询、货物明细库存的查询、各部门支付货物维修费的查询。根据数据查询，企业决策人员可以实时监控仓库的储备金额和各部门使用原材料的情况，并及时准确地对企业货物的总体调度做出科学的决策。

③ 配送管理子系统。以最大限度地降低物流成本、提高运作效率为目的，为供应商、客户双方提供高度集中、功能完善的配送信息服务。它包括集货管理、储存管理、分拣理货管理、配货管理、配送加工管理、配装管理、配送运输管理、送达服务管理等功能模块，如图7-5所示。

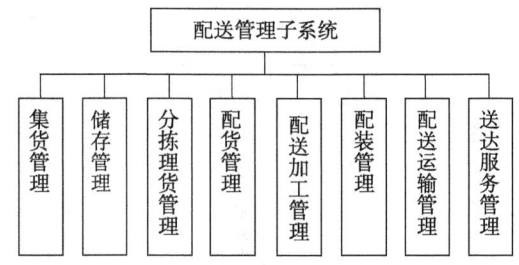

图7-5 配送管理子系统的功能模块

a. 集货管理。它是配送管理的重要组成部分，为了满足特定客户的配送要求，将货物分配到指定容器或场所。配送的优势之一就是可以集中客户的需求进行一定规模的集货。它通常包括制订接受订单、核对库存、进货计划、组织货源及有关的质量检查、结算、交接等基本业务。

b. 储存管理。为了保证配送货物的质量，根据货物本身特性以及进出库的计划要求，对入库货物进行保护、维护管理等工作，包括制订保管计划、办理入库、出库手续、保管、检验、核对等作业。

c. 分拣理货管理。分拣理货是将货物按品名、规格、出入库先后顺序进行分别放置的作业，具体包括理（点）数、计量、检查残缺、指导入库积载、核对标记、检查包装、票据和现场签证等工作。

d. 配货管理。配货是使用各种拣选设备和传输装置，按客户订单、配送计划将所需的货物分拣出来，配备齐全，送入指定发货地点的作业活动。

e. 配送加工管理。配送加工是为了促进销售、保持货物质量和提高物流效率所采取的加工活动。包括流通加工、换装、拼箱、集装等作业。

f. 配装管理。在配好的货位，按送达地点、到达路线进行装车。为提高车辆的装载率，集装容积和重量应与运输车辆的容积和载重量相适应。

g. 配送运输管理。它是实现配送,将各用户货物组合装车后,发货车辆按计划路线,将货物运达客户,做到时间少、距离短、成本低、费用省。

h. 送达服务管理。送达服务是配送作业的末端环节,圆满地实现货物的移交,有效地、方便地处理与客户相关手续并完成结算。

④ 运输与调度管理子系统。它包括资源管理、客户委托管理、外包管理、运输调度、费用结算、运输信息查询等功能模块,如图 7-6 所示。

a. 资源管理。运输管理子系统中参与作业的人、财、物都是资源,资源的可用性、适用性是系统整体功能运行的基础。

b. 客户委托管理。接受托运人的委托,记录委托的内容,如发货人、收货人、货物的物理属性、各类地址信息等。

c. 外包管理。它是物流管理系统中针对分包方管理与控制的功能模块,包括分包方的诚信、车辆资源等。

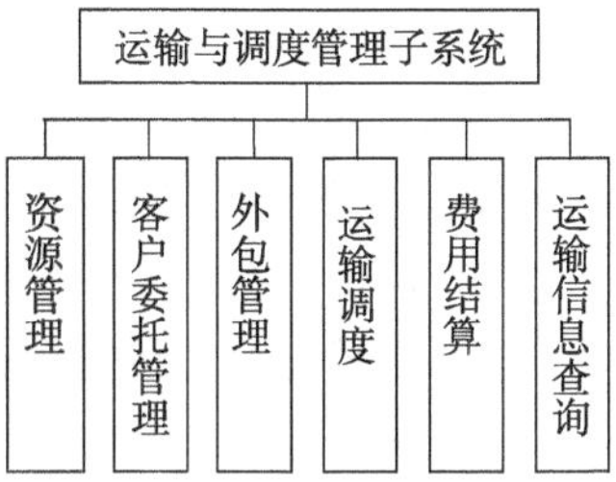

d. 运输调度。它是整个子系统的核心,管理整体资源,制订配送、运输计划,分配资源,控制在途车辆与货物,配载空间与运输路径。

图 7-6 运输与调度管理子系统的功能模块

e. 费用结算。对每一个托运人进行运费结算,生成结算报表。托运人可通过信息网络查询其运费的结算信息。

f. 运输信息查询。对所有的运输任务进行查询,包括该运输任务的货物明细、到达状态、签收情况、运费等情况。

⑤ 客户服务子系统。客户服务是物流公司和客户之间的接口和桥梁,也是物流公司进行采购、发货和运输的依据,它是现代物流的基本元素,也是物流企业提高服务水平和企业竞争能力的有效手段。它包括网上下单、货物跟踪、合同更改、网上支付等功能模块,如图 7-7 所示。

a. 网上下单。客户可以通过网络下单,将自己的物品需求品种、数量和时间发送给物流公司,同时物流公司也可以通过网络向供应商发出订货请求。

b. 货物跟踪。客户可以通过物流公司的网络实时跟踪自己的货物状态。

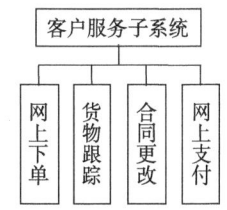

图 7-7 客户服务子系统的功能模块

c. 合同更改。客户可以通过网络及时更改合同的内容,物流公司根据客户更改后的合同及时调整采购和运输计划,承运公司通过信息网络对运输任务进行状态更新。

d. 网上支付。它需要银行的配合和相应的法律、法规的支持。物流公司可以通过网络与客户和供应商进行网上支付,客户也可以通过网上查询其费用。

7.2 包装物流信息技术

随着计算机技术、信息技术的发展,各种新信息技术能够更有效、更迅速地用电子手段实现物流信息的交换、共享和流动,这既给包装物流系统带来了严峻的挑战,也推动着包装物流系统向信息化方向迅速发展。

7.2.1 条码识别技术

条码识别(Bar Code Identification)技术是最常用的自动识别技术之一,它能够对数据自动识读且将数据自动输入计算机系统。

(1)技术特征

在国家标准 GB 4122.1《包装术语 基础》中,将条码定义为"由一组规则排列的条、空及其对应字符组成的标记,用以表示一定的信息"。"条"是指对光线反射率较低的部分,"空"是指对光线反射率较高的部分。这些"条"和"空"所组成的条码符号可以表达一定的信息,经过特定设备的识读,转换成便于传递、储存、处理的二进制和十进制信息。

采用条码识别技术的优越性表现在以下几个方面:

① 可靠准确。条码输入平均每 15000 个字符出现一个错误,若加上校验位,出错率是千万分之一,即使标签有部分缺欠、破损,仍可以从正常部分输入正确的信息。

② 数据输入速度快。条码数据输入速度比键盘输入速度提高了大约 5 倍。

③ 经济便宜,易于制作印刷。与其他自动化识别技术相比较,条码技术所需的费用最低,且条码标签易于制作,被称为"可印刷的计算机语言",对印刷技术、设备、材料等没有特殊要求。

④ 设备简单,应用便捷。条码符号识别设备结构简单、易于操作,可实现多方向识别,附有标识代码的条码符号还可实现手工键盘输入。另外,条码识别设备可以单独使用,也可以与有关设备组成自动化识别系统,还可与其他控制设备联系起来实现整个系统的自动化管理。

(2)工作原理

条码识读系统是条码系统的基本组成部分。它由扫描部分、信号整形部分、译码部分组成,如图 7-8 所示。扫描部分由光学部件和光电转换器组成,信号整形部分由信号放大部件、滤波部件和波形整形部件组成,译码部分则由译码器及通信部分组成。

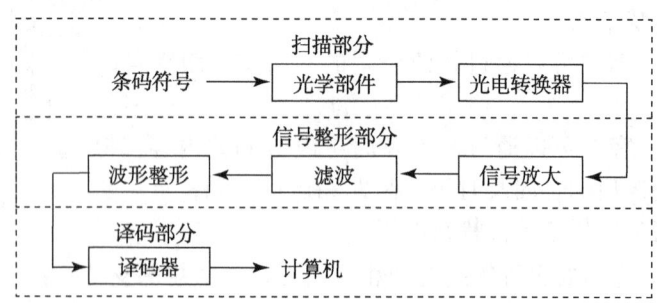

图 7-8 条码识读系统的组成

条码识读的工作原理涉及光学、电子学、数据处理等多种技术,主要包括以下 6 个步骤。

① 由光学部件中的发射光源产生一个光点,该光点在人工或自动控制下能沿某一轨迹做直线运动,匀速通过一个条码符号的左空白区、起始符、数据符、终止符及右空

白区。

② 光学部件中的反射光接收单元接收光点从条码符号上的反射光。

③ 光电转换器将接收到的光信号不失真地转换成电信号。

④ 电子电路将电信号放大、滤波、整形,并转换成电脉冲信号。

⑤ 通过译码算法将所获得的电脉冲信号进行分析、处理,从而得到条码符号所表示的信息。

⑥ 将所得到的信息显示、储存到指定的计算机系统。

(3) 商品条码

EAN 码是国际通用符号体系,它们是一种定长、无含义的条码,主要用于商品标识。1974 年,美国统一代码委员会(UCC:Uniform Code Council)提出了通用商品条码(UPC:Universal Product Code)系统,但该系统在北美地区以外无法应用。1977 年,欧洲物品编码协会(EAN:European Article Numbering Association)制定了可以与 UPC 兼容的 EAN 条码标准,其符号表示如图 7-9 所示,EAN-13 码是标准版商品条码,EAN-8 码是缩短版商品条码。1992 年,欧洲物品编码协会正式更名为国际条码协会。

EAN 码的字符集包括 0~9 的 10 个数字,其二进制编码、条码符号等都与 UPC 码完全相同,并保持向下兼容性,即兼容 UPC 码。为了使 EAN 码不分国界、市场、行业、商品、应用系统的限制,而且可以促使商业交易更具效率、更快速响应客户需求,其识别代码被设计成无意义的编号,

(a) EAN-13 码　　(b) EAN-8 码

图 7-9　EAN 码符号

可以用来识别商品、服务、资产及地址。除了识别代码外,EAN 码对补充性的资料,如有效日期、批号、序号、尺寸、重量、容量等也提供了可以让企业界共享的编号规范。

标准版商品条码(EAN-13 码),识别代码由 13 位数字组成,包括厂商识别代码、商品项目代码和校验码 3 个部分,如表 7-2 所示。厂商识别代码由 7~9 位数字组成,用于对厂商的唯一标识。厂商识别代码是 EAN 编码组织在 EAN 分配的前缀码($X_{13}X_{12}X_{11}$)的基础上分配给厂商的代码。前缀码又称国家代号或国别码,由 2~3 位数构成,由 EAN 编码组织负责分配。商品项目代码由 3~5 位数字组成,由厂商自行编码。在编制商品项目代码时,厂商必须遵守商品编码的基本原则,即对同一商品项目的商品必须编制相同的商品项目代码,对不同的商品项目必须编制不同的商品项目代码,并保证商品项目与标识代码的一一对应关系,一个商品项目只有一个代码,一个代码只标识一个商品项目。校验码是根据一定的规则计算得到的数值,用于检验厂商识别代码、商品项目代码的正误。校验码的计算方法如表 7-3 所示,EAN-13 码条码符号如图 7-9(a)所示。

表 7-2　标准版商品条码结构

结构种类	厂商识别代码	商品项目代码	校验码
结构一	$X_{13}\ X_{12}\ X_{11}\ X_{10}\ X_9\ X_8\ X_7$	$X_6\ X_5\ X_4\ X_3\ X_2$	X_1
结构二	$X_{13}\ X_{12}\ X_{11}\ X_{10}\ X_9\ X_8\ X_7\ X_6$	$X_5\ X_4\ X_3\ X_2$	X_1
结构三	$X_{13}\ X_{12}\ X_{11}\ X_{10}\ X_9\ X_8\ X_7\ X_6\ X_5$	$X_4\ X_3\ X_2$	X_1

注:X_i($i=1,2,\cdots,13$)表示从右向左的第 i 位数字代码

表7-3 校验码计算方法及实例

校验码计算方法		计算实例 471123456001*												
第一步：按自右向左的顺序编号	代码序号	13	12	11	10	9	8	7	6	5	4	3	2	1
	商品代码	4	7	1	1	2	3	4	5	6	0	0	1	*
第二步：偶数位代码求和，并记为S_1		$S_1 = 7+1+3+5+0+1 = 17$												
第三步：$S_1 \times 3 = S_2$		$S_2 = 17 \times 3 = 51$												
第四步：奇数位代码求和，并记为S_3		$S_3 = 4+1+2+4+6+0 = 17$												
第五步：$S_2 + S_3 = S_4$		$S_4 = 51+17 = 68$												
第六步：S_4对10进行取模运算，所得结果即为校验码		68 mod 10 = 2												
		4	7	1	1	2	3	4	5	6	0	0	1	2

缩短版的商品条码（EAN-8码），识别代码由8位数字组成，其结构为$X_8X_7X_6X_5X_4X_3X_2X_1$，其中$X_8X_7X_6X_5X_4X_3X_2$为商品项目识别代码，是EAN编码组织在EAN分配的前缀码（$X_8X_7X_6$）的基础上分配给厂商特定商品项目的代码，用于对厂商特定商品项目的唯一标识。X_1是校验码，校验码的计算方法与标准版的商品条码校验码的计算方法相同，EAN-8码的条码符号如图7-9（b）所示。

另外，二维条码是利用二维的几何空间，采用某种特定的几何图形，按照一定的规则在平面内分布所形成的黑、白相间的图形，用来标识图像、数据、表格、汉字等多种信息。它具有信息量大、保密性好、修正错误能力强等特点。常用的二维条码有PDF417码、QR Code码、Data Matrix码、Maxi Code码、Code 49码、Code 16K码、Aztec码等。

（4）物流条码技术

目前国内外使用的条码有很多种，如EAN码、UPC码、39码、工业25码、交插25码、UCC/EAN-128和ISBN/ISSN等，在商业电子收款机（POS）系统、仓库管理、物料搬运、邮政递送、海关进出系统、食品行业、电器制造、百货商场、图书管理、银行业务、火车票与机票等各行各业领域得到了广泛的应用，如图7-10所示。

物流单元是包装、装卸、搬运、运输、仓储、配送等物流环节中的一个基本单元，其承载的信息流程是在

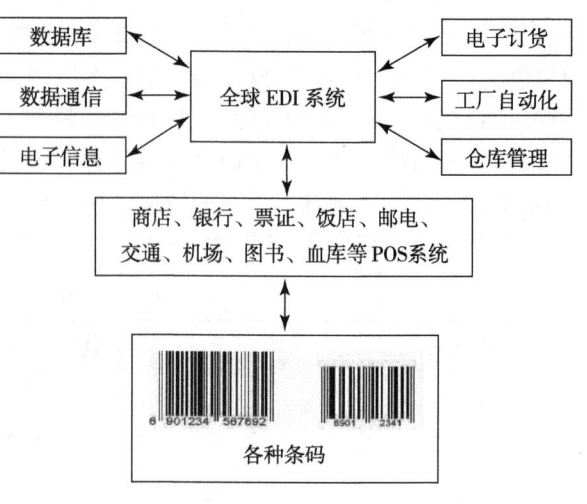

图7-10 条码技术应用领域

产品制造、货物的配销、运输和市场调度的全过程中实现的，每一环节都需要与物流单元相关的信息，对其跟踪与描述是通过物流条码信息来实现的。

① 技术特征。物流条码是供应链中用以标识物流领域中物理单元的一种特殊代码，是整个供应链过程（包括生产厂家、配销业、运输业、消费者等成员）的共享数据。它贯穿于整个物流过程，并通过物流条码数据的采集、反馈来提高整个物流系统的作业效率和经济效益。与商品条码相比较，物流条码应具有如下一些特征。

a. 储运单元的唯一标识。商品条码用于标识同类型的商品，通常以销售单元为主，用于零售业现代化的管理；物流条码用于标识单元的商品，通常以储运单元为主，可以为单件、多件同种类商品或多种类商品的集合，用于物流的现代化管理、作业。

b. 服务于货物物流环节的全过程。商品条码服务于消费环节：商品一经出售到达最终顾客手里，商品条码就实现了其存在的价值；物流条码服务于商品物流活动的全过程，生产厂家生产出商品，经过包装、运输、仓储、分拣、配送，直到零售商店或客户，中间经过若干环节，是多种行业共享的通用数据信息。

c. 信息多、范围广。商品条码仅用于表示商品的类型，包括厂商代码及商品项目代码；物流条码是一个可变的、可表示多种含义、多种信息的条码，包括货物的体积、重量、生产日期、保质期、批号、货品品名、供货厂商等信息。

d. 可变性。商品条码是一个国际化、通用化、标准化的商品的唯一标识，是零售业的国际化语言，而物流条码是随着国际贸易的不断发展而产生的，供应链的成员企业对各种物流信息的需求不断增加，其标识内容可根据各成员在物流过程中的作业需求而协商统一制定。

e. 维护性。物流条码的相关标准是一个需要经常维护的标准，及时沟通用户需求，传达标准化机构有关条码应用的变更内容，是确保国际贸易中物流现代化、信息化管理的重要保障之一。

② 标识信息。物流单元的标识信息有两种基本形式，一种用于人工处理，由人工可识读的文字与图形组成。另一种用于计算机系统处理，用条码符号表示。这两种形式同时存在于同一标签上。物流单元的基本信息采用系列货运包装箱代码标识，具体规定参照国家标准 GB 18127《物流单元的编码与符号标记》，物流单元的属性信息标识参照国家标准 GB 16986《EAN·UCC 系统应用标识符》。当物流单元也是一个贸易单元时，也应遵循贸易单元的有关规定。

③ 条码标识。国际上通用的物流单元条码标识有 3 种，分别为 ITF – 14 码、UCC/EAN – 128 码和 EAN – 13 码。

a. EAN – 13 码。当储运单元既是定量储运单元又是定量消费单元时，应选用 EAN – 13 码，如电视机、电冰箱、洗衣机等商品。EAN – 13 码的标识参考国家标准 GB 12904《商品条码》。

b. ITF – 14 码。它是一种连续型、定长双向条码，具有自校验功能，既可以标识定量储运单元，又可以标识变量储运单元。当储运单元是变量储运单元时，主代码用 ITF – 14 码标识，附加代码用 ITF – 6 标识。ITF – 14 码、ITF – 6 码的结构与技术要求参见 GB 16830《储运单元条码》。

c. UCC/EAN – 128 码。它是一种连续型、非定长条码，能够更多地标识定量储运单元中需要表示的信息,如产品批号、数量、规格、生产日期、有效期、交货地等。UCC/EAN-128 码包括应用标识符和数据两个部分,每个应用标识符由 2~4 位数字组成,具体类别及数值参见国家标准 GB 16986《EAN·UCC 系统应用标识符》,数据的长度取决于应用标识符的类别。UCC/EAN-128 码的相关内容参见国家标准 GB 15425《EAN·UCC 系统 128 条码》。

7.2.2 射频识别技术

射频识别(RFID:Radio Frequency Identification)技术是一种非接触的自动识别技术,其基本原理是利用射频信号和空间耦合(电感或电磁耦合)或雷达反射的传输特性利用无线电波对记录媒体进行读写,在标签内嵌入可编程的芯片、回路和发射天线,并通过一定的频率,能够对芯片的内容进行存储和读写操作,并能够同时准确地识别多个目标,实现对被识别物体的自动识别。它通过识别系统发射的频率提供能量,不需要电池提供能源,根据客户设定的密码和芯片制造商提供的序列号,通过算法生成一个绝对唯一的 6 位识别码来保证每个标签的唯一性。基于 RFID 技术的标签被称为"电子标签"或"智能标签",具有体积小、容量大、寿命长、高效省时、操作方便、易于管理等特点,可用于包装货物在物流过程中的跟踪、识别、计数。

(1)射频识别系统

射频识别系统一般由两部分组成,即阅读器和电子标签。射频识别系统的基本模型如图 7-11 所示。其中,电子标签又称为射频标签、数据载体、应答器;阅读器又称为扫描器、通讯器、读写器(取决于电子标签是否可以无线改写数据)。电子标签与阅读器之间通过耦合元件实现射频信号的空间非接触耦合,根据时序关系在耦合通道内,实现能量的传递以及数据的交换。

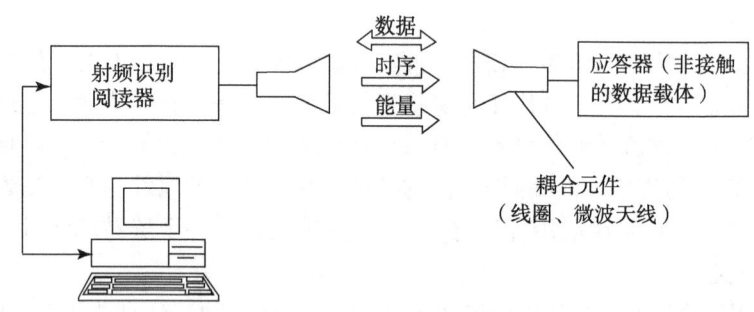

图 7-11 射频识别系统的组成

① 阅读器。在射频识别系统中,阅读器是其中主要构成部分之一。由于标签信息读取是非接触的,因此在应用系统与标签之间,需要通过阅读器来实现数据读写功能。阅读器通常由读写模块、射频模块和天线组成,主要任务是控制射频模块向标签发射读取信号,接收标签的应答,并对标签的反馈标识信息进行解码,将该反馈信息以及标签上其他相关信息传输到计算机信息系统,从而实现数据转换、处理和传输。

阅读器按频率分低频读写器(LF,125kHz 左右)、高频读写器(HF,13.54MHz 左右)、超高频读写器(UHF,850~910MHz 范围之内)和微波读写器(MW,2.4GHz)。低频和高频读写器采用的是感应耦合原理,需要较大体积的天线提供功率输出;超高频读写器频率较高，使用较小体积的天线就能够提供较大的发射功率；因此在实现相同读写距离的情况下，超高频读写器的尺寸可以更小。微波标签多为半无源产品，多采用纽扣电池供电，具有较远的阅读距离。

阅读器按照应用场合分为固定式读写器、手持式读写器、工业读写器和发卡机，如图7-12所示，需要根据应用的场合和数量具体选择。

（a）固定式读写器　　（b）手持式读写器　　（c）工业读写器　　（d）发卡机

图7-12　射频识别系统阅读器

② 电子标签。它是射频识别系统的数据载体，由射频模块、控制模块、存储器和天线组成，其结构如图7-13所示。电子标签的主要作用是存储标识对象的数据编码，承载标识对象的物流信息。通过天线将编码后的信息发射到阅读器，或者接收读写器的电磁波反射给读写器。

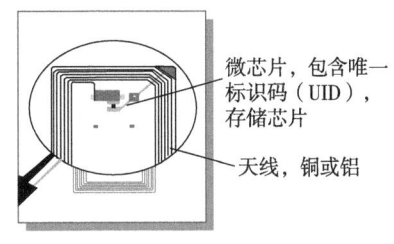

图7-13　电子标签结构

根据应用场合、工作频率、工作距离、存储能力等因素的不同，可采用不同类型的电子标签。具体类型如表7-4所示。

表7-4　常见的射频标签

分类方法	射频标签
按标签供电形式分类	有源射频标签、无源射频标签
按标签数据调制方式分类	主动式射频标签、被动式射频标签、半主动式射频标签
按标签工作频率分类	低频射频标签、高频射频标签、超高频射频标签、微波射频标签
按标签可读写性分类	只读射频标签、读写射频标签、一次写入多次读出射频标签
按标签数据存储能力分类	标识射频标签、便携式数据射频标签
按工作距离分类	远程射频标签、近程射频标签、超近程射频标签

根据电子标签的应用场合和技术参数，可封装成不同大小尺寸的标签。例如带自粘功能的标签，可以在生产线上由贴标机粘在纸箱、纸盒、包装瓶等容器上，或者粘在车窗上、证件上。也可通过塑料注塑工艺，用标签复合设备封装成进门卡、筹码、钥匙牌等。或选用PVC、PS材料通过冲压工艺制成信用卡、会员卡、身份证等。

（2）射频识别系统的优点

① 没有可视视线要求，为非接触识别，可在严酷环境下识别以及读写数据。

② 和条形码相比，电子标签存储容量大，可以反复读写。

③ 读写数据速度快。
④ 可识别高速移动的物体。
⑤ 可以追溯产品物流过程，进行全球统一数据交换。

（3）射频识别系统标准

射频识别技术标准能够通过规范实施标准，解决编码、数据通信、空中接口和数据共享等问题，从而促进射频识别技术的普及和应用。目前存在3个标准体系：ISO标准体系、EPC Global标准体系和Ubiquitous ID标准体系。

①国际标准化组织（ISO）、国际电工委员会（IEC）、国际电信联盟（ITU）等是RFID国际标准的主要制定机构。ISO（或联合IEC）的技术委员会（TC）或分技术委员会（SC）制定了大部分RFID标准。国际标准化组织包装技术委员会ISO/TCI22应用于包装的标准有两个：

a. ISO 15394 Packaging – Bar code and two – dimensional symbols for shipping, transport and receiving labels（包装航运、运输和可接受标签的两维符号和条码）。

b. ANSI MH10.8.4 Radio Frequency Identification (RFID) Tags for Returnable Containers [可回收使用容器用射频识别（RFID）标签]。

② EPC Global 前身是1999年10月1日在美国麻省理工学院成立的非营利性组织Auto – ID 中心，是由美国统一代码协会（UCC）和国际物品编码协会（EAN）于2003年9月共同成立的非营利性组织，致力于建立一个向全球电子标签用户提供标准化服务的EPC Global 网络。

③ Ubiquitous ID Center 是由日本经济产业省负责牵头，由日本厂商组成，目前有300多家日本信息企业、电子厂商和印刷公司等参与。该识别中心负责日本有关电子标签的标准制定。

（4）射频识别系统技术应用参数

在包装物流领域中设计射频识别系统时，必须全面考虑货物的物理特性、形状、大小、移动速度、同时识别的标签数、使用环境、应用层数与标签形状与大小、安装方式、标签成本等因素的影响。射频识别技术应用参数如表7-5所示。

表7-5 射频识别技术应用参数

频率性能参数	低频 <135kHz	高频 约13.56MHz	超高频 868~956MHz	微波 2.45~5.8GHz
阅读范围	低 ≤1.5m	低~高 <1.5m	高 1.5m	中 >1.5m
阅读速度	低	低~中	中	高
标签价格	高	高~中	中	低
阅读器价格	低	中	中~高	高
媒体灵敏度	低	中	高	高
干涉	低	低	中	高

（5）在包装物流领域的应用

射频识别技术主要适用于物料跟踪、仓储管理、货架识别、物品监控、自动化生产线、日用品销售等要求非接触数据采集和交换的场合，要求频繁改变数据内容的场合尤为适用。在实际应用中，电子标签采用粘贴、拴挂、内嵌等方式附着在货物上（表面或内部）。当带有电子标签的货物通过阅读器的识读范围时，阅读器自动以无接触的方式将电子标签中的约定识别信息读取出来，从而实现自动识别货物或自动收集货物信息的功能。

（6）基于 RFID 和二维条码酒类防伪系统

伴随信息技术的高速发展，RFID、二维条码等前沿技术逐渐被应用到商品防伪中，并取得了一定的成果，但仍然存在很多不足。RFID 通信通道具有开放性，易被非法读写器读取信息而修改标签数据，目前如何有效低成本识别读写器身份还是难题。二维条码为图像文件，对被复制给假冒产品的二维条码，验证系统无法辨别真伪，保密性不强。

RFID 和二维条码组合应用的防伪方案可解决上述 RFID 和二维条码单独用于防伪的缺陷，其核心思想为 RFID 用于香烟产品真伪验证，二维条码用于 RFID 系统中读写器的身份合法性认证。

① 防伪系统结构设计

防伪系统结构由电子标签、生产领域读写器、流通领域读写器、终端消费领域读写器、工业计算机、香烟产品数据库、GPRS 无线通信模块、工业手机模块组成，如图 7-14 所示，硬件选择如下：

防伪系统基本工作流程：当电子标签进入读写器工作范围，读写器发送射频信号。电子标签由于信号产生感应电流而激活。同时，读写器向防伪验证中心发送二

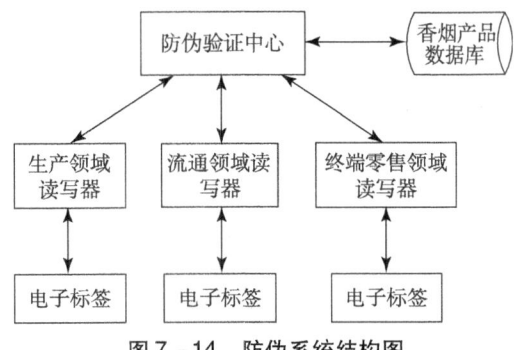

图 7-14　防伪系统结构图

维条码。防伪中心解码二维条码，验证读写器身份，返回信息参与电子标签和读写器的相互认证和香烟产品 UID，并注销该产品信息。经过验证合法后，读写器根据电子标签返回的 UID 和防伪验证中心发送香烟产品 UID 对比，并将验证结果在读写器 PDA 显示屏上显示，完成防伪验证过程。

② 与常见 RFID 防伪系统相比，本系统具有以下优点：

a. 开启香烟包装同时，破坏电子标签，防止被再次利用。

b. 本系统不使用 Internet 传输数据，避免黑客盗取信息。

c. 防伪验证中心根据加密二维条码确认读写器合法性，防止非法读写器篡改电子标签数据。

d. 防伪验证中心、电子标签、读写器中任何一个环节信息被盗取，只会中断验证过程，不会影响验证结果。

7.2.3　电子数据交换技术

传统的物流活动过程通常是参与物流的有关各方通过电话、电传、传真和邮递等方式进行磋商、签约和执行，既增加了重复劳动量、额外开支、出错机会等不利因素，又可能由于中间环节的不确定性造成意外的损失。随着通信、电子、网络等行业的发展，使用电子手段来代替传统的信息记录和信息传输方式成为可能，随即出现了电子数据交换（EDI；

Electronic Data Interchange）技术。

（1）定义及特征

国际数据交换协会对 EDI 的定义是，EDI 是使用认可的标准化、结构化的计算机系统处理的数据，从一个计算机系统到另一个计算机系统之间进行的电子传输。EDI 应用计算机系统代替人工处理交易信息，大大提高了数据的处理速度和准确性。数字通信网络作为交易信息的传输媒介代替了电话、电传、传真和邮寄等传统的传输方式，使信息传输更迅速、更准确。由于使用 EDI 可以减少甚至消除贸易过程中的纸面文件，因此 EDI 又被人们通俗地称为"无纸贸易"。电子数据处理 EDP 是实现电子数据交换 EDI 的基础和必要条件。

EDI 是一种模拟传统的物流信息、商务单据等的流转过程，对整个物流活动过程进行了简化的技术手段，使人工干预降低到最低程度，增加信息的传递速度，消除信息的多次录入，大大减少出错的机会。与传统的商业运作方式所不同的是，为使商业运作的各方计算机能够处理这些交易信息，各方的信息必须按照事先规定的统一标准进行格式化，才能被各方的计算机识别和处理。

电子数据交换是指通过电子方式，采用标准化的格式，利用计算机网络进行结构化数据的传输和交换，它具有以下显著特征：

① EDI 是计算机系统之间所进行的电子信息传输，不需要人工介入操作。
② EDI 是标准格式和结构化的电子数据的交换，是企业间信息交流的一种方式。
③ EDI 是由发送者和接收者按照约定的标准和结构所进行的电子数据交换。
④ EDI 是由计算机自动读取而无须人工干预的电子数据交换。
⑤ EDI 是为了满足商业用途的电子数据交换。

（2）分类

EDI 系统分为四大类：

① 订货信息系统。订货信息系统是应用最广泛的 EDI 系统，又可称为贸易数据互换系统（TDI：Trade Data Interchange），是用电子数据文件来传输订单、发货票据和通知。

② 电子金融汇兑系统（EFT：Electronic Fund Transfer），典型应用为在银行和其他金融组织之间实行电子费用汇兑。电子金融汇兑系统的发展趋势是同订货系统联系起来，形成一个自动化水平更高的系统。

③ 交互式应答系统（Interactive Query Response）。典型应用在旅行社、机票代理公司或者航空公司的机票预订系统。交互式应答系统在应用时查询目的地的航班时，显示航班的票价、时间或其他信息，根据旅客的要求确定所要的航班，打印机票。

④带有图形资料自动传输的 EDI。典型应用是计算机辅助设计（CAD：Computer Aided Design）图形的自动传输。比如，设计公司完成一个工厂的平面布置图，将其平面布置图传输给客户，客户可提出修改意见。确定设计方案后，系统自动输出订单，发出购买建筑材料的采购报告。建筑材料接收入库后，自动开出收货单据。

（3）系统构成要素

EDI 系统的构成要素包括 EDI 软件和硬件、数据标准化以及通信网络。供应链组成各方基于标准化的信息格式和处理方法通过 EDI 技术共同分享信息，提高流通效率、降低物流成本。

① 数据标准化。EDI 标准是由各行业、地区、企业代表讨论制定的电子数据交换共同标准。通过共同的标准可以使各个组织、企业之间不同的文件格式达到文件交换的目的。国际通用的 EDI 标准采用联合国欧洲经济委员会下属的第四工作组制定的《用于行政管理、商业和运输的电子数据交换标准》。

② EDI 软件和硬件。EDI 所需的硬件设备包括计算机、调制解调器、网卡、光纤和专线等。EDI 软件具有将用户数据库系统中的信息翻译成标准格式，从而达到数据传输交换的能力。软件系统包括转换软件、翻译软件、通信软件。

转换软件可以帮助用户将原有平面文件信息转换成翻译软件能够理解的平面文件，或将从翻译软件接收到的平面文件转换成原有平面文件。

翻译软件是原计算机系统的文件与平面文件的转换中心。

通信软件是将经过翻译软件翻译后的 EDI 标准格式的文件外层加上通信信封，再传送到 EDI 系统交换中心的邮箱中，或由 EDI 交换中心将接收到的 EDI 格式文件从信箱中取出。

③ 通信网络。EDI 的通信网络目前大多是借助于互联网，也有为实现某些具体业务而设计的专线。从长远角度考虑，在互联网上实现 EDI 相较于专线具有更广阔的发展前景。

(4) EDI 实现条件

① 数据通信网。传递文件需要有一个覆盖面广、高效安全的数据通信网作为技术保障。由于 EDI 传输的是具有标准格式的商业或具有保密性质的文件，因此要求通信网除了具有数据传输和交换功能，还必须具有格式校验、确认、跟踪、防篡改、防被窃等一系列保密功能。消息处理系统（MHS）为实现 EDI 提供了最理想的通信环境，ITU－T 根据 EDI 国际标准 EDIFACT 的要求，于 1990 年提出了 EDI 的通信标准 X.435，使得 EDI 成为 MHS 通信平台的一项业务。

② 计算机应用。通过完善的计算机处理系统，EDI 不仅能通过计算机网络传送标准数据文件，还要求能对接受和发送的文件进行自动识别和处理。从 EDI 的角度看，计算机系统可以划分为两大部分：一部分是与 EDI 密切相关的 EDI 子系统，包括报文处理、通信接口等功能；另一部分则是企业内部的计算机信息处理系统，一般称之为 EDP（Electronic Data Processing）。

③ 标准化。不同于人－机对话方式的交互式处理，EDI 是通过计算机之间的自动应答和自动处理来实现商业文件、单证的互通和处理。因此实现 EDI 的关键是文件结构、语法规则、格式等方面的标准化。虽然 UN/EDIFACT 标准已经成为 EDI 标准的主流，但仅有国际标准是不够的，各国还需制定本国的 EDI 标准来适应国内情况。因此，实现 EDI 标准化是一项十分烦琐的工作。采用 EDI 系统后，管理方式将从计划管理型向进程管理型转变，一些公章和纸面单证将会被取消。

④ 立法保障。EDI 的使用必将引起贸易方式和行政方式的变革，随之必将产生一系列诸如电子单证和电子签名的法律效力、发生纠纷时的法律证据和仲裁问题等。因此，为了全面推行 EDI，必须制定相关的法律法规，才能为 EDI 的使用创造良好的法律保障和社会环境。制定法律通常是一个漫长的过程，国外先进发达国家一般的做法是，为保证 EDI 的使用，在使用 EDI 之前，EDI 贸易伙伴各方共同签订一个协议，例如美国律师协会的"贸易伙伴 EDI 协议"。

（5）EDI 标准

20 世纪 60 年代起国际上就开始研究 EDI 标准。1987 年，联合国欧洲经济委员会综合了美国 ANSI X.12 系列标准和欧洲"贸易数据交换（TDI）"标准，制定了用于商业行政和运输的电子数据交换标准（EDI FACT）。该标准的特点，一是包含了贸易中所需的各类信息代码，适用范围较广；二是包括了报文、数据元、复合数据元、数据段、语法等，内容较完整；三是可以根据自己需要进行扩充，应用比较灵活；四是适用于各类计算机和通信网络。因此，该标准应用广泛。目前我国已据此等同转化为 5 项国家标准。此外，还按照 ISO6422《联合国贸易单证样式（UNLK）》、ISO7372《贸易数据元目录》等同制定了进出口许可证、商业发票、装箱单、装运声明、原产地证明书、单证样式和代码位置 8 项国家标准。现在 EDI FACT 标准有 170 多项，至今在北美地区广泛应用的美国 ANSI X.12 系列标准有 110 项。根据我国经济发展需要，采用 EDI FACT 标准和 ANSI X.12 系列标准。

（6）在包装物流领域的应用

EDI 是一种信息管理或处理的有效手段，充分利用现有计算机及通信网络资源，提高贸易伙伴间通信的效率，降低成本，是对供应链上的信息流进行运作的有效方法。这里主要介绍 EDI 技术在运输行业的应用。

在运输行业中，货主、承运业主以及其他相关单位之间，通过 EDI 系统进行货物数据交换，并以此为基础实施物流作业活动。EDI 系统的参与方包括货主（如生产厂家、贸易商、批发商、零售商等）、承运业主（如独立的物流承运企业等）、实际运送货物的交通运输企业（铁路企业、水运企业、航空企业、公路运输企业等）、协助单位（政府有关部门、金融企业等）和其他物流相关企业。运输行业的 EDI 系统框架结构如图 7-15 所示。

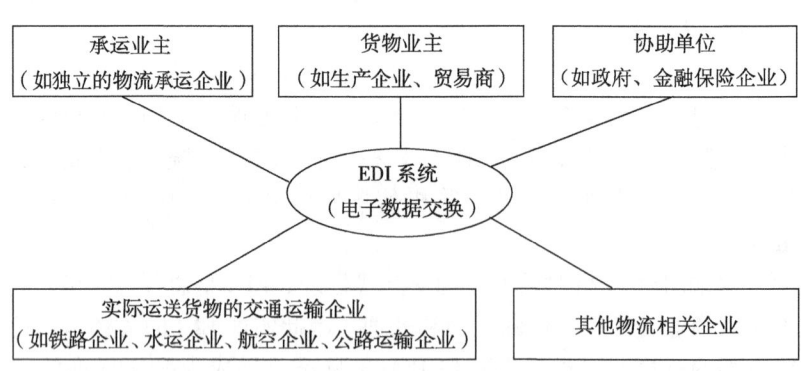

图 7-15 运输行业的 EDI 系统框架结构

例如，对于一个由发送货物业主、物流运输业主和接收货物业主组成的物流模型，采用 EDI 技术的运作流程包括以下 5 个步骤：

①接收货物业主（如零售商）订单通过数据通信平台，实时地传输到发送货物业主（如生产企业），在订单上制订各商品的数量和相应的到货日期。发送货物业主在接到订货后立即生成要货订单，此时可对订单进行综合查询，在生成完成后对订单按到货日期进行汇总处理。处理时系统按不同的商品物流类型制订货物运送计划，并把运送货物的清单以及运送时间安排等信息通过 EDI 发送给物流运输业主和接收货物业主，以便物流运输业主

预先制订车辆调配计划和接收货物业主制订货物接收计划。

② 发送货物业主依据顾客订货的要求和货物运送计划下达发货指令，分拣配货、打印有物流条码的货物标签并贴在货物包装箱上，同时把运送货物品种、数量、包装等信息通过 EDI 发送给物流运输业主和接收货物业主，并依据请示下达车辆调配指令。

③ 物流运输业主在向发货货物业主取运货物时，利用车载扫描读数仪读取货物标签的物流条码，并与先前收到的货物运输数据进行核对，确认运送货物。

④ 物流运输业主在物流中心对货物进行整理、集装，做好送货清单并通过 EDI 向发货业主发送发货信息。在货物运送的同时进行货物跟踪管理，并在货物送达收货业主之后，通过 EDI 向发货物业主发送完成运送业务信息和运费请示信息。

⑤ 收货业主在货物到达时，利用扫描读数仪读取货物标签的物流条码，并与先前收到的货物运输数据进行确认，开出收货发票，货物入库，同时通过 EDI 向物流运输业主和发送货物业主发送收货确认信息。

7.2.4 电子商务技术

电子商务（EC：Electronic Commerce）技术是经济和信息技术发展并相互作用的必然产物，随着电子商务环境的改善，电子商务技术的优势受到了政府、企业界的高度重视。

(1) 定义和技术条件

电子商务的基本概念有两层含义，即狭义的电子商务和广义的电子商务。狭义的电子商务一般是指基于数据（如文本、声音、图像）的处理和传输，通过开放的网络（主要是 Internet）进行的商业交易，包括企业与企业、企业与消费者、企业与政府等之间的交易活动。广义的电子商务是指一种全新的商务模式，利用网络方式，涉及内部网（Intranet）和 Internet 等领域，将顾客、销售商、供应商和企业员工联结在一起，将有价值的信息传递给需要者。

电子商务技术是计算机、通信网络及程序化、标准化的商务流程和一系列安全、认证法律体系组成的集合，以互联网为基础、以交易双方为主体、以银行电子支付和结算为手段、以客户数据为依托的全新商务模式。

电子商务的技术条件包括必要条件和充分条件。必要条件包括 4 个方面：

① 具备掌握现代信息技术及商务管理与实务的人才是电子商务最必要的条件。

② 电子通信设备的现代化。电子商务的开展必须依赖于电子通信工具、电子通信网络、电子终端设备等基本设施的支持。

③ 电子商务软件的开发。电子商务软件是指提供管理者、使用者使用的标准化、安全、可靠、易操作的计算机软件。

④ 商品信息化。它指将商品的各种特征、属性等信息化，即用一组便于交换的数据、图形、图像、声音等信息载体来描述商品的特征、属性，具体包括商品的种类、品名、规格、型号、单价、厂家、品牌、使用说明、使用期限等。如果没有商品信息化，就不可能进行互联网上的商品信息传递，也就不可能开展真正的电子商务活动。

电子商务技术应具备一些充分条件，主要包括商品信息标准化、商品交易规范化、电子交易的安全保证等。

(2) 电子商务条件下的物流系统

① 基本模型。

电子商务中的任何一笔交易，都包含着几种基本的"流"，即信息流、商流、资金流、物流。信息流既包括商品信息的提供、促销行销、技术支持、售后服务等内容，也包括诸如询价单、报价单、付款通知单、转账通知等商业贸易单证，还包括交易方的支付能力、支付信誉等。商流是指商品在购、销之间进行交易和商品所有权转移的过程，具体是指商品交易的一系列活动。资金流是指资金的转移过程，包括付款、转账等过程。电子商务通过快捷、高效的信息处理技术可以比较容易地解决信息流（信息交换）、商流（所有权转移）和资金流（支付）的问题，并将商品及时地配送到用户手中，完成商品的空间转移（物流）。

电子商务条件下的整个供应链是由供应商、物流中心和顾客所组成的，物流过程可简化为如图 7-16 所示的基本模型。在多数情况下，物流仍然可以经过传统的销售渠道来实现，而对某些商品（如电子出版物、信息咨询服务等）可以直接以网络传输的方式进行递送服务。对于每一个交易主体，它所面对的是一个电子市场，必须通过电子市场选择交易的内容和对象。因此，电子商务的概念模型可以抽象地描述为每个交易主体和电子市场之间交易事物的关系。

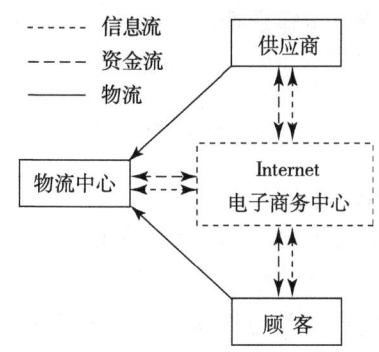

图 7-16 电子商务条件下的物流系统模型

② 电子商务的交易过程。

电子商务的交易过程可分为 3 个阶段，即交易前、交易中和交易后。

a. 交易前。主要指交易各方在交易合同签订前的活动，包括在各种商务网络或互联网上发布和寻找交易信息，通过交换信息，比较价格和条件，了解对方国家、企业的贸易政策，选择交易对象。

b. 交易中。主要指合同签订后的交易过程，涉及银行、运输、税务和海关等方面的电子单证交换，该过程通过电子数据交换来完成。

c. 交易后。在交易各方办完各种手续后，货物交付承运方起运，可以通过电子商务跟踪货物，银行按照合同，依据提供的单证支付资金，出具相应的银行单证，实现整个交易过程。电子商务主要借助互联网实现注册和联机认证、交易和支付等功能。

③ 电子商务交易的具体步骤。

电子商务的交易过程包括制作订单、发送订单、接收订单、签发回执、接收回执等。

a. 制作订单。客户根据自己的需求，利用企业内部的订单处理系统制作出一份采购订单，将所有必要的信息以电子表格的形式储存下来，同时产生一份电子订单。

b. 发送订单。客户将此电子订单通过 EDI 系统传送给供应商，此订单实际上是发向供应商在 EDI 交换中心的电子表格信箱。然后，客户等待来自供应商的接收指令。

c. 接收订单。供应商从 EDI 交换中心自己的电子表格信箱中接收电子订单，其中包括电子交易所有必要的信息。

d. 签发回执。供应商在确认、收妥订单后，使用企业内部的订单处理系统，为来自购买方的电子订单自动产生一份回执,经供应商确认后,此电子订单回执被发送到网络,再经由 EDI 交换中心存放到客户的电子表格信箱中。

e. 接收回执。客户从 EDI 交换中心自己的电子表格信箱中接收供应商发来的订单回执。整个订货过程至此完成,供货商收到订单,客户(购买方)则收到了订单回执。

④ 应用举例。

为了详细说明电子商务在物流企业中的应用,这里介绍现代物流企业的采购作业流程。电子商务条件下的采购作业过程是,物流业务管理部门根据用户的要求及库存情况,通过电子商务中心向供应商发出采购订单,供应商收到采购订单以后,通过网络加以确认,物流管理部门再确认是否订货。如果订货,确认订货的种类及数量,业务管理部和供应商分别通过 Internet 向仓储中心发出发货的信息,仓储中心根据货物的情况安排合适的仓库,同时供应商将发货单通过 Internet 向业务管理部发送,货物通过各种运输手段送至仓储中心。具体作业流程如图 7-17 所示。

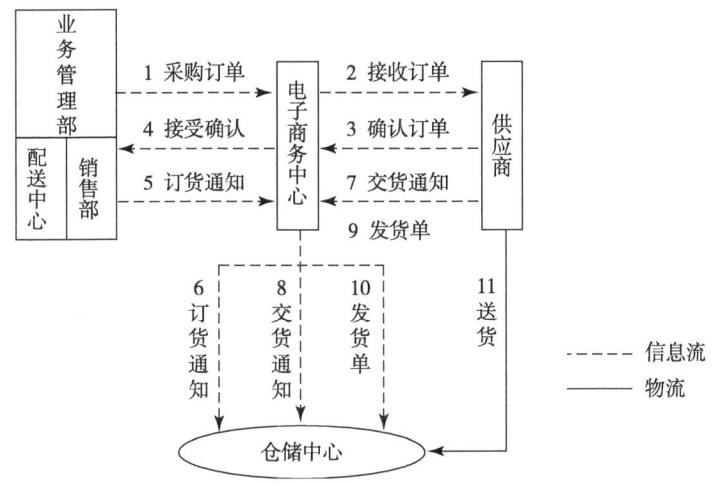

图 7-17 电子商务条件下的采购作业流程

7.3 互联网技术

互联网(Internet)是目前世界上最大的信息网络。自 20 世纪 80 年代以来,它的应用已从军事、科研与学术领域进入商业、传播和娱乐等领域,于 90 年代成为发展最快的传播媒介。互联网是在计算机网络的基础上建立和发展起来的,是一个用相同语言传播信息的全球性计算机网络。

7.3.1 互联网

(1) 定义及特征

互联网,是由一些使用公用语言互相通信的计算机连接而成的全球网络,即广域网、局域网及单机按照一定的通信协议组成的国际计算机网络。

互联网是由许多不同国家、部门和机构的网络互连起来,任何运行互联网协议

（TCP/IP 协议）、接入互联网的网络都成为互联网的一部分，其用户可以共享互联网的资源，其主要特征有：

① 灵活多样的入网方式。TCP/IP 协议成功解决了不同操作系统、硬件平台、网络产品的兼容问题，成为计算机通信方面的国际标准。计算机只要采用 TCP/IP 协议与 Internet 上任何一个节点相连，就可成为 Internet 的一部分。

② 网络信息服务的灵活性。Internet 采用分布式网络中的客户机/服务器模式，用户通过客户程序发出请求，就可与装有相应服务程序的主机进行通信，提高了服务的灵活性。

③ 集成了多种信息技术。融合了多媒体技术、网络技术以及超文本技术，为物流、贸易等经济活动提供了新的技术手段。

（2）互联网协议与标准

TCP/IP 是 Internet 协议族，包括上百个各种功能的协议。单独的 TCP 协议和 IP 协议是保证数据完整传输的两个基本的重要协议。其协议的基本传输单位是数据包，TCP 协议负责把数据分成若干数据包，并给每个数据包加上相应的编号包头，保证在数据接收端能将数据还原。IP 协议在每个包头上加上接收端主机地址，这样数据找到需要被发送的地方。如果传输过程中出现数据丢失、失真等情况，TCP 协议会自动要求数据重新传输，并重新组包。TCP/IP 协议的四层结构：应用层、传输层、网络层、接口层。数据在传输时每通过一层就要在数据上加个包头，数据供接收端同一层协议使用，而在接收端，每经过一层要把用过的包头去掉，保证传输数据的格式完全一致。

7.3.2 互联网在物流上的应用

① 物流企业网络化。

由于涉及电子商务的企业客户区域的分散性，导致了物流过程复杂、物流时间延长以及物流成本增加。因此，物流企业可根据目标客户的特点和企业经营方式，建立覆盖业务区域的多个物流中心，并结成网络。发挥互联网的作用，合理定位物流中心的运营模式，降低物流成本，提高企业利润率。

② 物流功能多样化。

随着市场经济的发展和市场分工的进一步细化，电子商务企业已摒弃传统的"大而全，小而全"观念，将有限的资源投入到建立核心竞争力上，而把一些非关键性的物流业务纷纷外包给第三方物流公司。借助互联网，物流公司不仅能提供运输、仓储、送货等传统物流业务，并能够协助企业客户完成售后服务，例如提供跟踪产品订单、市场调查预测、提供销售统计、辅助完成采购业务等多方面的服务。

③ 物流手段电子化。

在互联网环境下，市场竞争的优势已体现为企业能否提供有效、快速的服务，效率成为物流企业最重要的竞争力。物流企业通过广泛采用例如电子计算机、通信设备、条码自动识别系统、货物自动存取系统、货物自动跟踪系统等现代化电子设备，能有效提升物流效率。

④ 物流系统信息化。

电子商务服务的及时性，必然要求物流企业建立良好的信息处理和传输系统，通过互联网技术构建电子计算机信息平台，从而实现物流信息化。

7.4 物联网技术

物联网的概念是在 1999 年提出，是在计算机互联网的基础上，利用 RFID、无线数据通信等技术，构造一个覆盖世界上万事万物的"Internet of Things"，其本质就是"物物相连的互联网"。物联网包含两层意思：第一，物联网的核心和基础仍然是互联网，是在互联网基础上的延伸和扩展的网络；第二，其用户端延伸和扩展到了任何物品与物品之间，进行信息交换和通信。

7.4.1 物联网

（1）定义及特征

物联网是通过射频识别技术（RFID）、红外感应器、全球定位系统、激光扫描器等信息传感设备，按约定的协议，把任何物品与互联网连接起来，进行信息交换和通信，以实现智能化识别、定位、跟踪、监控和管理的一种网络。

物联网的核心从通信对象和过程来看是物与物以及人与物之间的信息交互。物联网基本特征可概括为以下 3 个：

① 全面感知。利用 RFID、传感器、二维码等感知、捕获、测量技术随时随地对物体进行信息的获取。

② 可靠传递。通过各种通信网络与互联网的融合，将物体的信息实时准确地传递出去。

③ 智能处理。利用云计算、模糊识别人工智能等各种智能计算技术，对海量的数据和信息进行分析和处理，对物体实施智能化的控制。

（2）物联网关键技术

① 射频识别技术（RFID）。射频识别是一种非接触式的自动识别技术，它通过射频信号自动识别目标对象（电子标签）并获取标签数据，能够工作于各种严酷环境。RFID 技术可识别高速运动物体并可同时识别多个标签。RFID 技术与互联网、通信等技术相结合，可实现全球范围内物品追溯与信息共享。

② 无线传感网络（WSN）。无线传感网是集分布式信息采集、传输和处理技术于一体的网络信息系统，以其微型化、低成本、低功耗和灵活的组网铺设方式以及可感知移动目标等优点逐步受到重视。物联网正是通过遍布在各个角落和物体上的各种各样传感器以及由传感器组成的无线传感网络，来感知整个环境。目前，面向物联网的传感网，主要涉及以下几项技术：传感网组织结构及底层协议、智能化传感网节点技术、测试及网络化测控技术、传感网自身的检测与自身组织、传感网安全等。

（3）RFID 和 WSN 融合

RFID 和 WSN 各有优缺点。RFID 主要功能为识别，能够实现对目标的标识和管理，但是 RFID 系统读写距离有限、抗干扰性差、成本较高；WSN 侧重于组网，实现数据的传递，配置简单，成本低廉，但一般 WSN 并不具有节点标识功能。RFID 与 WSN 的结合存在很大的发展前景。

RFID 与 WSN 可以在两个不同的层面进行融合：物联网架构下 RFID 与 WSN 的融合和传感器网络架构下 RFID 与 WSN 的融合。

(4) 物联网的体系架构

物联网的应用技术仅依靠互联网是不够的，还需要一些辅助技术，如图 7-18 所示，主要包括以下 4 个层面的技术架构。

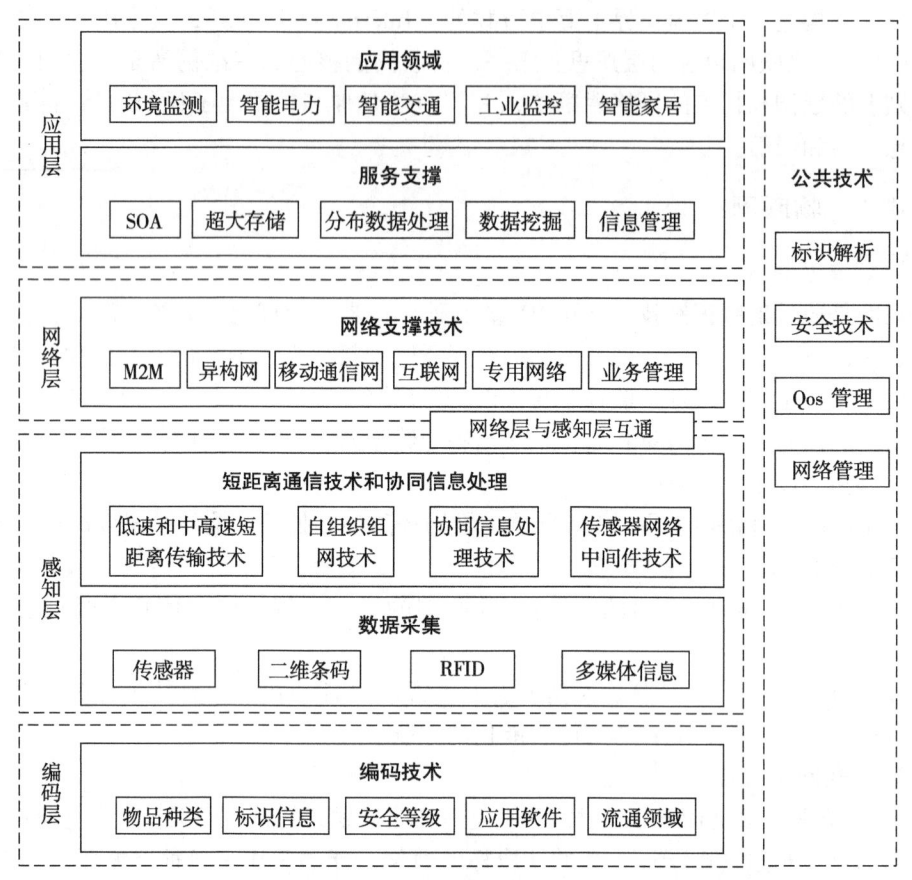

图 7-18　物联网的体系架构

① 编码层。编码是物品、地点、设备、属性等数字化名称。编码层是物联网的基础，是物联网信息交换的核心和关键。

② 感知层。主要是通过条码、射频识别、无线传感器等自动识别技术采集该物品的各种数据信息。其中数据采集执行和短距离的无线通信是感知层的两个重要方面，可以使得多物品在工作范围内实现信息采集和互通。

③ 网络层。通过 Internet、WIFI 网以及无线通信网络等进行信息交换的通信网络，实现大范围信息沟通，将感知层得到的数据信息传到各个工作点，实现工作范围内的远距离通信。

④ 应用层。应用层是构建在物联网基础上的应用系统，包括物流、商业、贸易、农业、军事等。在感知层和网络层的工作完成之后，将所获得的所有关于物品的信息进行汇总，经过对信息的处理，应用于各具体行业。

7.4.2 物联网在包装上的应用

①产品安全。

包装的最基本要求是对被包装产品提供安全保护。"安全"不仅是指在流通过程中,而且也指从流通过程到消费者手中消费者是否能辨别出产品的真伪。

以我国食品行业为例,假冒产品屡见不鲜,这些现象表明从生产到销售的整个过程缺乏监督。加强监督,可以最大限度地减少潜在的安全隐患。物联网将在这方面发挥重要作用。比如猪肉安全问题,当猪肉进入到市场时,我们就将电子芯片置入其中,从最初的生产到批发、零售,都可进行有效的监督。我们将能够跟踪从初始生产到批发、零售的整个过程。这种做法已在江、浙、广东及其他地区开始使用。

②包装产品的信息传递。

包装除保护产品外,它还具有传递产品信息的作用。产品信息不局限于产品本身的性质如重量、形状、使用方法等,它还包括制造商的详细信息,帮助消费者识别产品的优劣。例如,在传感器芯片中记载了有关制造商和供应商信息,如生产日期,当把其植入产品的外包装后,产品一旦检测到问题,便可以追溯到它的源头。目前,在中国的一些省份,土壤肥料的数据通过物联网技术发送到农民手机上,使消费者可以通过短信来对农药产品的真伪进行查询。通过这种途径,不仅可以提高农业生产力,而且也为电信运营商提供了更多的业务。

③智能化包装过程控制。

现代包装的显著特点是智能化控制。通过在包装车间安装无线传感器和其他智能设备,就可以对包装的整个过程进行检测同时来获得主要参数。根据参数的变化,对其进行必要的调整,以此提高产品质量,确保产品品质。如液态奶的生产需要无细菌环境,智能化包装过程就可以根据传感器所提供的信号及时调整以达到所需的无菌生产环境。

第8章 绿色包装物流技术

工业化进程促进了社会文明及物质文明的空前发展，但同时也给人类带来了负面影响，如资源匮乏、能源短缺、环境恶化等问题，严重危及着生态环境和可持续发展。随着人们对包装、物流和环境的关系的不断的探索，提出了绿色包装和绿色物流理念。本章主要介绍绿色包装物流系统、绿色包装物流技术和绿色包装物流生命周期评价等内容。

8.1 绿色包装物流系统

绿色物流是将可持续发展思想融入物流战略规划和管理活动中，将生态环境与经济发展联结为一个互为因果的有机整体，强调物流系统效率、企业经济利益与生态环境利益的协调与平衡。

8.1.1 绿色包装物流

国家标准 GB 18354《物流术语》中定义，绿色物流是指在物流过程中抑制物流对环境造成危害的同时，实现对物流环境的净化，使物流资源得到充分利用。它是物流管理与环境科学的交叉领域，在研究社会物流和企业物流时，必须考虑环境保护和资源再生问题。

（1）内涵

绿色物流实际上是一个内涵丰富、外延广泛的概念，凡是以降低物流过程的生态环境影响为目的的一切手段、方法和过程都属于绿色物流的范畴。绿色物流（Environmental-friendly logistics）是指在物流过程中抑制物流对环境造成危害的同时，实现对物流环境的净化，使物流资源得到最充分利用。它包括物流作业环节和物流管理全过程的绿色化。从物流作业环节来看，包括绿色运输、绿色包装、绿色流通加工等。从物流管理过程来看，主要是从环境保护和节约资源的目标出发，改进物流体系，既要考虑正向物流环节的绿色化，又要考虑供应链上的逆向物流体系的绿色化。绿色物流的最终目标是可持续性发展，实现该目标的准则是经济利益、社会利益和环境利益的统一。一般的物流活动主要是为了实现物流企业的盈利、满足顾客需求、扩大市场占有率等，这些目标最终都是为了实现某一主体的经济利益。而绿色物流的目标除了上述经济利益目标之外，还追求节约资源、保护环境，该目标既具经济属性，又具有社会属性。

绿色物流与绿色制造、绿色消费共同构成一个节约资源、保护环境的绿色经济系统。绿色制造是指以节约资源和减少污染的方式制造绿色产品，是一种生产行为。绿色消费是以消费者为主体的消费行为，强调在消费过程中尽可能降低对环境的负面影响。绿色物流与绿色制造和绿色消费之间相互渗透、相互作用，绿色制造是实现绿色物流和绿色消费的前提；绿色物流是通过流通对生产的反作用来促进绿色制造，并通过绿色物流管理来满足和促进绿色消费；而绿色消费是绿色制造和绿色物流的外延和目的。

（2）特征

与传统的物流相比，绿色物流在理论基础、行为主体、活动范围及其目标4个方面都有自身的一些显著的特点：绿色物流的理论基础更广，包括可持续发展理论、生态经济学理论和生态伦理学理论；绿色物流的行为主体更多，它不仅包括专业的物流企业，还包括产品供应链上的制造企业和分销企业，同时还包括不同级别的政府和物流行政主管部门等；绿色物流的活动范围更宽，它不仅包括商品生产的绿色化，还包括物流作业环节和物流管理全过程的绿色化；绿色物流的最终目标是可持续性发展，实现该目标的准则不仅仅是经济利益，还包括社会利益和环境利益，并且是这些利益的统一。绿色物流在本质上是具有可持续发展和环境保护内涵的物流，其特征包括以下几个方面：

① 物流系统本身具有"绿色"概念。这主要是指物流系统本身具有可持续发展和环境保护的双重意义，具体表现在资源和能源消耗较低，对环境影响较小，是有环保意义的、低污染的、低排放的物流系统。

② 物流过程、物流环节及物流技术具有"绿色"概念。这主要是指物流过程中的各个环节具备上述绿色的特征。例如，绿色运输、绿色包装等，既能够有效实现对物流对象本身的保护，又能防止物流对象损失、浪费和对环境的污染。

③ 物流系统的功能和作用具有"绿色"概念。这主要是指物流系统的功能和作用在于解决"绿色"问题，有利于资源利用，有利于社会的可持续发展。例如，能使资源得到充分利用的物流系统、资源回收的物流系统、资源综合利用和再生利用的物流系统、防止资源污染环境及污染物处理的物流系统等。

（3）任务

绿色物流是一个多层次的概念，它既包括企业的绿色物流活动，又包括社会对绿色物流活动的管理、规范和控制，其具体功能和作用在于实现"绿色"理念，主要任务包括以下几个方面：

① 抑制和减少环境污染。例如，减少废气、废液、废渣排放，降低噪声等。

② 充分、有效、节约地利用资源。例如，降低工业生产能耗、减少包装材料消耗，对包装材料等资源进行梯级利用或回收利用，延长物流设施、设备的生命周期，提高物流作业效率。

③ 减少中间环节，使物流过程短程化、合理化。例如，合理规划物流路线，实现物流环节的有效衔接，缩短物流距离等。

④ 防止和降低货物损失。例如，采用合理的包装物流防护技术，防止产品的变质、发霉、受潮、锈蚀、包装破损等。

8.1.2 包装物流活动对环境的影响

对物流系统的环境影响分析，主要是对物流功能要素的环境影响进行分析。组成物流系统的各个功能要素对环境的影响种类、程度各不相同。例如，运输对环境的影响主要表现在燃烧汽油或柴油而排出的污染性气体，以及发动机产生的噪声；包装对环境的影响主要表现在采用非降解型包装材料造成的废弃物污染。运输、包装对环境的影响较为严重，其次是装卸、搬运和储存，而流通加工、信息处理则较为轻微。

（1）运输对环境的影响

运输是物流系统中最主要、最基本的功能要素之一，在此过程中造成的污染，主要包括运输工具在行驶中发出的噪声；运输工具排放的尾气；装载设备的清扫、清洗产生的废渣与废水；运输工具行驶中由路面或运输物产生的扬尘；运输有毒有害物质的沿途事故性泄漏。在这些污染中，运输工具的燃油消耗和燃油所产生的污染，是物流系统造成资源消耗和环境污染的主要原因。尾气、噪声、废渣、废水、扬尘为货物运输固有的污染种类，有毒有害物质的泄漏属于货物运输的事故性污染。另外，不合理的货运网点及配送中心布局，导致货物迂回运输，增加了车辆燃油消耗，加剧了废气污染和噪声污染。集中库存虽然能有效地降低企业的物流费用，但由于产生了较多的一次运输，从而增加了燃料消耗，也带来了空气污染和噪声等。另外，企业自营物流比例大，第三方物流比例小，造成了社会运输车辆过多，引起空载运输、对流运输、迂回运输等不合理现象。

（2）装卸搬运对环境的影响

装卸搬运是物流系统中使用最频繁的功能要素之一，在包装、运输、储存及流通加工等功能要素之间起着承上启下的衔接作用。它对环境的影响主要表现为装卸搬运工具在作业过程中产生噪声污染；若由燃料驱动，装卸搬运机械的运转将产生一定的尾气污染；搬运工具行驶中由路面或搬运物所产生的扬尘；装卸搬运不当，货物被损坏，造成资源浪费和废弃物；废弃物有可能对环境造成污染，如化学液体产品的破损泄漏会造成水体污染、土壤污染等。

（3）储存对环境的影响

储存在物流系统中具有中转、储备和管理等作用，其主要设施是仓库、货场。它对环境的影响表现为进行物流作业时发出的噪声；储存过程中因物流作业不当对周围环境造成空气、土壤、水体等污染，尤其在易燃、易爆、化学危险品的储存过程中，如果储存不当还可能造成爆炸或泄漏，产生破坏性的环境污染；储存养护时的一些化学方法，如喷洒杀虫剂，会对周围生态环境造成污染。

（4）包装对环境的影响

包装材料产生的污染是包装的固有污染种类；包装作业产生的噪声、扬尘属于非固有污染。过度包装增加了货物重量和体积，增加了对运输能力、储存能力的需求，包装材料不仅消耗了大量的自然资源，包装废弃物还是城市垃圾的重要组成部分，处理这些废弃物要花费大量人力、物力和财力。有些包装废弃物不可降解，它们长期滞留在自然界中，会对自然环境造成严重影响。

（5）流通加工对环境的影响

流通加工是指为完善商品的使用价值和提高物流服务水平，对物流过程中的商品进行简单的再加工活动,是物品在生产地到使用地的过程中,根据需要施加包装、分割、计量、分拣、刷标志、拴标签、组装等简单作业的总称。它具有较强的生产性,是生产领域的活动在物流过程中的延续。各种流通加工活动都会对环境造成负面影响,具体的环境影响类型和程度由流通加工的方式直接决定,采用清洁生产(绿色生产)方式可以很好地解决流通加工过程中的环境影响问题。作为物流活动中唯一可以创造产品价值增值的活动,流通加工会对环境造成严重的影响,具体表现在:流通加工过程中,产生的大量边角余料难以集中有效再利用,造成对环境的污染;另外,流通加工的节点选择不当,本应选择靠近消费者,结果选择靠近生产者,从而增加了运输路线和运输量,产生新的污染。

8.1.3 绿色包装物流系统

为了使包装物流系统在社会经济大系统中可持续发展,需要降低包装物流系统的资源和能源消耗、减少环境污染、开发绿色包装物流系统。

(1)内涵

绿色包装物流系统是指在产品设计、包装设计、生产时节约资源和能源、减少废弃物,通过在产品设计和包装设计阶段充分考虑下游供应链的各个环节,最大限度地实现对物流环境的净化,使物流资源得到充分利用,而且使用后易于回收或自行分解回归大自然,对生态环境没有任何损害的包装物流系统。

绿色包装物流系统是从环境保护的角度对包装物流系统进行改进,将可持续发展战略、生态经济学及生态学理论融入包装物流系统,形成一个与环境共生型的包装物流系统。传统包装物流系统的主要目标是,以资源的最优配置理论为基础提高企业经济效益,而绿色包装物流系统的主要目标是以资源最优配置理论和可持续发展战略为基础,不仅要实现企业利益最大化,同时还要实现包装物流系统内各种活动与环境相融合。

(2)组成

绿色包装物流系统主要由绿色包装设计、绿色包装材料、绿色包装制造、绿色包装流通消费和绿色包装处理5个子系统组成,如图8-1所示。它是一项系统工程,需要采用系统分析的方法进行研究,即把绿色包装作为一个有机整体,用生命周期评价法全面分析影响环境性能的内外因素,从包装产品、包装材料的生命全过程,生产使用的各个环节即设计、生产、流通、消费、废弃、回收处理等寻找对策,使得绿色包装物流系统获

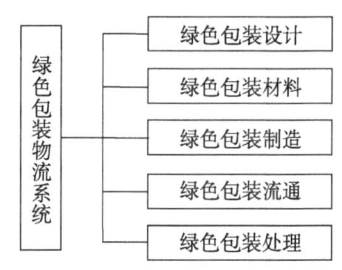

图8-1 绿色包装物流系统的组成

得最优的环境性能。另外,绿色包装物流系统的实施和管理还包括宏观范围的政策、法规、标准、理念的传播及公众教育,区域物流/城市物流的绿色规划与控制,企业物流的绿色化战略和策略以及物流各环节的绿色化。

(3)分类

绿色包装物流系统既包括企业内部的绿色包装物流,还包括社会对绿色包装物流系统的管理、规范和控制;既包括各个单项的绿色包装功能要素(如绿色运输、绿色包装、绿色储存、绿色消费等),还包括为实现资源再利用而进行的废弃物循环物流;还可分为微观绿色包装物流系统和宏观绿色包装物流系统。这里主要介绍微观、宏观绿色包装物流系统。

① 微观绿色包装物流系统。它从包装物流活动的开始就注意防止污染环境，以先进设备设施和科学管理为手段，在装卸、搬运、包装、运输、储存、流通加工、配送、信息处理等功能要素中实现节约能源、降低消耗以及减少环境污染。微观绿色包装物流系统的实现需要从组织和过程两个方面来保障，其系统结构如图 8-2 所示。绿色

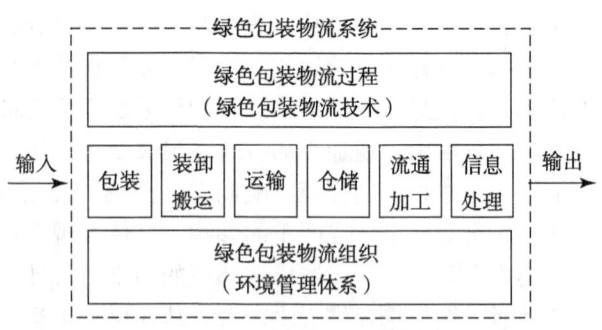

图 8-2 微观绿色包装物流系统结构图

包装物流组织的主要任务是建立全面的环境管理体系，保证系统中所有环境行为都应遵守特定的规范，减少物流系统对环境影响，追求良性循环。而绿色包装物流过程的主要任务是采用先进的绿色包装物流技术，如绿色包装、绿色运输等保证物流活动的环境排放和能源消耗不断降低，采用生命周期评价法从整体上对物流系统整体性能进行评估、监控与改善。

② 宏观绿色包装物流系统。在宏观层次上，绿色包装物流系统遵循可持续发展战略，真正体现了以有效的物质循环为基础的包装物流活动与环境、经济、社会的共同发展，使社会发展过程中的废弃物总量达到最少，并使废弃物实现资源化与无害化处理。一般物流系统通常在垃圾收集环节才进行废弃物的回收处理，而绿色包装物流系统则在每两个物流环节之间进行废弃物的回收处理，可以保证物流系统中的物质能得到最大程度的利用。宏观绿色

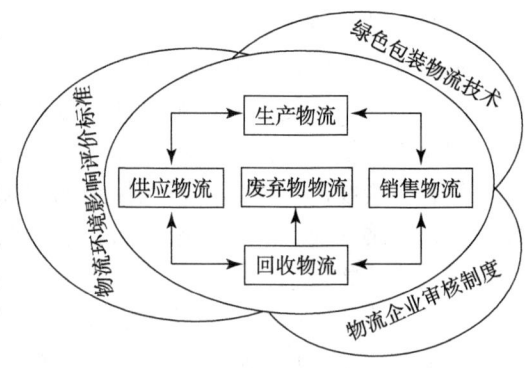

图 8-3 宏观绿色包装物流系统结构图

物流系统的结构如图 8-3 所示，根据物流的服务对象，由供应物流、生产物流、销售物流、回收物流及废弃物物流组成了一个位于系统中央的闭环系统。保障该闭环系统正常运转的外部条件包括绿色包装物流技术、物流环境影响评价标准和物流企业审核制度等。

8.2 绿色包装物流技术

绿色理念强调人类与环境保护、资源再生之间的协调发展，将绿色理念融入包装技术，就出现了绿色包装。绿色包装就是符合环保要求的包装，它要求商品包装有利于环境保护和资源再生利用，能够循环复用、再生利用或降解腐化，并在产品整个生命周期中对人体及环境不造成公害。许多国家把绿色包装概括为按"4R1D"原则设计的包装，即满足 Reduce（减量化）、Reuse（能重复使用）、Recycle（能回收再用）、Recover（获得新价值）、Degradable（能降解腐化）等原则的包装。

8.2.1 绿色包装设计

随着经济的发展和人们消费水平的提高，包装业已经形成了一个完整的工业体系。据

有关资料报导,全球包装行业的工业总产值已达 6000 亿~7000 亿美元,占全球 GDP 的 2% 左右。包装业已排在世界前十大行业之列,因此,产品的包装已经成为人们生活和世界贸易往来不可缺少的一个重要部分。但是,伴随着各类包装工业的迅猛发展,大量产生的包装废弃物,及包装材料和包装生产过程的污染,也变得越来越突出。因此,要求改变当前现状的绿色包装及其设计也就应运而生。绿色包装正在从发达国家向全球范围内迅速扩展,绿色包装设计已经形成一门专业学科被社会各界广泛关注。

在产品包装设计阶段,要充分考虑产品包装对生态和环境的影响,使设计结果在整个生命周期内资源浪费、能量消耗和环境污染最小化。

(1) 设计依据

由于绿色包装设计要在设计阶段集中考虑包装生命周期内各个阶段对环境的影响,因此必须采用并行工程技术,综合考虑产品特性、市场信息、概念设计、生产工艺、运输销售、废弃物回收再用等因素。产品特性直接影响到绿色包装的整体设计,有关产品的这些属性和参数主要包括以下几个方面内容:

①产品特征参数。如产品的脆值、重量、形状、结构尺寸等。

②产品包装特性。如是否需要耐寒、耐高温、耐腐蚀、耐压、缓冲、防振、防潮、防水、防晒、防盗、防虫害等,这些特性与产品自身的物理性质、化学性质、力学性质等有关,也与产品仓储、运输、使用的环境密切相关。

③产品运输方式。如采用单一的公路(汽车)、铁路(火车)、航空(飞机)、航运(船舶)运输方式,或联运方式。

④装卸搬运方式。如采用人工、吊车、叉车或传送带作业。

(2) 设计流程

传统包装设计采用串行工程技术进行设计,主要考虑包装的基本属性,即保护功能、方便储运、促进销售等,而忽略了包装的环境属性,即包装生命周期各个阶段的环境影响。在绿色包装设计中,从包装的整个生命周期出发,采用并行工程技术进行设计,考虑生命周期各个阶段对环境的影响,特别是在产品生命周期终止后,还必须考虑包装废弃物的回收、再生和再利用。

绿色包装设计的流程图如图 8-4 所示,它包括包装设计、包装容器制造、包装使用、废弃物处理 4 个主要阶段。产品的包装被废弃回收以后,通常有 4 种处理方法,包括重复利用、再生利用、填埋和焚烧,其中优先考虑包装废弃物的回收再利用,以便实现多次重复利用资源;当包装废弃物无法重复循环利用时,只能考虑回收再生利用;当包装废弃物不能循环利用,又不能作为二次材料使用时,需要视具体情况处理,可以通过焚烧回收热能,也可以通过填埋方式来处理。

(3) 设计内容和步骤

绿色包装设计需要全面考虑在整个生命周期内产品、包装与环境的相互影响,其主要绿色因素包括产品特性、环境保护、工作条件、资源优化、产品成本等,如图 8-5 所示。产品成本包括设计成本、制造成本、销售成本,以及使用、废弃与回收过程中用户和社会承担的成本等。绿色包装设计的内容包括包装材料选择、包装容器设计、防护包装设计、包装废弃物回收处理方法以及包装成本核算等。具体的设计内容和步骤如图 8-6 所示。

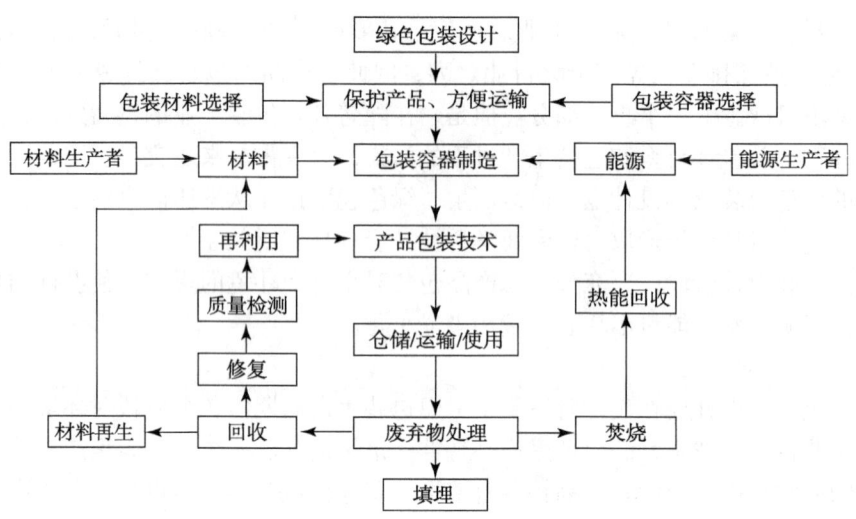

图 8-4 绿色包装设计流程图

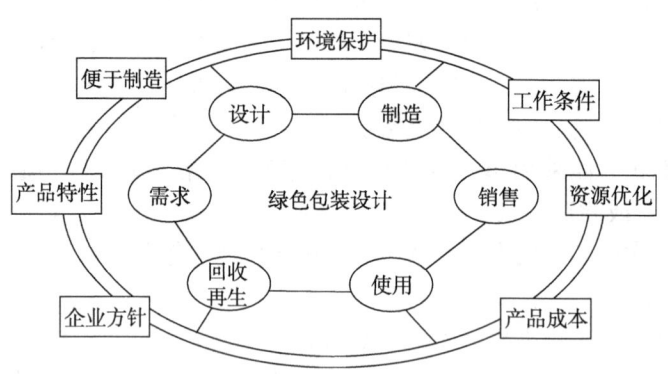

图 8-5 绿色包装设计生命周期图

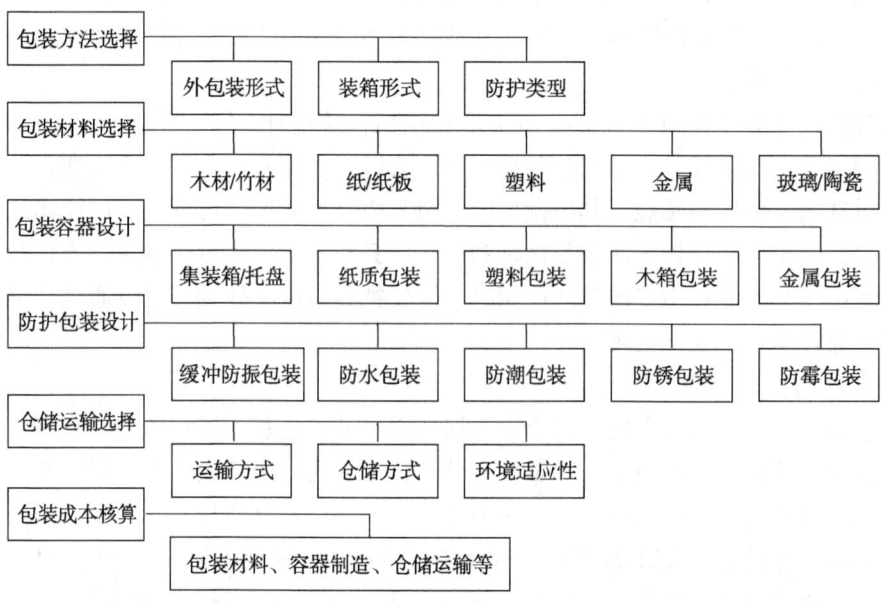

图 8-6 绿色包装设计内容与步骤

8.2.2 绿色包装材料

有关环境保护、绿色包装的法令法规明确提出，禁用或限制使用聚苯乙烯泡沫塑料等易造成白色污染、不利于环境保护的包装材料，同时要求包装废弃物能够回收再利用。采用绿色包装材料，不仅能提高社会经济效益，还能创造绿色的物流环境，保护人类赖以生存的地球。

（1）包装材料对环境的影响

① 包装材料生产过程造成环境污染。在包装材料生产过程中，绝大部分原料经过加工形成包装材料，而其余部分原料变成污染物排到周围环境之中，如废气、废水、废渣、有害物质以及不能回收利用的固体材料，对周围环境造成了危害。

② 包装材料本身的非绿色性造成环境污染。包装原/辅材料因自身化学性能变化会导致对产品或环境的污染。例如，聚氯乙烯（PVC）热稳定性较差，在一定的温度下会分解析出氢气和氯气（有毒物质），对产品产生污染，许多国家禁用聚氯乙烯作为食品包装材料。聚氯乙烯在燃烧时又产生氯化氢，导致产生酸雨。

③ 包装材料的废弃造成环境污染。包装材料及其容器在完成其使用价值后成为包装废弃物，若这些包装废弃物处理方法不合适，会对周边环境造成固体废弃物污染和"白色污染"。

（2）绿色包装材料设计方法

绿色包装材料的生态设计是将传统的包装材料设计方法和生命周期评价（LCA：Life Cycle Assessment）法相结合，从环境协调性的角度对包装材料设计提出指标和建议，即以环境保护为指导思想，以生命周期评价法为手段，综合系统工程和并行工程设计方法来设计绿色包装材料。有关生命周期评价法的内容参见第 8.3 节。包装材料的生态设计包括现有包装材料的生态化再设计，以及新型绿色包装材料的生态设计。绿色包装材料的生态设计过程如图 8-7 所示。

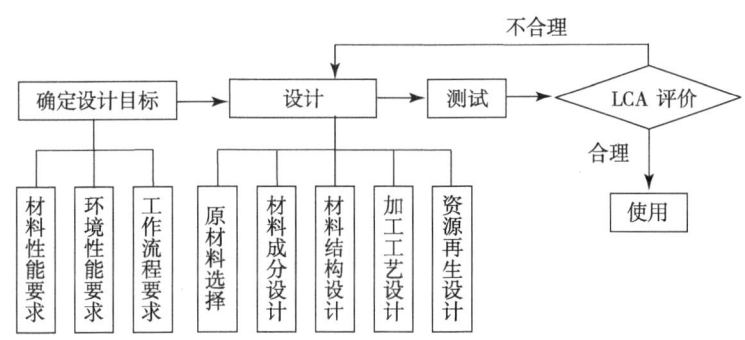

图 8-7 绿色包装材料的生态设计流程

（3）常用的绿色包装材料

按照环境保护要求及材料使用后的处理方法，绿色包装材料大致可分为三大类。

① 可回收处理再利用材料。如纸张、纸板、纸浆模塑制品、植物秸秆包装材料、金属、玻璃、可降解的高分子材料等。

② 可自然风化分解回归自然的材料。如纸制品（纸张、纸板、纸浆模塑）、可降解

（光降解、生物降解、热氧降解、光—氧降解、水降解、光—生物降解等）材料，以及生物合成材料（如草、麦秆、木片、天然纤维填充材料，可食性材料，生物及仿生材料等）。

③ 可焚烧回收能量不污染大气的材料。如部分不能回收处理再造的线型高分子、网状高分子材料，部分复合（如塑—金属、塑—塑、塑—纸）包装材料等。

8.2.3 包装废弃物处理技术

包装产品流通和使用完成之后，绝大多数包装将成为包装废弃物，需要对包装废弃物进行回收处理再利用。如果不对这些包装废弃物进行回收、再利用和再循环，将成为对环境的主要污染源。根据欧洲和北美大多数国家的统计数据显示，城市固体废弃物中有30%来自被废弃的包装材料及其容器，美国每年的包装废弃物总量约有6000万吨，我国每年的包装废弃物总量在1500万吨以上。因此，回收处理包装废弃物是减少包装污染的重要途径之一，也是衡量包装材料及其容器是否绿色环保的重要指标之一。

包装废弃物的回收处理再利用是一个庞大的社会系统工程，主要处理技术有重复利用、循环再生、填埋、焚烧等，如图8-8所示。

（1）重复利用

重复利用是一种有效节约原料资源和能源、减少包装废弃物的再循环方法。世界上许多国家非常重视开发包装材料及其容器的重复利用技术，并通过押金回收制度，使啤酒、饮料、酱油、醋等玻璃瓶或聚酯瓶重复使用。例如，瑞典等国家开发了一种

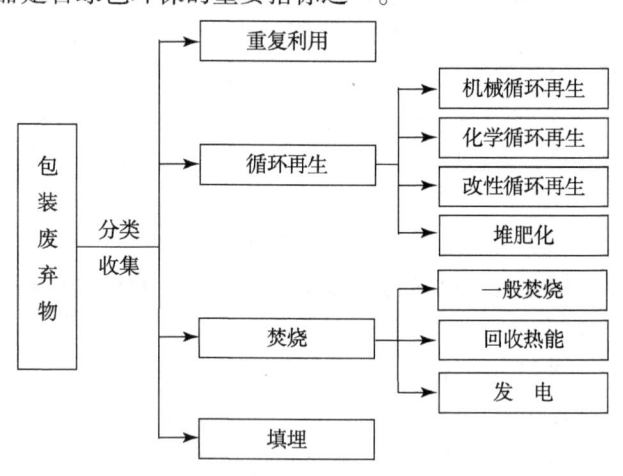

图8-8 包装废弃物的处理技术

灭菌洗涤技术，使聚酯（PET）饮料瓶和聚乙烯（PE）奶瓶的重复使用达到20次以上。荷兰Welman公司与美国Johnson公司对聚酯（PET）容器可以进行100%回收，回收的聚酯容器可直接用于饮料食品的包装。德国将聚碳酸酯（PC）瓶/罐回收后，经水洗和高温灭菌杀毒，可重复利用100次以上。日本对250L钢桶进行技术开发，经翻修、洗涤、烘干、喷漆后可多次重复使用。

（2）循环再生

循环再生是指对包装材料及其容器在生产和消费过程中已经失去原有使用价值而废弃的材料或其排放物（包括固体、液体和气体的排放物）加以回收、再生，实现再资源化的一种再循环方法。包装废弃物的循环再生方法主要有以下途径，如图8-9所示。

① 机械循环再生。例如，金属、玻璃、热塑性树脂等材料经过熔融后再成型。与重复使用方式相比，价格和能源消耗提高，而且由于杂物的混入，再生材料质量比新材料下降，所以分拣、分离技术是材料循环再生的关键。

② 化学循环再生。例如聚苯乙烯、聚丙烯酸酯等包装制品的热解，聚酯、尼龙等包装制品的水解回收单体等。但是，与机械循环再生方式相比，价格和能源消耗均提高。

③ 改性循环利用。例如，以废聚酯瓶制取低质量纤维，利用废玻璃、废橡胶铺设道

路等。

④ 堆肥化。这是一种最简单、经济省力的垃圾处理方法。但是，它需占用土地资源，浪费了大量可从废弃物中提取的有价值的原料和能源，故属于所有垃圾处理方法中的消极方式。

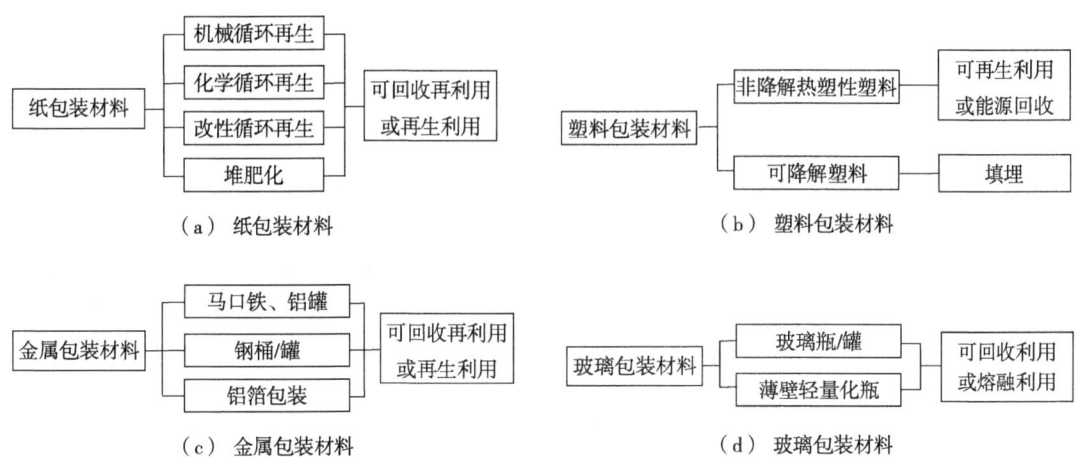

图 8-9　包装废弃物的循环再生技术

（3）焚烧

焚烧法是指将包装废弃物在焚烧炉中通过热解或焚烧，回收燃料油，转换成燃气、蒸汽或电能，一般用于数量大而又难以分离的混合废弃物处理，这是日本和欧洲国家处理城市固体废弃物的一种有效方法。在传统的焚烧处理中，有些塑料垃圾焚烧时会产生有害气体、焚烧灰烬中残存重金属及其他有害物质，对生态环境及人类健康造成危害。因此，需要对传统的焚烧法进行改进，一方面，对焚烧炉进行改造，设置排烟脱硫设备或电气吸尘机，使垃圾充分燃烧。另一方面，通过焚烧回收热能、电能等能源，提高经济效益。

（4）填埋

填埋法是指将包装废弃物填埋于土壤之中，这也是一种技术简单、经济省力的处理方法。但是，该方法占用了土地资源，不可降解的塑料又会成为长期埋存地下的垃圾，不仅污染了环境，还浪费了大量可从塑料废弃物中提取的、有价值的原料资源和能源。另外，普通填埋场的设施简陋，所填埋的垃圾因缺少氧化而自然退化缓慢，其渗出液可能污染地下水资源，逸出的甲烷气体可能污染空气和引起爆炸。因此，填埋法已经被美国、德国等国家摒弃。

8.3　绿色包装物流生命周期评价

随着全球环境问题日益严重和可持续发展战略的提出，人们的环境意识越来越强，开始关注各类产品对环境的影响，这也使得企业在产品开发与设计阶段考虑如何将生态环境问题与整个物流系统联结起来，从生命周期角度评价包装物流系统，以解决社会发展与生态系统之间的矛盾。

8.3.1 生命周期评价法

(1) 定义

国际化标准组织将生命周期评价法定义为，汇总和评估一个产品（或服务）体系在其整个生命周期内的所有投入及产出对环境造成的和潜在的影响的方法。绿色包装是指在产品包装的全生命周期内，既能经济地满足包装的功能要求，同时又对生态环境不产生污染，对人体健康不产生危害，能够回收和再利用，满足可持续发展要求的包装物质。在传统包装的主要功能之外，绿色包装特别强调了环境协调性，即"4R1D"原则。

生命周期评价（LCA：Life Cycle Assessment）法源于二十世纪六七十年代的"物质/能量流平衡方法"，是用来估算材料用量的方法，随后被扩展到整个生命过程，并提出了生命周期（Life Cycle）的概念。二十世纪九十年代初期以后，由于欧洲和北美环境毒物学与化学学会（SETAC：Society of Environmental Toxicology and Chemistry）、欧洲生命周期评价开发促进会的大力推动，LCA法在全球范围内得到较大规模的应用。国际标准化组织制定和颁布了关于 LCA 法的 ISO14000 系列标准。其他一些国家（美国、荷兰、丹麦、法国等）和有关国际机构，如联合国环境规划署（UNEP），也通过实施研究计划、举办培训班研究和推广 LCA 方法，亚洲的日本、韩国、印度等国家也都建立了 LCA 学会。同时，各种具有用户友好界面的 LCA 软件和数据库的出现，积极促进了 LCA 的全面应用。

(2) 技术框架

生命周期评价法的核心是，对一个产品、生产工艺（或服务）从原材料采集、制造、销售、使用、回收、废弃与处理等过程的整个生命周期所产生的资源和环境影响进行综合评价，并寻求改善的途径。LCA 法的评估对象是产品系统和服务系统，评估范围涵盖产品从获取原材料、生产、使用直至最终处理的生命周期全过程，需要考虑的环境影响类型包括资源利用、人体健康和生命后果，一般不涉及产品的经济或社会因素。LCA 法的技术框架包括 4 个部分，图 8-10 所示为欧洲和北美环境毒物学与化学学会所给出的生命周期评价法的技术框架。

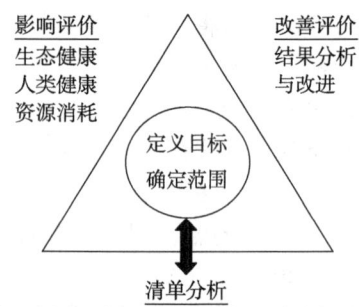

图 8-10　生命周期评价法技术框架

生命周期评价法可以用作比较性分析（比较两种或数种包装产品），也可用作一个产品的全过程分析来寻求全过程中每个环节的影响，以求优化过程，减少对环境的影响。通过生命周期评价，可为调整产业政策、技术政策，改进包装方法、包装技术提供理论依据与指导。目前各国所进行的生命周期评价，较多的还是比较性分析。

(3) 特征

与其他的评估方法以及行政和法律的环境管理手段相比，生命周期评价法具有两个显著特征。首先，它不是一种要求企业被动接受检查和监督的工具，而是鼓励企业发挥主动性，将环境因素结合到企业的决策过程和产品设计中。其次，它是建立在生命周期概念和环境编目数据的基础之上，可以系统、充分地阐述与产品相关的环境影响，进而寻找改善环境性能的最佳途径。另外，LCA 法也有其局限性，如数据繁杂、工作量大，较难说明影响产品的质量和成本的非环境因素,难以及时跟踪动态市场和技术。

企业实施 LCA 法具有重大意义,有助于企业更好地理解、控制、减少对环境的影响,在进行产品决策时提供辅助信息,在产品和技术设计时提供与环境有关的帮助,提供产品的环境说明和帮助实施环境标志计划,在企业与公共关系沟通的过程中树立企业形象和开拓产品市场。

8.3.2 包装物流生命周期评价

把生命周期评价法引入包装领域,并应用于包装产品、包装材料和包装技术,就形成了包装生命周期评价法。生命周期评价法在包装工业的应用最早始于对饮料包装容器生命周期的能源分析和饮料包装系统的设计,是评估包装产品对环境影响的重要工具。包装工业是生命周期评价法应用最早和取得成果最多的一个领域。

(1) 包装产品生命周期评价法

对包装产品的生命周期评价可追溯到 1969 年美国可口可乐公司对不同饮料容器的资源消耗和环境释放所做的特征分析。该公司在考虑是否以一次性塑料瓶代替可回收玻璃瓶时,比较了两种方案的环境友好情况,肯定了前者的优越性。20 世纪 70 年代初,美国曾采用类似于清单分析的"物料—过程—产品"模型,对玻璃瓶、聚乙烯瓶和聚氯乙烯瓶的包装废弃物进行了分析比较。美国国家环保局利用 LCA 方法对不同包装方案中所涉及的资源与环境影响进行了研究分析。随着生命周期评价法的不断发展,它已成为一种具有广泛应用的产品环境特征分析和决策支持工具。包装产品的生命周期如图 8-11 所示。

(2) 内容和步骤

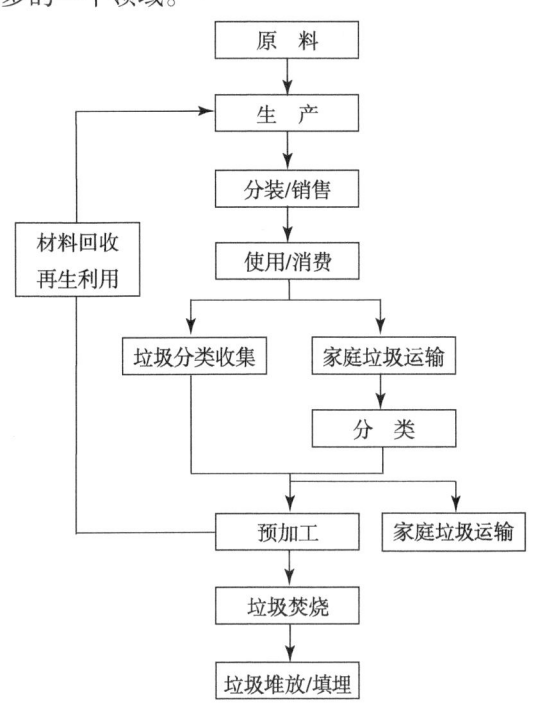

图 8-11 包装产品的生命周期

包装产品的生命周期评价一般包括确定目标和范围、列编项目、收集数据,以及分类评估对环境的影响 3 个步骤。

① 确定目标和范围。确定目标即确定研究的预期应用,如减少环境污染、节约资源和能源或两者兼有,它决定了研究的方向和深度。确定范围是确定包装产品生命周期的各个环节及其过程,它决定了研究的广度。同时,明确分析时限和地域,明确分析包装产品对功能的要求,这是研究的前提。不同时期的数据由于技术发展的影响会有很大变化,不同地域(地区性、全球性或某一国家)的环境因素也会有很大不同,某个地区的数据、结论可能会完全不同于另一地域,因此必须明确适用的时限和地域。根据分析的目的,明确对比对象的功能,这是可比性的基础。例如,用生命周期评价法比较分析两种塑料薄膜的环境性能时,若单位质量塑料薄膜 A 在其生命过程中对环境的影响和负荷远小于单位质量的塑料薄膜 B,则从一般包装要求来看,选用薄膜 A 应该是正确的选择。

② 列项编目、收集数据。为评估包装产品在整个生命过程中对环境所造成的影响，需要对包装产品在生命周期内的各个环节及其过程中的能源和原材料消耗，以及对环境（大地、空气、水）排放的废弃物等进行鉴定和量化分析。把一个包装产品视为一个通过其边界与环境交换能量和质量的系统，如图 8-12 所示。

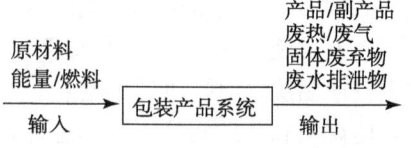

图 8-12　包装产品与环境能量和质量交换过程

在包装产品系统与环境的能量、质量交换过程中，需要定性和定量地列出进、出系统的原/辅助材料、产品、副产品，以及气、液、固态排放物等，并据此逐项收集数据，一般分 3 步进行。

第一步，按产品的生命周期中物流、能量的流向绘制流程图，如图 8-13 所示。在确定系统的边界条件时，往往把一些不影响最终结果的因素予以忽略。在确定每一个忽略因素和简化项目以及数据收集时，要充分注意到这种忽略和简化应不影响最终结果的可靠性。

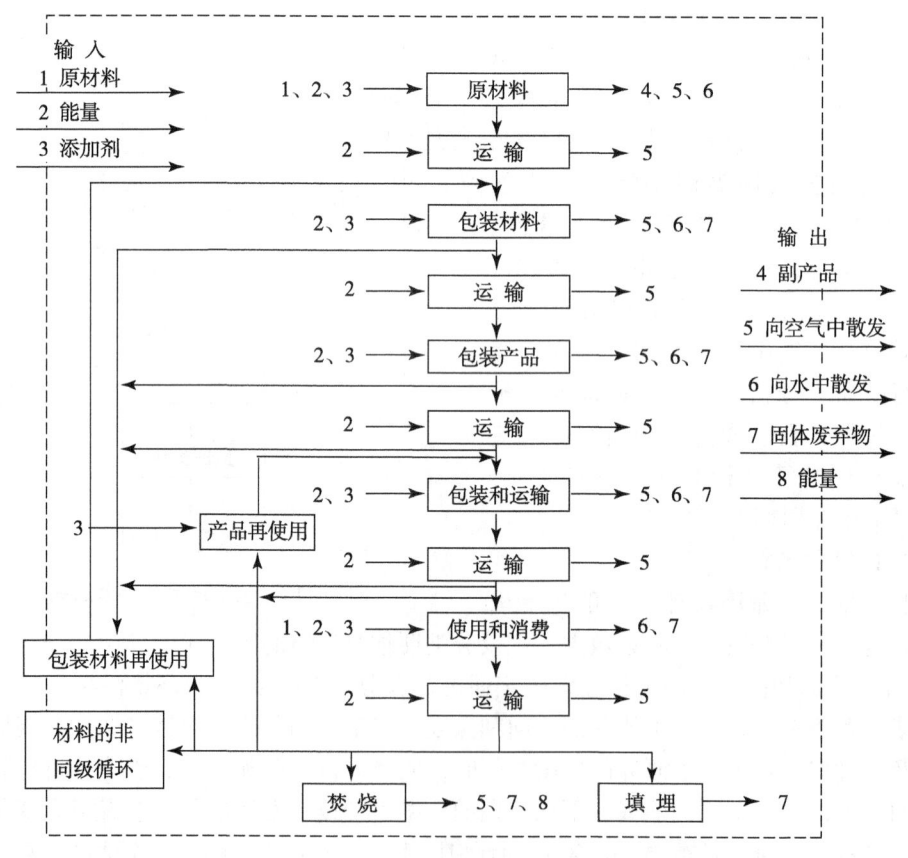

图 8-13　包装产品生命周期流程

第二步，收集数据。每一步、每一环节所收集的数据包括原材料的消耗、能耗，对空气排放物的质和量，液体排放物的质和量，固体废弃物的排放量，制成的产品和副产品。在收集数据时，应明确数据的来源、时间、地点和状态，还应保证数据的精确性和完整性。数据的来源一般为工业界的统计数字、行业协会的调查报告、实验室测试或模拟试验，国内外目前主要用生物耗氧量和化学耗氧量作为环保的指标，有的则依靠理论计算来获得。

第三步，把生产系统所产生的污染量按产品分配，得到单位质量（或体积）产品的污染量。如果一个系统生产出多种产品和副产品，则要明确哪些产品和副产品是可能进入市场成为商品，哪些属于没有商业价值的废料等。如果副产品也有商业价值，它也可以作为承担一部分污染排放量的产品之一。

③ 分类评估包装对环境的影响。根据数据清单，评估各种排出废弃物对环境的影响，尽量量化，为实施包装废弃物处理技术提供依据。评估过程按分类、定量、评价3个步骤进行。

第一步，分类。把经过量化分析的数据清单分门别类地列入各个环境影响种类，如对大地的污染、对空气的污染、对海洋的污染、对臭氧层的破坏等。

第二步，定量。主要以量化方式，按照对环境污染程度来确定影响的大小。它包括以下几项内容：

a. 环境影响效果的量化值。
b. 这种效果在多大范围内造成。
c. 在影响所及的范围内出现的频率有多大，间隔有多长。
d. 在影响所及的范围内持续时间有多长。
e. 单位质量排放物对环境造成的影响有多大。
f. 减少单位质量排放物所需成本等。

第三步，评价。按量化计算得到的结果，确定不同影响种类的相对重要性。目前还没有标准的分类评估方法，比较普遍使用的方法是"环境导向"法和"效果导向"法。"环境导向"法简单计算向空气的排放物和向水的排放物，把所有各种向空气或向水排放的废气、废液对环境造成的影响和效果都视为相同。显然，这种方法过于简单，现已逐渐被淘汰。目前一般都使用"效果导向"法，它将各种排出废物对环境的影响及造成的后果分为六大类：

a. 使自然资源的减少量，注意区分是再生资源或非再生资源。
b. 对人体的毒害程度。
c. 造成酸雨的影响。
d. 臭氧层的减少。
e. 温室效应。
f. 卫生填埋时所需要的空间。

（3）生命周期评价矩阵

由于目前研究产品整个生命周期评定环境影响的经验有限，因此要全面衡量产品的环境性能还很困难，对环境标志产品制定其产品标准（认证技术要求）多采用定性的生命周期评价方法或简式生命周期评价方法。定性生命周期评价采用二维矩阵分析法，定性分析产品生命周期中主要污染环境阶段及所产生的主要环境问题，再针对减少这些环境影响而制定环境标志产品标准。一般采用5×8的二维矩阵，如表8-1所示，其横轴方向表示不同的环境要素，纵轴方向为产品生命周期。依据每个矩阵元素对产品生命周期各阶段的主要环境影响，按照无污染或可忽视污染、中等污染、重污染 3 个不同的污染等级，由行业专家和环保专家进行评价，即得出评价结果。

表 8-1　生命周期评价矩阵

生命周期	环境要素							
	固体废弃物	大气污染	水污染	土壤污染	能源消耗	资源消耗	噪声	对生态系统的影响
原料获取								
产品生产								
销售（包装、运输）								
产品使用								
回收处理								

（4）应用实例

国际上许多知名企业集团的产品包装，如可口可乐包装、利乐包都是利用生命周期评价方法设计出的绿色包装系统。美国、日本、欧盟各成员国都对包装产品进行了生命周期研究，取得了许多成果，如表 8-2 所示。

表 8-2　各种饮料包装容器的 LCA 分析结果

能耗/mJ/瓶（罐） 容器种类	铝易拉罐/350mL	马口铁易拉罐/350mL	聚酯瓶/350mL	复合纸板盒/350mL	玻璃瓶/350mL
材料能耗	5701.42	3235.33	7553.83	2341.31	1101.55
制造能耗	274.63	332.36	1893.59	101.13	530.43
运输能耗	1321.45	1321.45	2851.59	432.48	1809.54
回收能耗	-1007.28	-139.18	22.56	-10.17	-416.87
洗瓶能耗	0	0	0	0	574.68
冷藏能耗	0	0	0	1321.89	0
其他能耗	102.76	102.76	701.21	479.78	1465.42
总能耗	6392.98	4352.72	13022.13	4576.42	5064.75
每升总能耗	18.27	13.86	8.618	4.576	8.001

第9章 包装物流成本管理及优化决策

包装物流系统作为一个大系统，由运输、储存、包装、装卸搬运、流通加工和物流信息等环节组成。物流系统的总目标是实现宏观和微观的经济效益，但是，系统功能要素之间存在"效益背反"现象，子系统的效益最佳并不代表系统的整体效益最佳。包装物流成本管理的目的就在于通过物流管理寻求包装物流服务与物流成本之间、各功能要素之间的最佳平衡点。本章主要介绍包装物流成本影响因素，包装物流成本管理、控制与计算程序，包装物流优化决策等内容。

9.1 包装物流成本影响因素

物流成本已成为企业应对市场竞争和维护客户关系的重要战略决策资源，它能够直观体现物流的经济效益。从物流成本角度分析包装物流系统，对改善企业物流具有重要的经济意义。

9.1.1 包装物流成本

降低物流成本被称为企业的"第三个利润源"。但是，在物流实践中，"物流冰山"现象非常严重，如何正确划分物流成本的范围、如何准确计算物流成本已成为企业实施包装物流成本控制的"瓶颈"。

（1）定义

包装物流成本的概念有广义与狭义之分。

① 狭义包装物流成本。它是指在物流过程中，企业为了提供有关的物流服务，所要占用和耗费一定的活劳动和物化劳动中必要劳动价值的货币表现。狭义包装物流成本是物流服务价值的重要组成部分。物流活动是创造时间价值、空间价值、加工附加价值的过程，要保证生产和物流活动有秩序、高效率、低消耗运行，需要耗费一定的人力和物力，投入一定的劳动。与其他劳动相比，一方面，物流劳动也创造价值，狭义包装物流成本在一定程度上和社会需要的限度内会增加商品价值，扩大生产耗费数量，成为生产一定种类及数量产品的社会必要劳动时间的一项内容，其总额必须在产品销售收入中得到补偿。另一方面，物流劳动又不完全等同于其他生产劳动，它并不增加产品使用价值总量，相反，

产品总量往往在物流过程中因损坏、丢失而减少。同时，为进行物流活动，还要投入大量的人力、物力和财力。

② 广义包装物流成本。它包括狭义包装物流成本与客户服务成本。物流活动是企业追求客户满意、提高客户服务水平的关键因素和重要保障。客户服务是连接和统一所有物流管理活动的重要方面，而且物流系统的每一组成部分都会影响顾客是否在适当的时间、适当的地点，以适当的条件收到适当的货物。但是，在物流实践中，经常有一些企业因为物流服务水平低，造成客户不满意，而失去现有客户与潜在客户。这种情况所带来的损失，就是客户服务成本。除了特别说明，本章中的包装物流成本都是指狭义包装物流成本。

（2）构成

狭义包装物流成本涵盖了生产、流通、消费、回收等物流过程中，随着物质实体与价值的变化而发生的全部费用。它包括从生产企业内部原材料的采购、供应开始，经过生产制造中半成品、产成品的仓储、搬运、装卸、包装、运输，以及在流通领域发生的验收、分类、仓储、保管、配送、废弃物回收等所有环节中产生的成本。

包装物流成本的构成主要包括以下几个部分：

① 物流活动中的物资消耗，主要包括能源、燃料、包装耗材、固定资产的损耗等。
② 物品在物流活动中发生的合理耗损。
③ 企业开展物流活动的人力成本，包括职工工资、奖金、津贴及福利费用等。
④ 物流活动中发生的其他费用，包括与物流活动有关的办公、差旅支出。
⑤ 保证物流系统运作顺畅的资金成本，包括利息、手续费等。
⑥ 研究设计、重建与优化物流过程的费用。

作为生产企业，包装物流成本涉及原材料、零部件的供应，加工组装产品，然后向市场销售等环节。作为批发企业，包装物流成本涉及向供货方供货、保管、根据订单发货等环节，特别是当出现退货的状况时，还包括商品的处理活动。作为零售企业，包装物流成本涉及向供货方订货，进货检查，再根据顾客的要求，进行个体配送服务等环节。

在企业的各类财务表中，物流费用主要包括销售费用、一般管理费用和制造成本明细表中的保管费、运输费等"对外支付的物流费用"。但是，这些费用并没有涵盖包装物流成本的全部费用。在企业物流活动中，除了前面所说的直接支付的物流成本外，还有因为使用本企业资源（人员、设施）的物流活动而产生的"企业物流费用"，这表现为人员费用、车辆费用、折旧补偿费用等。另外，还包括满足供应要求而产生的费用，销售成本或制造成本以及库存资金利息等运营之外的费用。

（3）特征

包装物流成本以物流活动的整体为研究对象，是唯一基础性的、可以共同使用的基本数据。因此，它是进行物流管理、物流合理化的基础。包装物流成本的特征主要体现在以下几个方面：

① 包装物流成本的冰山理论。物流成本和其他成本比较，最突出的一点就是"物流冰山"现象。当人们总结财务报表时，只注意到企业公布的财务统计数据中的物流费用，而这只能反映物流成本的一部分，有相当数量的物流费用是不可见的。事实上，物流部门对这部分费用也是无法确切掌握的，如保管费中过量进货、过量生产、销售残次品的在库

维持以及紧急运送等产生的费用,这增加了包装物流成本管理的难度。

② 包装物流成本的特殊体系。目前,包装物流成本问题还没有被提到企业会计制度的高度,因而还不可能纳入企业常规管理的范畴之内。因此,物流成本管理还是一种管理的理念,而没有转化成管理行为。在企业财务决算表中,物流成本核算的内容通常是企业对外部运输业者所支付的运输费用,或向仓库支付的商品保管费用等传统的物流成本,而对于企业内与物流中心相关的人员费用、设备折旧费用、固定资产税等各种费用,则与企业其他经营费用统一计算。因而,从现代物流管理角度,企业难以正确把握实际的包装物流成本。

③ 包装物流成本的乘数效应。例如,若销售额为100万元,物流成本为10万元,则物流成本削减1万元不仅直接产生了1万元的利益,而且因为物流成本占销售额的10%,所以间接增加了10万元的利益,这就是物流成本削减的乘数效应。

④ 包装物流成本的效益背反性。在企业内部,包装物流成本的发生领域往往分属不同部门管理,这种部门分割使得部分物流活动无法进行协调和优化,容易造成此长彼消的现象。

⑤ 包装物流成本计算方法、范围的不一致性。对包装物流成本的计算与控制,各个企业通常是分散进行的,即各个企业根据自己不同的理解和认识来把握包装物流成本,企业之间无法对包装物流成本进行比较分析,也无法得出平均包装物流成本值。例如,不同企业的物流外包业务程度是不一致的,由于缺乏相互比较的基础,无法真正衡量各个企业相对的物流绩效。

综上所述,要实施现代化的包装物流成本管理,必须全面、正确地把握企业内外所发生的全部物流成本,即降低包装物流成本必须以企业的全部物流成本为对象。

(4) 分类

企业在进行包装物流成本管理时,通常只考虑狭义包装物流成本,而对客户服务成本关注甚少。因此,目前企业对包装物流成本的管理主要是针对狭义包装物流成本。这里主要从物流范围、经济内容、功能用途等方面介绍包装物流成本的分类。

① 按物流范围分类。这种分类方法强调物流的先后顺序,便于分析各个物流阶段中物流费用的情况,在专业的物流部门、综合物流部门以及各种形式的企业物流中都具有较强的实用性。

a. 供应物流费。包括原材料(包括能源、燃料、产品原料、包装材料等)的采购过程中所需要的费用。

b. 生产物流费。这部分费用因包含在制造成本中,很难单独计算。

c. 企业内物流费。包括从产品运输、包装开始到最终确定向顾客销售这一物流过程中所需的费用。

d. 销售物流费。它是指从确定向顾客销售到向顾客交货这一物流过程所需要的费用。

e. 退货物流费。它是指随着售出产品的退货而发生的物流活动过程中所需要的费用。

f. 废弃物流费。它是指由于产品、包装材料及其容器的废弃而发生的物流活动过程中所需要的费用。

② 按经济内容分类。企业的生产经营过程也是物化劳动(劳动对象和劳动手段)和活劳动的耗费过程,因而生产经营过程中发生的成本按经济内容分类,可划分为以下几个

部分：

　　a. 固定资产折旧费。包括使用中的固定资产折旧费、固定资产修理费用。

　　b. 材料费。包括一切材料、包装材料及其容器、修理用备件和低值易耗品等。

　　c. 燃料动力费。包括各种固体、液体、气体燃料费，水费，电费等。

　　d. 工资。包括职工工资以及企业根据规定按工资总额的一定比例计所提的职工福利费、职工教育经费、工会经费等。

　　e. 利息支出。它是指应计入企业财务费用的借入款项的利息支出减去利息收入后的净额。

　　f. 税金。包括应计入企业管理费用的各种税金，如房产税、车船使用税、土地使用税等。

　　g. 其他支出。它是指除了上述各项之外的其他费用支出，如差旅费、租赁费、外部加工费及保护费等。

　　按经济内容分类的作用有两个方面：一是可以反映企业一定时期内在生产经营中发生了哪些费用，数额各是多少，以此来分析企业各个时期各种费用的构成和水平，还可以反映物质消耗和非物质消耗的结构和水平，有助于统计工业净产值和国民收入。二是这种分类反映了企业生产经营中材料、燃料动力、职工工资的实际支出，因而可以为企业核定储备资金定额、考核储备资金的周转速度以及编制材料采购资金计划和劳动工资计划提供资料。但是，这种分类不能说明各项成本的用途，因而不便于分析各种成本的支出是否节约、合理。

　　③ 按功能用途分类。这种分类方法反映了企业不同物流功能的费用支出，有利于成本的计划、控制和考核，便于对费用实行分部门管理和监督。按功能用途分类，狭义包装物流成本可划分为以下几个部分：

　　a. 运输成本。主要包括人工费用，如工资、福利费、奖金、津贴和补贴等；营运费用，如营运车辆的燃料费、轮胎费、折旧费、维修费、租赁费、车辆牌照检查费、车辆清理费、养路费、过路过桥费、保险费、公路运输管理费等；其他费用，如差旅费、事故损失、相关税金等。

　　b. 流通加工成本。主要包括流通加工设备费、流通加工材料费、流通加工劳务费、流通加工的其他费用（如电费、燃油费等）。

　　c. 配送成本。它是指企业在进行分货、拣选、配货、送货等配送作业中所发生的各项费用的总和，其成本由配送运输费用、分拣费用、配装费用等构成。

　　d. 包装成本。一般包括包装材料费用、包装机械费用、包装技术费用、包装辅助费用、包装人工费等。

　　e. 装卸与搬运成本。主要包括人工费用、固定资产折旧费、维修费用、能源消耗费用、材料费用、装卸搬运合理损耗费用以及其他费用（如办公费、差旅费、保险费、相关税金等）。

　　f. 仓储成本。主要包括仓储持有成本、订货或生产准备成本、缺货成本和在途库存持有成本等。

　　需要指出的是，狭义包装物流成本的分类方法在一定程度上满足了企业统计计算物流成本的需要。但是，客户服务成本是企业在进行物流成本管理时必须考虑的成本要素。广义包装物流成本的分类是以客户服务目标为前提，将物流看成一个完整的系统，一般可以分为客户服务成本、运输成本、仓储成本、订单处理成本、信息系统成本、批量成本、库存持有成本和包装成本。这种分类方法从各种物流活动和成本的关系出发，分析成本产生的原因，将总成本最小化，实现有效的物流管理和真正的成本节约。

9.1.2 影响因素

影响企业包装物流成本的因素很多，主要包括行业竞争因素、产品因素、环境因素、管理因素等。

（1）行业竞争因素

企业之间的竞争除了产品的价格、性能、质量以外，优质客户服务也是一种重要的因素。高效率的物流系统是提高客户服务的重要途径。如果企业能够及时可靠地提供产品和服务，则可以有效地提高客户服务水平，这些都依赖于物流系统的合理化以及企业对客户服务所投入的物流成本。因此，物流成本在很大程度上是由于日趋激烈的竞争而不断发生变化的，企业必须对竞争做出反应。影响客户服务水平的主要方面有以下几个因素：

① 订货周期。企业物流系统的高效率有利于缩短订货周期，降低客户的库存和库存成本，提高企业的客户服务水平和企业的竞争力。

② 库存水平。存货成本提高，可以减少缺货成本，即缺货成本与存货成本成反比。库存水平过低，会导致缺货成本增加；但库存水平过高，虽然会降低缺货成本，但是存货成本会显著增加。因此，合理的库存量应保持在使库存总成本最小的水平。

③ 运输效率。企业采用快捷的运输方式，虽然会增加运输成本，却可以缩短运输时间，降低库存成本，提高企业的快速反应能力。

（2）产品因素

产品特性不同，也会影响物流成本，主要体现在以下几个方面：

① 产品价值。产品价值的高低会直接影响物流成本的大小，随着产品价值的增加，每项物流活动的成本都会增加。以运费为例说明，运费在一定程度上反映货物发生物理性移动的风险，一般情况下，产品的价值越大，其所需使用的运输工具要求越高，包装成本、仓储和库存成本也随之增加。

② 产品密度。产品密度越大，相同运输单位所装的货物越多，运输成本就越低。同理，仓库利用率越高，仓储和库存成本就会降低。

③ 产品废品率。影响物流成本的一个重要方面还在于产品的质量，即产品废品率的高低。生产高质量的产品可以大幅度减少或避免因次品、废品等回收、退货而发生的各种包装物流成本。

④ 产品破损率。易损性货物对物流各个环节（如运输、包装、仓储等）都提出了更高的要求，对包装物流成本的影响较大。

⑤ 特殊搬运。有些货物对装卸搬运提出了特殊的要求。例如，对较长、较宽或较高的货物进行装卸搬运，需要专业的装载人员和工具。有些货物在搬运过程中需要加热、保鲜或制冷。这些都会增加包装物流成本。

（3）环境因素

环境因素包括空间因素、地理位置及交通状况等。空间因素主要指物流系统中企业制造中心或仓库相对于目标市场或供货点的位置关系等。若企业距离目标市场太远，交通状况较差，则必然会增加运输及包装等成本。若在目标市场建立或租用仓库，也会增加库存成本。因此，环境因素对包装物流成本的影响也较大。

(4) 管理因素

管理成本与生产、流通、储存等没有直接的数量依存关系，但是也直接影响着包装物流成本，如节约办公费、水电费、差旅费等管理成本也可以降低包装物流成本。另外，企业贷款必然要支付一定的利息，资金利用率的高低影响着利息支出情况，从而也影响着物流成本的高低。如果是企业自有资金，则存在机会成本问题。

9.2 包装物流成本管理与控制

包装物流成本管理不仅要考虑物流本身的效率，而且还应综合考虑提高服务水平、消减商品库存以及与其他企业相比取得竞争优势等各种因素，从产品流通的整个过程来考虑物流成本的效率化。

9.2.1 包装物流成本管理

包装物流成本管理是根据成本预测、成本结算和成本预算所提供的实际数据，对物流过程中所发生的各种成本支出以及降低成本的方法进行指导、监督、调节和干预，以保证目标成本和成本任务的实现。

(1) 主要内容

包装物流成本管理包括成本预测、成本决策、成本计划、成本控制、成本核算、成本分析等内容。

① 成本预测。现代成本管理着眼于未来，它要求做好事前的成本预测工作，制定出目标成本，然后根据该目标成本对成本加以控制，促进目标成本的实现。因此，包装物流成本预测是企业物流成本管理工作的首要环节，也是正确进行物流成本决策和编制物流成本计划的前提条件，可以提高物流成本管理的科学性和预见性。

② 成本决策。进行包装物流成本决策、确定包装物流成本目标是编制物流成本计划的前提，也是实现物流成本的事前控制，提高经济效益的重要途径。

③ 成本计划。企业进行物流成本决策之后，就要根据企业的经营目标来编制企业的物流成本计划，从而推动企业加强成本管理责任制，增强企业的成本意识，挖掘降低成本的潜力，控制物流各个环节的费用，保证企业降低包装物流成本目标。

④ 成本控制。这是现代企业管理的一个重要方面，因为成本偏高会失去产品的市场竞争能力，也会削弱企业的竞争能力，导致企业盈利下降，甚至会威胁到企业的生存。通过包装物流成本控制，可以及时发现存在的问题，采取纠正措施，保证包装物流成本目标的实现。

⑤ 成本核算。通过包装物流成本核算，可以真实反映生产经营过程中的实际耗费，加强对各种物流活动费用的控制。

⑥ 成本分析。通过物流成本分析，可以提出积极的建议，采取有效的措施，合理控

制包装物流成本。

(2) 管理方法

企业包装物流成本管理是通过掌握物流成本现状，分析存在的主要问题，发现降低物流成本的环节，然后对各个物流相关部门进行比较和评价，依据物流成本计算结果，制定物流规划，从而强化总体物流管理。管理方法主要有横向管理法和纵向管理法。

① 横向管理法。它是对包装物流成本进行预测和编制计划的一种方法。物流成本预测是在编制物流计划之前进行的，是在对本年度包装物流成本进行分析，在充分挖掘降低包装物流成本潜力的基础上，寻求降低包装物流成本的有关技术经济措施，以保证包装物流成本计划的先进性和可靠性。按时间标准，包装物流成本计划可划分为短期计划（半年或一年）、中期计划和长期计划。

② 纵向管理法。它是对物流过程进行优化管理的一种方法。物流过程是一个创造时间价值、空间价值、加工附加价值的经济活动过程。为使物流过程能够提供最佳的价值效能，需要借助先进的管理方法对其进行优化。纵向管理法主要涉及以下几个包装物流问题：

a. 用线性规划、非线性规划等方法制订最优运输计划，实现货物运输优化。物流过程中遇到最多的是运输问题。例如，某产品现由若干个企业生产，需供应几个客户，如何使企业生产的产品运到客户所在地时总运费最小？假定这种产品在企业中的生产成本为已知，从某企业到消费地的单位运费、运输距离以及各个企业的生产能力和消费量都已确定，则可用线性规划来解决。如果企业的生产数量发生变化，生产费用函数是非线性的，就应使用非线性规划来解决。属于线性规划类型的运输问题，常用的方法有单纯型法和表上作业法。

b. 运用系统分析技术，选择最佳的装货积载方案和配送线路，实现货物配送优化。配送线路是指各送货车辆向各个客户送货时所要经过的路线，它的合理与否，对配送速度、车辆利用效率和配送费用都有直接影响。例如，采用节约法（或节约里程法）优化货物的配送线路。

c. 运用存储论确定经济合理的库存量，实现存储优化。存储是物流系统的中心环节。货物从生产到客户之间需要经过几个阶段，几乎在每一个阶段都需要存储，究竟在每个阶段库存量保持多少最为合理？为了保证供给，需要多长时间补充库存？一次进货多少才能达到费用最省？这些都是确定库存量的优化问题，也都可以在存储论中找到解决的方法，如采用经济订购批量模型（EOQ：Economic Ordering Quantities）进行分析。

9.2.2 包装物流成本控制

物流各功能要素成本的效益背反性，实质上是物流系统各要素相互联系、相互制约的系统性在包装物流成本中的体现。协调物流功能要素之间的效益背反关系，加强对物流活动过程中费用支出的有效控制，才能降低物流活动中的物化劳动和活劳动的消耗，达到降低包装物流成本的目标。这里主要介绍包装、运输、库存功能要素的成本控制。

(1) 包装成本控制

包装作为生产的终点和物流的起点，具体作业过程可能在生产企业，也可能在物流企业。运输包装、销售包装都需耗用一定的人力、物力和财力。对于绝大多数商品，只有经过包装才能进入流通。据统计，一般货物的包装费用占物流费用的比例大约是10%，而有些特殊商品（如生活消费品）所占比例高达40%~50%。因而，加强包装费用的管理与核算，可以降低包装物流成本，提高物流企业经济效益。

① 包装成本构成。包装对物流企业，包装成本一般由以下几个方面构成：

a. 包装材料费用。它是指在实施包装作业的过程中，各类货物所耗费的材料费用。常用的包装材料种类繁多，功能亦各不相同，企业必须根据各种货物的特性，选择适合的包装材料，既要实现包装功能，又要合理节约包装材料费用。

b. 包装机械费用。包装过程中使用机械作业可以大幅度提高包装作业的劳动生产率和包装技术水平。使用包装机械（或工具）就会发生购置费用支出、日常维护保养费支出以及每个会计年度的计提折旧费用。这些都构成了企业的包装机械费用。

c. 包装技术费用。为了能够充分发挥包装功能，达到最佳的包装效果，在包装作业时需要采用一定的技术措施，例如缓冲包装技术、防潮包装技术、防霉包装技术等。这些技术的应用实施所支出的费用统称为包装技术费用。

d. 包装人工费用。在实施包装过程中，必须有专业作业人员进行操作。对这些人员发放的计时工资、计件工资、奖金、津贴、补贴等各项费用支出就构成了包装人工费用。

e. 其他辅助费用。除了上述主要费用以外，物流企业有时还会发生一些其他包装辅助费用，如包装标记、包装标志的印刷或拴挂费用的支出等。

② 包装成本控制。包装环节管理的好坏，包装成本的节约与否，直接影响着物流企业的经济效益。包装成本控制通常包括以下几个方面：

a. 合理选择包装材料，降低包装材料费用。选择适合具体产品的包装材料，从包装性能、使用性、耐用性、包装结构等方面考虑降低成本的可能性，在保持包装功能不变的条件下，往往可降低15%~20%的包装成本。

b. 优化包装设计，降低包装成本。根据包装功能目标，按照"4R1D"原则，对产品进行适度包装设计，杜绝过度包装，在满足对产品保护功能的前提下，使用最省的包装材料。

c. 实现包装规格标准化。通过标准化，可以提高包装作业效率，减少人工费用和材料费用，也便于货物的装卸搬运和运输作业。

d. 实现包装机械化。应积极采用和开发机械化包装设备，大幅度提高劳动效率，降低各项费用支出。

e. 组织散装运输。物流企业应该根据各类货物的性能和特点，对适合散装运输的货物直接组织运输，可大幅减少包装费用。

f. 加强包装过程日常管理与核算。

g. 加强包装废弃物的回收利用。

（2）运输成本控制

运输服务是一种创造价值的活动，运输成本是承运人为完成特定货物的位移而消耗的物化劳动与活劳动的总和，其货币表现就是与运输作业相关的各种费用的支出。

① 运输成本构成。在现代物流企业的经营业务范围内，运输作业占有主导地位，运输费用在整个包装物流成本中占有较大比例，在社会物流费用中大约占50%。不同的运输方式所包含的运输成本有不同的构成类别和范围，但总体上可划分为3类，即营运成本、

管理费用和财务费用。以水路货运为例,包括以下几个方面:

a. 营运成本。它是与船舶营运生产活动直接有关的各项支出,包括实际消耗的各种燃料、物料、润料、用具和索具;船舶固定资产折旧费、修理费、租赁费、保险费、港口费、货物费、代理费、船员工资福利费以及事故净损失等。

b. 管理费用。它是运输企业行政管理部门为管理和组织营运生产活动的各项费用,包括公司经费、工会经费、劳动保险费、财产、土地使用税、技术转让费、技术开发费等。

c. 财务费用。它是运输企业为筹集资金而发生的各项费用,包括企业营运期间发生的利息支出、汇兑净损失、调剂外汇手续费、金融机构手续费,以及筹资发生的其他财务费用等。

② 运输成本控制。如何降低企业的运输成本,已成为降低企业包装物流成本的关键环节之一。运输成本控制通常包括以下几个方面:

a. 运用线性规划模型、网络模型等数学模型,对货物的运输路线进行优化,最大限度地减少重复运输、往返运输、迂回运输等不合理运输形式,在最短行驶里程内,将货物送达目的地,充分提高运输效率。

b. 针对小批量、多批次的配送运输,企业应尽可能在客户要求的送达时间内,将不同客户的不同品种和不同数量的货物集中起来统一运输,避免重复无效劳动。同时,提高装货积载技术,对车载货物的品种、数量、堆码方式进行合理决策,最大限度地降低货物破损率和车辆空载率,提高运输效益。

c. 根据不同的运输距离、不同的产品特性,选择合适的运输工具。例如,对于一些精密仪器、高新技术产品,可考虑空运;对于一些准备出口的产品,则考虑使用集装箱运输等。

d. 大型物流企业也可以考虑使用全球卫星定位系统,以便随时、随地掌握车辆的使用情况,合理安排车辆调度。

(3) 仓储成本控制

仓储主要进行保护、管理、储存货物等活动,是以改变"物"的时间状态为目的的活动,它通过克服供需之间的时间差异而使产品获得更好的效用。

① 仓储活动对库存成本的影响。仓储活动对企业包装物流成本的影响具有两重性。

a. 正面影响。合理的仓储既是必需的,也是必要的。合理规划与实施仓储活动可以降低企业成本,对包装物流成本会产生正面影响。例如,使企业能在有利时机进行销售,或者在有利时机实施购进,从而增加销售利润,减少购进成本;可以避免由于缺货的紧急采购而引起成本提高。

b. 负面影响。不合理的仓储活动可能会带来包装物流成本的增加,减少企业物流系统效益,恶化物流系统运行,从而降低企业利润。例如,机会损失、陈旧损失、跌价损失;增加固定资产投资与其他成本的支出;占用企业过多的流动资金,从而影响企业正常运转等。

② 仓储成本构成。与库存成本不同,货物的仓储成本主要是指货物保管的各种支出,其中一部分为仓储设施和设备的投资,另一部分则为仓储保管作业中的活劳动或者物化劳动的消耗,主要包括人员工资和能源消耗等。根据货物在保管过程中的支出,可以将仓储

成本划分为以下几类：

a. 保管费。为存储货物所开支的货物养护、保管等费用，它包括用于货物保管的货架、货柜的费用开支，仓库场地的房地产税等。

b. 仓库管理人员的工资和福利费。仓库管理人员的工资一般包括固定工资、奖金和各种生活补贴。福利费可按标准提取，一般包括住房基金、医疗以及退休养老支出等。

c. 折旧费或租赁费。它们是仓储成本中的一项重要的固定成本。自营仓库的固定资产每年需要提取折旧费，对外承包租赁的固定资产每年需要支付租赁费。对仓库固定资产按折旧期分年提取，主要包括库房、堆场等基础设施以及机械设备的折旧等。

d. 修理费。主要用于设备、设施和运输工具的定期修理维护，每年可以按设备、设施和运输工具投资额的一定比率提取。

e. 装卸搬运费。它是指货物入库、堆码和出库等环节所发生的装卸搬运费用，包括搬运设备的运行费用和搬运工人的成本。

f. 管理费。它是指仓储企业或部门为管理仓储活动或开展仓储业务而发生的各种间接费用，主要包括仓库设备的保险费、办公费、人员培训费、差旅费、招待费、营销费、水电费等。

g. 仓储损失。它是指保管过程中货物损坏而需要仓储企业赔付的费用。造成货物损失的原因一般包括仓库自身的保管条件，管理人员的人为因素，货物本身的物理化学性能，搬运过程中的机械损坏等。在实际操作中，应根据具体情况分析，按照企业相关的制度和标准，分清损失责任，合理计入成本。

③ 仓储成本控制。作为包装物流成本中的重要组成部分，与仓储活动相关的成本应受到企业的重视。仓储成本控制通常包括以下几个方面：

a. 提高仓库的利用率。如降低仓库的空置率；合理布局仓库、货架类型及摆放方式；采用先进的仓库管理系统，现代化装卸搬运设备，提高作业效率等。

b. 采用先进的库存控制方法。由于人力、物力、财力的限制，企业无法实现对仓库中的所有货物实行统一管理，必须采用先进的技术方法来进行库存控制。例如，采用 ABC 分析法，实现对不同品种、不同特性、不同价值的货物的分级管理。

c. 合理控制库存水平。由于各种不确定因素的影响，企业必须保有一定的库存量，以降低缺货所带来的经济损失。但是，库存对物流活动的影响具有两重性，管理人员必须认真分析历史资料，选择合适的库存订货模型，决定本企业的库存水平、订货批量批次，将库存控制在最佳平衡点。

d. 与供应商、客户结成战略联盟，实行共享信息、共担风险、共同获益的合作机制。这种措施可以在保证各方利益的前提下，实行供应链管理库存策略，及时了解客户的需求情况，及时调整库存量及发送货物的品种、数量、时间。

9.2.3　包装物流成本计算

包装物流成本计算是按照国家有关的法规、制度和企业经营管理的要求，对包装物流服务过程中实际发生的各种劳动耗费进行计算，提供真实、有用的包装物流成本信息。

（1）包装物流成本计算程序

包装物流成本计算程序是从物流费用发生开始，直到计算出总成本、单位成本对象的成本为止的整个成本计算步骤。一般程序可归纳为如图9-1所示的8个步骤，即明确物流范围、确定物流功能范围、审核原始记录、确定成本计算对象、确定成本项目、跨期费用摊提、成本归集和分配、设置和登记成本明细账。

① 明确物流范围。

物流范围作为成本的计算领域，具体包括以下几个方面：

a. 原材料物流。原材料从供应方转移到生产企业的物流活动。

b. 工厂内物流。原材料、半成品、成品在不同工序、不同环节的转移和存储过程。

c. 从工厂到仓库的物流活动。

d. 仓库到客户的物流活动。

② 确定物流功能范围。

物流功能范围是指在运输、保管、配送、包装、装卸、信息管理等诸多物流功能中，将哪种物流功能作为计算对象。确定了物流功能范围，也就明确了包装物流成本所涉及作业和计算对象。

③ 审核原始记录。

为了保证成本核算的真实、正确和合法，成本核算人员必须严格审核有关原始记录。审核原始记录内容是否填写齐全，数字计算是否正确，签章是否齐全，费用开支是否合理，损耗费用的种类和用途是否符合规定，用量有无超过定额或计划等。只有经过审核无误后的原始记录才能作为成本计算的依据。审核原始记录要按照国家的有关规定，对各项支出的合理性、合法性进行严格审核、控制，对不符合制度和规定的费用，以及各种浪费、损失等加以制止或追究经济责任。

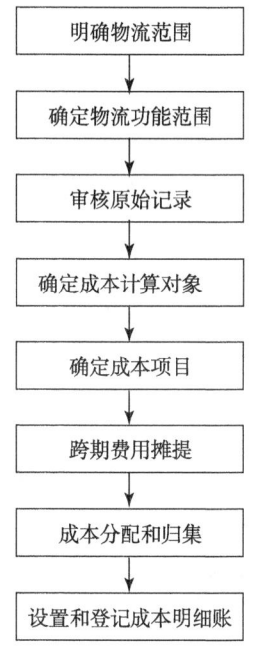

图9-1 包装物流成本计算程序

④ 确定成本计算对象。

成本计算对象是指成本计算过程中归集、分配物流费用的对象，即物流费用的承担者。它不是由人们主观随意规定的，不同的生产经营类型从客观上决定了不同的成本计算对象。确定成本计算对象是设置成本明细账、分配物流费用和计算包装物流成本的前提，不同的成本计算对象，也是区分不同成本计算方法的主要标志。企业可以根据自己生产经营的特点和管理要求的不同，选择不同的成本计算对象来归集、分配物流费用。

⑤ 确定成本项目。

合理的成本项目可以正确反映成本的构成，应根据具体情况与需要设置成本项目，既要有利于加强成本管理，又要便于正确核算包装物流成本。企业一般应设置直接材料、燃料及动力、直接人工费用和间接费用等成本项目。在实际工作中，为了使成本项目更好地适应企业的生产经营特点和管理要求，企业可以对上述成本项目进行适当的调整。在规定或调整成本项目时，应考虑以下几个问题：

a. 各项费用在管理中有无单独反映、控制和考核的需要。

b. 各项费用在物流成本中所占比重的大小。

c. 某种费用专设成本项目所增加的核算工作量的大小。

对于管理中需要单独反映、控制和考核的费用,以及在物流成本中所占比重较大的费用,应专设成本项目。否则,为了简化成本核算工作,不必专设成本项目。

⑥ 处理跨期费用摊提工作。

跨期费用是指按照权责发生制原则,虽在本期支付但应由本期和以后各期共同负担的物流费用,以及本期尚未支付但应由本期负担的物流费用。对于这类物流费用,在会计核算中采用待摊、预提的办法处理。

a. 将在本月开支的成本和费用中应该留待以后月份摊销的费用,计为待摊费用。

b. 将在以前月份开支的待摊费用中本月应摊销的成本和费用,摊入本月成本和费用。

c. 将本月尚未开支但应由本月负担的成本和费用,预提计入本月的成本和费用。

⑦ 成本分配和归集。

将应计入本月物流成本的各项物流费用,在各种成本对象之间按照成本项目进行分配和归集,计算出按成本项目所反映的各种成本对象的成本,这是本月物流费用在各种成本对象之间横向的分配和归集。

⑧ 设置和登记成本明细账。

为了使成本核算结果真实、可靠、有据可查,成本计算过程必须要有完整的记录,即通过有关的明细账或计算表来完成计算的全过程。正确编制各种费用分配表和归集的计算表,登记各类有关的明细账,将各种费用最后分配、归集到成本的明细账中,以保证准确计算出各种对象的成本。

(2) 包装物流作业成本法

作业成本法(Activity Based Costing)是一种比传统成本核算方法更加精细和准确的成本核算方法,是以作业(Activity)为核心,确认和计量耗用企业资源的所有作业,将耗用的资源成本准确地计入作业,然后选择成本动因,将所有作业成本分配给成本计算对象(产品或服务)的一种成本计算方法。

① 作业成本法的基本原理。

作业成本法的理论基础是成本动因论。作业成本法主张对成本性态进行再认识,突破了传统管理会计对成本性态的划分,认为传统的按产品成本与产品产量是否相关作为研究成本性态的标准是有缺陷的,从多维的角度来看,企业的产品制造成本是变动的。产品成本的产生源于作业(即为制造产品或提供服务而进行的活动)的消耗,而并非与资源直接相关。作

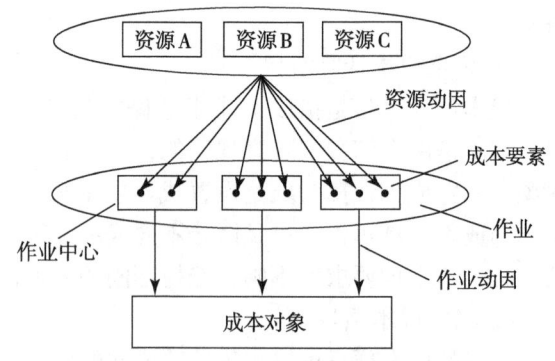

图9-2 作业成本法基本原理示意图

业的多少与作业动因数量相关,对应单位作业的费用就是作业成本分配率。类似地,在求某一作业对应的总费用(资源)时,应按照引起作业耗用的资源动因之比例计算。上述原理如图9-2所示。

② 作业成本法与传统成本计算方法的比较。

a. 成本内涵不同。传统成本观认为,成本是企业生产经营过程中所耗资金的对象化;

而作业成本法将成本定义为资源的耗用，而不是为获得资源而发生的支出，把作业作为费用发生与成本形成的中介，成本是一个与作业相联系的多层次的概念。

b. 成本计算对象不同。在传统成本核算中，人们关注的是产品成本结果本身，即传统的成本计算对象仅仅是企业所生产的各产品，而且是一般为最终产品。作业成本法不仅关注产品成本结果，而且更关注产品成本形成过程和成本形成原因，把着重点放在成本发生的前因后果上，也将资源、作业、作业中心、制造中心等作为成本计算对象。

c. 成本经济内容不同。在传统成本观下，产品成本只是制造成本，在经济内容上只包括与生产产品直接有关的费用。在作业观念下，产品成本则是完全成本：就某一企业而言，该企业所有的费用支出只要是合理的、有效的，都是对最终产出有益的支出，因而都应计入产品成本。

d. 成本计算程序不同。与产品生产成本制度相比，作业基础成本制度要求首先确认从事了什么作业，计算每种作业所发生的成本，然后以每种产品对作业的需求为基础，将成本追踪到产品。作业基础成本采用的分配基础是成本动因。

e. 费用分配标准不同。在产品生产成本制度下，间接费用的分配标准是生产工时或机器台时；在作业基础成本制度下，间接费用分配标准是作业的数量化。

③ 作业成本法在包装物流企业的应用。

作业是成本计算的核心和基本对象，产品成本或服务成本是全部作业的成本总和，是实际耗用企业资源成本的终结。由于包装物流企业的物流活动要形成完整的物流链过程，一般包括的环节主要有运输、仓储、装卸搬运、包装、配送、流通加工以及物流信息服务等。物流过程虽然复杂，但都可以分解为单独的活动（作业），比如可以把仓储分解为装卸、搬运、验收、加工、补货等，这为包装物流企业实施作业管理提供了可能。

作业成本法的计算步骤：

a. 界定包装物流过程中涉及的各个环节价值链、作业链和活动。价值链的确定有助于识别活动的有效性，剔除无用活动和减少无效活动；在识别出价值链的基础上，确定作业链，最后确定组成作业链的活动。

b. 确认包装物流企业中涉及的资源。资源的界定是在作业界定的基础上进行的，每项作业必然涉及相关的资源，与作业无关的资源应从包装物流核算中剔除。

c. 确认资源动因，将资源分配到作业。作业决定着资源的耗用量，这种关系称作资源动因。

d. 资源动因联系着资源和作业，它把总分类账上的资源成本分配到作业。

e. 确认成本动因，将作业成本分配到产品或服务中，计算出作业的单位成本。作业动因反映了成本对象对作业消耗的逻辑关系。

f. 确定单位物流成本。将所有作业环节的单位成本相加即可得到单位物流成本。

9.3 包装物流优化决策

包装物流系统优化对实现物流管理具有重要的意义和作用。在包装物流系统中，由于各物流活动之间普遍存在着"效益背反"现象，所以必须考虑系统整体成本最佳，使包装物流成本控制系统化、合理化，有效缓解物流服务水平与包装物流成本之间的矛盾。

9.3.1 基本思路与方法

包装物流系统优化是通过对系统目的的分析，研究开发各种可行方案，并比较它们的效益、费用、功能、可靠性、环境适应性等各项技术指标，为决策者做出最优决策提供可靠的资料和信息，最终实现物流各环节的合理、顺畅衔接，获得最佳的社会效益和经济效益。

（1）基本思路

包装物流系统优化的过程是一个复杂的过程，需要通过一系列步骤，帮助决策者选择并实施包装物流系统优化决策方案。这是一个不断改进与完善的过程，图9-3给出了基于建立分析模型来解决包装物流优化决策问题的基本思路，它主要包括分析并研究问题，明确决策目标，建立优化模型，收集数据参数，确定计算方法，提出、初步运行并评价优化方案，对优化方案不断改进7个步骤。

① 分析并研究决策者提出的问题。实施包装物流系统优化的前提是了解和分析优化对象，这包括了解包装物流系统的构成，分析包装物流系统运作的内外影响因素，明确该包装物流系统的从属性以及与其他系统之间的关系。本步骤的主要目的是明确影响物流绩效的决策变量，分析影响这些决策变量取值的内外影响因素和限制条件。

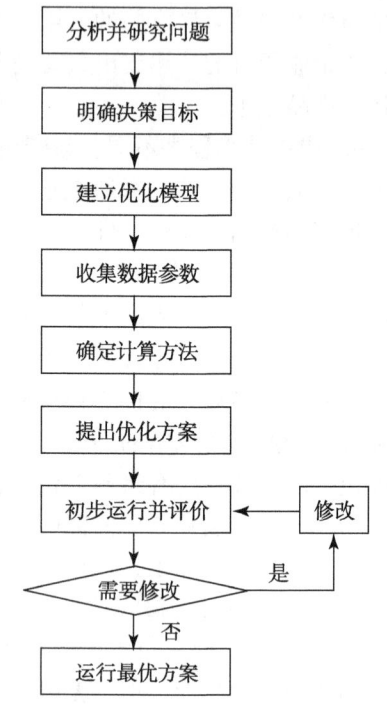

图9-3 包装物流优化决策的分析步骤

② 明确决策目标。在对包装物流系统分析的基础上，确定系统优化的目标。通常情况下，包装物流系统优化的目标不止一个，如要求同时实现利润最大与顾客满意度最高。如果有两个以上的目标，除非一个目标隶属于另一个，否则这些目标之间通常会存在"效益背反"现象，这要求在明确决策目标时，应分清这些目标的优先次序，进行合理权衡。

③ 建立优化模型。合适的模型是进行优化分析的基础。明确决策目标之后，需要寻找解决问题的各种可行方案，进行初步筛选，并针对各种方案建立模型。在选择建模方法时，应注重考虑模型的输入与输出之间的关系、模型的求解效率。另外，在建立模型时，可能需要对实际的包装物流系统做一些假设，这种假设是必要的，在一定的条件下也是允许的，但是，这些假设的前提是模型能够真实反映实际的包装物流系统，而不能使系统"失真"。

④ 提供准确、及时、全面的数据。当采用优化模型分析并提供决策方案时，需要明确运行该模型的各种数据，这些数据包括目标值与约束条件的各类参数，如单位成本、生产能力约束、对服务水平的要求等。数据的全面性、准确性和及时性是实现包装物流系统优化的必要条件，否则，会给包装物流方案带来负面作用。例如，若运输费用与所运输的

货物重量为阶梯函数关系，则按照线性函数关系来描述两者之间的关系，并以此作为模型的输入参数，这就是一种不合理的模型数据。

⑤ 确定计算方法。为了给出包装物流系统优化解决方案，必须借助于优化算法来求解优化模型。准确算法的目标是获得模型的最优解，而近似算法的目标是获得模型的满意解（或近似最优解）。由于算法的准确程度与计算时间通常呈互为消长的关系，因而选择计算方法应注意3个问题：一是计算结果的准确性，二是计算时间，三是算法的稳定性。

⑥ 提出优化方案，初步运行并评价优化方案。通过上述步骤，可获得实际问题的优化方案。由于在建立模型时给出了一些假设条件，在求解过程中部分计算采用了近似算法，故需要评价优化方案在实际中的应用效果。评价优化方案主要有3个步骤：

a. 在实施优化方案之前，要根据优化目标分析该方案的绩效及其在各种可能情况下的性能，如果该方案的稳定性较差，则有必要对建模与求解过程进行适当的改进。

b. 将实施包装物流系统优化方案以后所获得的结果与理论分析结果进行比较，并与期望该方案所获得的绩效水平的下限值进行比较。

c. 要定期分析包装物流系统优化方案的实施结果，分析、评价该优化方案在实际物流过程的不同阶段、不同环境下的应用效果。

⑦ 对优化方案不断改进。因为对包装物流系统优化方案实施效果的评价只能在实践中得以体现，而实际的包装物流系统总是存在于一个不断变化的环境当中，这种变化使包装物流系统优化方案适应环境的难度增加了，即包装物流系统优化方案不可能总是一成不变的，需要在运行过程当中进行必要的改进。在对包装物流系统优化方案提出修改建议时，不仅要求数据获取、监测方法、模型结构和计算方法等能够适应变化，还要结合物流管理的目标特点，对包装物流系统优化的整体方案进行必要的修正。

（2）基本方法

包装物流系统优化中常用的方法包括规划论、库存论、排队论、对策论等。

① 规划论。也称数学规划。规划论的研究问题一般可归纳为在所既定的条件下，如何按某一衡量指标来寻求计划管理工作中的最优方案。按照所建立的模型特点，规划方法可分为线性规划、非线性规划、整数规划、动态规划、组合规划、随机规划、多目标规划等方法。规划论在经济管理、工程设计和过程控制等方面有广泛应用。

② 库存论。也称存储论。库存论的研究问题可归纳为对于特定的需求类型，根据生产或者销售活动的实际问题建立数学模型，寻求货物的最佳供应量和供应周期等指标。库存论的模型与需求方式、补充方式、存储费用、存贮策略、目标函数等密切相关。库存论在生产控制、供应链管理、水库、血库等方面应用广泛。

③ 排队论。也称随机服务系统理论。排队论的研究问题可归纳为根据统计资料建立系统模型，分析与排队问题有关的数量指标（排队时间、排队长度、服务时间等）的概率规律性，寻求服务质量与设备利用率之间的平衡问题。排队论适用于一切资源共享的随机服务系统，如通信系统、交通系统、生产管理系统等领域。

④ 对策论。也称博弈论。对策论的研究问题可归纳为研究决策主体在给定信息结构下，如何决策使自身的效用最大化，以及不同决策主体之间的决策均衡。根据决策主体之间是否有一个共同约束性协议，博弈论可分为合作博弈和非合作博弈。根据决策主体对其他决策主体的了解程度，博弈论可分为完全信息博弈和不完全信息博弈。博弈论在生物

学、经济学、计算机科学、政治学、军事战略和其他很多学科都有广泛的应用。

9.3.2 包装物流装箱优化决策

装箱问题在许多领域已得到广泛应用。在这些应用中,如何有效地利用容器空间、承载能力,按照次序放置物品,获得最大利润等,一直是此类问题研究的目的。

装箱问题可分为一维装箱问题,二维装箱问题,三维装箱问题3种。一维装箱问题只考虑一个因素,比如重量、体积、长度等。二维装箱问题考虑两个因素——给定一张矩形的纸(布料、皮革),要求从这张纸上剪出给定的大小不一的形状,求一种剪法使得剪出的废料的面积总和最小。常见问题包括仓库中考虑长和宽进行各功能区域划分、包装材料裁切时考虑怎样裁切使得材料浪费最少、托盘包装积载时表面利用率最大等。三维装箱问题考虑3个因素——通常指长、宽、高。托盘积载、装车、装船、装集装箱等要考虑这3个维度都不能超。这里主要介绍一维装箱问题和三维装箱问题。

(1) 一维装箱问题

背包问题是典型的一维装箱问题,在包装物流活动中广泛应用,一般问题的描述如下:设有 n 种物品,每一种物品数量无限,第 i 种物品每件重量为 w_i 千克,每件价值 c_i 元。现有一只可装载重量为 W 千克的背包,求各种物品应各取多少件放入背包,使背包中物品的价值最高?

这个问题可利用整数规划模型来描述。设第 i 种物品取 x_i 件 ($i=1, 2, \cdots, n$; x_i 为非负整数),背包中物品的价值为 z,则对应的数学规划模型为:

$$z = \max \sum_{i=1}^{n} c_i x_i$$
$$s.t. \begin{cases} \sum_{i=1}^{n} w_i x_i \leq W \\ x_i \geq 0, \text{整数}; i = 1,2,\cdots,n \end{cases} \quad (9-1)$$

该问题同样可以看成是一个多阶段决策问题,说明如下。

阶段 k:第 k 次装载第 k 种物品 ($k=1, 2, \cdots, n$)

状态变量 x_k:第 k 次装载时背包还可以装载的重量

决策变量 d_k:第 k 次装载第 k 种物品的件数

决策允许集合:$D_k(x_k) = \{d_k \mid 0 \leq d_k \leq x_k/w_k, d_k \text{整数}\}$

状态转移方程:$x_{k+1} = x_k - w_k d_k$

阶段指标:$c_k d_k$

递推方程:$f_k(y) = \max_{0 \leq d_k \leq y/w_k} \{c_k d_k + f_{k-1}(y - w_k d_k)\} \quad (2 \leq k \leq n) \quad (9-2)$

当 $k=1$ 时,$f_1(y) = c_1 \left(\dfrac{y}{w_1}\right), d_1 = \left(\dfrac{y}{w_1}\right)$

其中,$\left(\dfrac{y}{w_1}\right)$ 表示不超过 $\dfrac{y}{w_1}$ 的最大整数。

假设有3种物品,其价值和重量分别为:

$$c_1 = 8, c_2 = 5, c_3 = 12$$
$$w_1 = 3, w_2 = 2, w_3 = 5$$

以及 $W=5$，要求用动态规划法求解。

对于 $k=3$，有：
$$f_3(5) = \max_{\substack{0 \leq d_3 \leq \frac{5}{w_3} \\ d_3 \text{整数}}} \{12d_3 + f_2(5-5d_3)\} = \max\{\underbrace{0+f_2(5)}_{(d_3=0)}, \underbrace{12+f_2(0)}_{(d_3=1)}\}$$

对于 $k=2$，有
$$f_2(5) = \max_{\substack{0 \leq d_2 \leq \frac{5}{w_2} \\ d_2 \text{整数}}} \{5d_2 + f_1(5-2d_2)\} = \max\{\underbrace{0+f_1(5)}_{(d_2=0)}, \underbrace{5+f_1(3)}_{(d_2=1)}, \underbrace{10+f_1(1)}_{(d_2=2)}\}$$

$$f_2(0) = \max_{\substack{0 \leq d_2 \leq \frac{0}{w_2} \\ d_2 \text{整数}}} \{5d_2 + f_1(5-2d_2)\} = \max\{\underbrace{0+f_1(0)}_{(d_2=0)}\}$$

对于 $k=1$，有：
$$f_1(5) = c_1 d_1 = 8 \times \frac{5}{3} = 8 \quad (d_1 = 1)$$

$$f_1(3) = c_1 d_1 = 8 \times \frac{3}{3} = 8 \quad (d_1 = 1)$$

$$f_1(1) = c_1 d_1 = 8 \times \frac{1}{3} = 0 \quad (d_1 = 0)$$

$$f_1(0) = c_1 d_1 = 8 \times \frac{0}{3} = 0 \quad (d_1 = 0)$$

将上述结果代入得

$$\therefore f_2(5) = \max\{\underbrace{0+f_1(5)}_{(d_2=0)}, \underbrace{5+f_1(3)}_{(d_2=1)}, \underbrace{10+f_1(1)}_{(d_2=2)}\} = \max\{8, 5+8, 10\} = 13$$

$$(d_1 = 1, d_2 = 1)$$

$$f_2(0) = \max\{\underbrace{0+f_1(0)}_{(d_2=0)}\} = f_1(0) \quad (d_1 = 0, d_2 = 0)$$

$$\therefore f_3(5) = \max\{\underbrace{0+f_2(5)}_{(d_3=0)}, \underbrace{12+f_2(0)}_{(d_3=1)}\} = \max\{0+13, 12+0\} = 13$$

$$(d_1 = 1, d_2 = 1, d_3 = 0)$$

因此，该问题的最优解为 (1, 1, 0)，即装入物品1、物品2各1件时，背包中物品的总价值取得最大值13元。

(2) 三维装箱问题

货物配载问题是典型的三维装箱问题，该问题的优化有利于建立能够即时、定量地反映运输车辆装载的方法，对企业来说有着至关重要的作用。解决货物配载问题的方法较多，其中包括整数规划、多目标规划、随机模拟方法、决策支持系统法和专家系统法等配载方法。

①传统型配载方法。这种模型称为传统型配载模型，研究对象是单车单品种配装问题。

首先对数学符号定义为，d_0 是车辆底面的宽度；l_0 是车辆底面的长度（定义长宽时以 $l_0 > d_0$ 为标准）；d_1 是货物箱的宽度；l_1 是货物箱的长度（定义长宽时以 $l_1 > d_1$ 为标准）；M_i 是车辆底面摆放一层箱子的总个数（$i = 1, 2, \cdots$）；P 是车辆底面空间利用率；n_1 是在车辆底面长度上最多能摆放货物箱的个数；n_2 是在车辆底面宽度上最多能摆放货物箱的个数。

根据实际摆放排列方式，分为两种方案，一种是货物箱长度方向与车厢长度方向一致，另一种是货物箱长度方向与车厢宽度方向一致，具体分析如表 9-1 所示。

表 9-1 传统型配载方法方案分析

设计参数	方案一	方案二
n_i	$n_1 = \left[\dfrac{l_0}{l_1}\right]$, $n_2 = \left[\dfrac{d_0}{d_1}\right]$	$n_1 = \left[\dfrac{l_0}{d_1}\right]$, $n_2 = \left[\dfrac{d_0}{l_1}\right]$
M_i	$M_1 = \left[\dfrac{l_0}{l_1}\right] \cdot \left[\dfrac{d_0}{d_1}\right]$	$M_2 = \left[\dfrac{l_0}{d_1}\right] \cdot \left[\dfrac{d_0}{l_1}\right]$
P	$P = \dfrac{l_1 \times d_1}{l_0 \times d_0} \times M$, $M = \max(M_1, M_2)$	

以上两种方案摆放货物箱的规则单一，方法操作简单，不易出错，易于查找、点货、整理，因而有一定的实用价值，但在实际配载操作中可能会由于长宽尺寸问题造成运输空间浪费，配载示意图如图 9-4 所示。

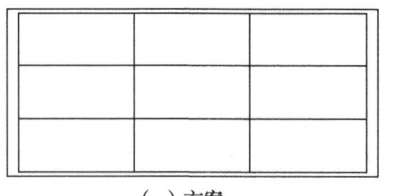
(a) 方案一

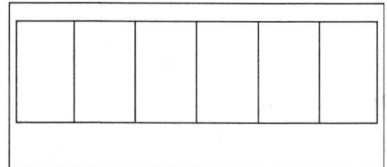
(b) 方案二

图 9-4 传统型配载方法配载图

② 优化配载方法。优化后的模型及模型所用符号如图 9-5 所示，货物箱在车辆长和宽所组成的平面上摆放时可分为 4 个摆放区（一般来说货物也只有这 4 种放置方式），分别设置其个数为 x_i、y_j（$i = 1, 2, 3, 4$；$j = 1, 2, 3, 4$），具体标识位置及含义如图 9-5 所示。根据优化配载模型摆放方法，建立数学模型为：

$$\max M = x_1 \times y_4 + x_2 \times y_1 + x_3 \times y_2 + x_4 \times y_3$$

$$s.t. \begin{cases} x_1 \times l_1 + y_1 \times d_1 \leq l_0 \\ x_2 \times l_1 + y_2 \times d_1 \leq d_0 \\ x_3 \times l_1 + y_3 \times d_1 \leq l_0 \\ x_4 \times l_1 + y_4 \times d_1 \leq d_0 \\ x_i \geq 0, y_j \geq 0, \text{且均为非负整数}, i = 1, 2, 3, 4 \end{cases}$$

(9-3)

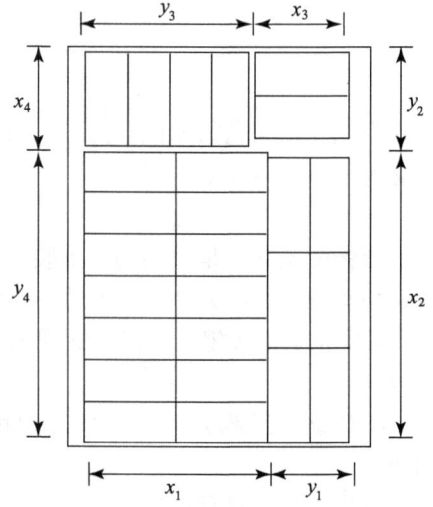

图 9-5 优化配载方法配载图

对该优化模型进行求解，算法为先把平面空间分成 4 个基本区域，区域是动态变化的，而后依次按模型中 4 个约束条件进行循环判断，直到求得最优解为止。循环判断条件为：

$$M \leq \left[\frac{l_1 \times d_1}{l_0 \times d_0}\right] \quad (9-4)$$

得到最优解之后,车辆底面空间利用率为:

$$P = \frac{l_1 \times d_1}{l_0 \times d_0} \times M \quad (9-5)$$

9.3.3 包装物流运输优化决策

运输优化是采用系统分析法,考虑包装物流系统的实际情况,分析各种决策变量之间以及决策变量与决策目标之间的相互关系,制定合理、有效、经济的运输方案,实现运输决策目标的优化。

(1) 运输优化决策问题

运输优化决策的内容既包括在运输作业之前所做出的有关运输方式、运输工具、运输线路、运输时间等的选择,也包括承运方的选择与评价、运输人员的配备、客户资源的管理等内容。按照运输距离长短的不同,可将运输优化决策问题分为长距离运输决策与短距离运输决策。在长距离运输过程中,客户之间的距离较远,运输工具的一次运输过程只负责对一个客户的送货,运输工具以汽车、火车为主。而在短距离的运输过程中,运输工具的一次运输过程可以完成对多个客户的送货,该运输方式通常被称为配送,运输工具主要以汽车为主。

当明确了供货点与需求点,以及各点的供应能力、需求之后,需要对运输方案进行决策,包括供、需两点之间的运输距离,以及各个供应点、各个需求点之间的运输距离。需要注意的是,这里所指的两点间的距离是实际的运输线路长度,而不是两点之间的直线距离。另外,在实际问题中,两点之间的运输往往有多条路线可以选择。因此,选取并确定两点之间的实际最短距离是进行运输优化决策的基础工作之一。

例如,某物流运输过程如图 9-6 所示,连线上的数字表示两相邻运输地点之间的距离,为简化运算,假设两点之间的运输路线无方向限制,试求一条由点 A 到点 B 的运输线路,使总距离为最短。

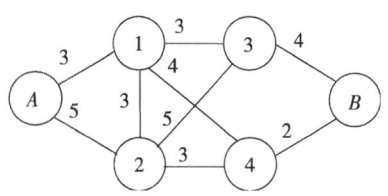

图 9-6 某物流运输过程示意图

该物流运输过程可表述为,在一个连通网络 G (S, T) 中求解从起点 S_0 到终点 S_n 的最短运输距离,S 为节点集合且 $S = (S_0, S_1, S_2, \cdots, S_n)$,$T$ 是两点间的距离集合且 $T = (T_0, T_1, T_2, \cdots, T_m)$。求解该问题的算法较多。对于简单运输网络,可采用列举法,即列举出能够从点 A 到达点 B 的所有可能的路线,并分别计算其距离,然后互相比较便可找出最短距离及最短路线。对于复杂运输网络,可采用 Dijkstra 算法、逐次逼近算法、Floyd 算法等。

这里介绍荷兰计算机科学家迪科斯彻提出的 Dijkstra 算法。该算法的基本思路是,首先求出从开始节点出发到其相邻节点的一条最短路径,然后根据计算结果,再参照给出的其他距离值,分析并指明从开始节点出发到另外一个节点的最短路径,依此类推,直到求出从开始节点 S_0 到终止节点 S_n 的最短路径为止,即终止节点 S_n 被加入到路径中。利用 Dijkstra 算法求解从点 A 到点 B 的最短运输距离的步骤如下:

① 寻找与点 A 相邻的、距离点 A 最近的节点。从图 9-6 可知，与点 A 相邻的两个节点分别为点 1 与点 2，并且有

$$\min(S_{A1}, S_{A2}) = S_{A1} = 3 \quad (S_{ij} \text{ 代表节点 } i、j \text{ 之间的最短距离})$$

这表明从点 A 到点 1 的最短距离为 3，标记相应的节点，用 T 表示已经得到的最短距离及其对应的节点集合，则

$$T = (S_{AA} = 0, S_{A1} = 3)$$

② 分别考虑与进行标记过的节点（在此为点 A、点 1）相邻的、尚未标记过的其他节点，寻找其中与点 A 距离最近的节点，计算最短距离，并标记相应的节点。从图 9-6 可知，与点 A 相邻的、尚未标记过的节点只有点 2；与点 1 相邻的、尚未标记过的节点有点 2、点 3、点 4，经过计算得

$$\min(S_{A2}, S_{A1} + S_{12}, S_{A1} + S_{13}, S_{A1} + S_{14}) = \min(5, 3+3, 3+3, 3+4) = 5$$

于是，本步骤计算得到的最短路线为从节点 $A \to$ 节点 2，最短距离为 5，对节点 2 进行标记。同时得到

$$T = (S_{AA} = 0, S_{A1} = 3, S_{A2} = 5)$$

③ 继续分别考虑与已标记过的节点（在此包括点 A、点 1、点 2）相邻的、尚未标记过的其他节点，寻找其中与节点 A 距离最近的节点，记录最短距离，标记相应的节点。从图 9-6 可知，与节点 A 相邻的节点均已标记；与节点 1 相邻的、尚未标记过的节点有点 3、点 4；与节点 2 相邻的、尚未标记过的节点有点 3、点 4，经过计算得到

$$\min(S_{A1} + S_{13}, S_{A1} + S_{14}, S_{A2} + S_{23}, S_{A2} + S_{24}) = \min(3+3, 3+4, 5+5, 5+3) = 6$$

于是，该步骤计算得到的最短路线为节点 $A \to$ 节点 1 $\to$ 节点 3，最短距离为 6，并对节点 3 进行标记。同时得到

$$T = (S_{AA} = 0, S_{A1} = 3, S_{A2} = 5, S_{A3} = 6)$$

④ 继续分别考虑与已标记过的节点（在此包括点 A、点 1、点 2、点 3）相邻的、尚未标记过的其他节点，寻找其中与节点 A 距离最近的节点，计算最短距离，并标记相应的节点。从图 9-6 可知，不存在与节点 A 相邻的、尚未标记过的节点；与节点 1 相邻的、尚未标记过的节点是点 4；与节点 2 相邻的、尚未标记过的节点是点 4；与节点 3 相邻的、尚未标记过的节点是点 B，经过计算得到

$$\min(S_{A1} + S_{14}, S_{A2} + S_{24}, S_{A3} + S_{3B}) = \min(3+4, 5+3, 6+4) = 7$$

于是，本步骤计算得到的最短路线为从节点 $A \to$ 节点 1 $\to$ 节点 4，最短距离为 7，并对节点 4 进行标记，同时得到

$$T = (S_{AA} = 0, S_{A1} = 3, S_{A2} = 5, S_{A3} = 6, S_{A4} = 7)$$

⑤ 继续分别考虑与进行标记过的节点（在此包括点 A、点 1、点 3、点 2、点 4）相邻的、尚未标记过的其他节点，寻找其中与点 A 距离最近的节点，计算最短距离，标记相应的节点。从图 9-6 可知，目前只有节点 B 尚未标记，分析与其相邻的其他节点，有

$$\min(S_{A3} + S_{3B}, S_{A4} + S_{4B}) = \min(6+4, 7+2) = 9$$

于是，本步骤计算得到的最短路线为从点 $A \to$ 点 1 $\to$ 点 4 $\to$ 点 B，最短距离为 9，并对点 B 进行标记，同时得到

$$T = (S_{AA} = 0, S_{A1} = 3, S_{A2} = 5, S_{A3} = 6, S_{A4} = 7, S_{AB} = 9)$$

至此，求得节点 A 到节点 B 的最短运输距离为 9，最短路径为节点 $A \to$ 节点 1 $\to$ 节点 4

→节点 B，除了节点 A 到节点 B 的最短运输距离之外，节点 A 到达网络图中其他节点的最短运输距离也可求得。

(2) 长距离运输优化决策

企业在进行运输决策时，约束条件包括货物性质，运输时间和交货时间的适应性，运输成本和批量的适应性，运输的机动性和便利性，运输的安全性和准确性。对货主，运输的安全性和准确性，运输费用的经济性以及缩短运输总时间等因素是主要评价指标。这是一个多目标的优化问题。长距离运输优化决策问题首先考虑运输方式的选择，然后分析运输过程中的相关问题，考虑如何确定"长距离"运输模式的运输路线优化决策。

① 运输方式的选择分析。由于运输费用和服务质量在很大程度上取决于所采取的运输方式，因而运输方式选择的合理性是实现运输目标的一个关键环节。在选择运输方式时，要综合考虑运输服务水平和运输成本两项主要指标，并结合各种运输方式的技术经济特征来考虑。现有的运输方式主要有公路运输、铁路运输、水运、航空运输，各种运输方式都有其特定的运输路线、运输工具、运输技术、经济特性及合理的使用范围。

常用的 3 种运输方式的单位运输成本与运输距离的关系如图 9-7 所示，随着运输距离的增加，公路运输单位产品的运输成本的增长速度上升最快，而水路运输单位产品的运输成本增长速度上升最慢，铁路运输介于两者之间。这说明，从技术经济角度分析，在上述 3 种运输方式中，水运适合长途运输，公路适合短途运输，铁路适合中、长距离运输。各种运输方式各项运营指标的分析对比如表 9-2 所示，其中的数值为不同运输方式在同一个运营特征的相对值，该值越高，代表效用越高。

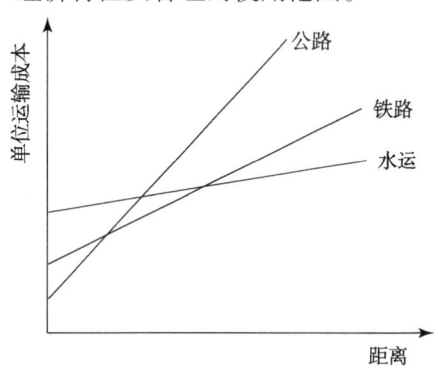

图 9-7 不同运输方式的单位运输成本与运输距离关系

表 9-2 各种运输方式的运用特征比较

运输方式	公路运输	铁路运输	水运		航空运输
			海洋运输	河道运输	
运输能力	6	8	9	7	5
运价	6	8	9	7	4
速度	5	6	3	4	9
连续性	7	8	5	4	6
灵活性	9	7	5	4	8
伸缩性	9	8	6	5	7
可靠性	8	7	5	6	5
频率	8	4	4	5	7

例如，设有 m 种备选运输方式，n 类货物，C_{ij} 是常量并表示采用第 i 种运输方式时每单位第 j 类货物运输单位距离的平均运费；T_j 为第 j 类货物所需要的运输量；用 T_{ij} 表示第 j

类货物采用第 i 种运输方式时的流量。选取运输费用最小作为目标函数,则该运输优化决策问题可用线性规划模型描述为:

$$\min Z = \sum_{i=1}^{m}\sum_{j=1}^{n} C_{ij}T_{ij}$$

$$s.t. \sum_{i=1}^{m} T_{ij} = T_j \quad j=1,2,\cdots,n$$

(9-6)

求解该线性规划模型,得到决策变量 T_{ij} 的值,并将 T_{ij} 作为选择运输方式的一个依据。在实际问题中,C_{ij} 并不一定是常量,随着运输距离的增加 C_{ij} 也会发生变化,因而采用分阶段计算单位距离的运输费用更为合理。需要指出的是,在考虑运输方式的选取时,不仅需要考虑经济性,还要考虑其他相关的影响因素,可采用运输方式的选择分析方法将运输过程中成本的计算加以简化。

② 运输路线优化决策。

这里主要研究从多个供应节点向多个需求节点运送货物问题,在既满足需求节点对货物供给的要求,又不超过各供应节点供给能力的前提下,确定运输费用最低的运输方案。对于该运输优化问题,根据总资源量与总需求量是否相等,可分为产销平衡问题和产销不平衡问题。一般情况下,产销不平衡问题可通过增加虚拟的资源中心或需求点而转化为产销平衡问题。因此,这里主要介绍平衡运输问题的求解方法。

对于产销平衡问题,设有 m 个供应节点(可以是原材料供应商、制造企业、分销中心等)向 n 个需求节点运送某种货物。供应节点的供给能力为 a_i,需求节点的需求量为 b_j;由第 i 个供应节点向第 j 个需求节点运送单位货物的费用为 C_{ij}。选取 x_{ij} 作为决策变量,表示从第 i 个供应节点向第 j 个需求节点运输货物的数量。目标函数为总运输费用最低,则产销平衡问题的数学规划模型可描述为:

$$\min Z = \sum_{i=1}^{m}\sum_{j=1}^{n} C_{ij}x_{ij}$$

$$s.t. \sum_{i=1}^{m} x_{ij} = b_j \quad j=1,2,\cdots,n$$

$$\sum_{j=1}^{n} x_{ij} \leq a_i \quad i=1,2,\cdots,m$$

$$x_{ij} \geq 0 \quad i=1,2,\cdots,m, j=1,2,\cdots,n$$

(9-7)

该模型为线性规划模型,可以用求解线性规划问题的单纯型方法计算。有关该模型的求解方法请参考相关著作,这里不再详述。

(3) 配送运输优化决策

在进行物流配送运输调度时,一般需要多辆车对多客户进行配送。配送运输优化决策要求在完成运输任务和满足其他约束条件的前提下,实现配送运输优化的目标,如运输总距离最短、配送时间最短、配送费用最低、使用的车辆数目最少等。

① 单回路配送运输与多回路配送运输。根据在配送过程中路线数量的不同,可以把配送运输划分为单回路配送运输与多回路配送运输两种。单回路配送运输问题可描述为,在一个给定的节点网络图中(有向或无向),要求找出一个包含所有节点的环路,使得该回路满足配送的一个或多个优化目标。但是,在实际的物流运输问题中,运输线路的长度

往往受到运输工具的承载能力、运输时间等约束条件限制，因而多回路问题也得到广泛研究。多回路配送运输问题实际上属于一个组合优化问题。按不同的分类方法，多回路配送运输问题可分为不同类型，如表9-3所示。

表9-3 多回路配送运输问题的分类

分类方法	车辆配送路线安排问题
按任务特征分类	纯装问题、纯卸问题、装卸混合问题
按车辆类型分类	单车型问题、多车型问题
按配送时间分类	有配送时间窗口问题、无配送时间窗口问题
按场站数目分类	单场站问题、多场站问题
按客户需求是否已知分类	确定性需求问题、非确定性需求问题
按优化目标数目分类	单目标优化问题、多目标优化问题

在实际物流配送运输中，车辆调度优化问题可能是上述分类中的一种或几种的综合。例如，某配送中心向多个客户配送货物需要多辆车，这些车辆的类型不同，运输的货物种类不同，优化时希望运输费用最省，同时也希望运输时间最短，这些问题的综合就是一个多车型多货种的送货满载车辆调度的多目标优化问题。

② 多回路配送运输问题的数学模型。多回路配送运输问题的数学描述为，存在网络 $G = (V, A)$，V 是一系列顶点集合且 $V = (v_0, v_1, v_2, \cdots, v_n)$，$A$ 是一系列边的集合且 $A = [(v_i, v_j): v_i, v_j \in V, i \neq j]$，用 K 表示车辆调度的集合，顶点 v_0 代表配送中心，在该处有数量不受限制的、拥有相同容量 Q_v 的配送车辆，其他顶点均代表客户。任意两个顶点 (v_i, v_j) 之间的运输距离为 c_{ij}，并且 $c_{ij} = c_{ji}$。d_i 表示顶点 v_i 处的客户的需求量，在每个决策期间，每个客户要求只被访问一次并且其需求被满足。该多回路配送运输问题的优化目标是，确定从配送中心出发并最后回到配送中心的车辆数量及其行驶路线，使得在满足客户需求的前提下，车辆的运输总距离最短，其数学规划模型可表达为：

$$\min Z = \sum_{i \in V} \sum_{j \in V} \sum_{v \in K} c_{ij} x_{ij}^v$$

$$s.t. \sum_{i \in V} \sum_{v \in K} x_{ij}^v = 1 \quad \forall j \in V, j \neq 0 \quad (a)$$

$$\sum_{j \in V} \sum_{v \in K} x_{ij}^v = 1 \quad \forall i \in V, i \neq 0 \quad (b)$$

$$\sum_{i \in V} x_{ip}^v - \sum_{j \in V} x_{pj}^v = 0 \quad \forall p \in V, \forall v \in K \quad (c)$$

$$\sum_{i \in V} d_i \left(\sum_{j \in V} x_{ij}^v \right) \leq Q_v \quad \forall v \in K \quad (d)$$

$$\sum_{j \in V} x_{0j}^v \leq 1 \quad \forall v \in K \quad (e)$$

$$\sum_{i \in V} x_{i0}^v \leq 1 \quad \forall v \in K \quad (f)$$

$$x_{ij}^v \in S \quad \forall i, j \in V, \forall v \in K \quad (g)$$

(9-8)

在这个模型中，Z 是目标函数，表示运输的总距离最短。决策变量 x_{ij}^v 是二进制变量，

1表示路径(v_i, v_j)由车辆v完成运输,否则为0。约束条件(a)和(b)表示每个需求点仅由一个车辆提供配送服务;约束条件(c)保证一个车辆应离开已经进入过的顶点;约束条件(d)表示车辆承载能力的限制;约束条件(e)和(f)表示每个车辆最多只能用一次;对不经由配送中心v_0的子路径的限制由约束条件(g)给出,其中S被定义为

$$S = \{(x_{ij}^v) : \sum_{i \in B} \sum_{j \in B} x_{ij}^v \leq |B| - 1 \ \text{for} \ B \subseteq V/\{0\}; |B| \geq 2\} \quad (9-9)$$

多回路配送运输优化问题的特点是解空间随着变量的增多呈指数增长的趋势,当需要配送的顾客数量增多时,求解难度很大。精确算法(即能够寻找到最优解的算法,如分支定界方法、割平面方法、动态规划方法等)只适合于求解客户数量很小的问题。当停车卸货点的数目超过20个时,采用一般的精确算法求解最短运输路径问题需要花费几个小时甚至更多时间,而采用近似算法(主要是各种启发式算法,如禁忌搜索算法、模拟退火算法、遗传算法、人工神经网络算法、可变领域搜索算法)能够在一定时间内得到满意解。有关这些算法的具体内容请参考相关著作,这里不再详述。

9.3.4 包装物流库存优化决策

这里主要分析物流管理中库存优化的一些基本方法,侧重点是优化企业内部某个环节(如制造企业的原材料采购、流通企业的产品进货等)的库存决策,以保证在一定的客户服务水平下,使包含订货、库存、生产等相关环节在内的费用达到最低。

(1)基本方法

库存策略方案主要解决两个问题,一是库存基本策略的选取,二是基本策略下的货物补充方案,即在确定货物补充的基本策略以后,需要寻求具体的货物补给方案,确定"再订货点"的具体数值和需要补充的货物的量。

① 选取库存基本策略。库存基本策略主要是连续检查策略与周期检查策略。通常情况下,在选取并确定货物补充的基本策略时,需要考虑企业经营过程所处的背景状况,如企业的整体发展规划与生产经营策略、货物的需求特点、生产与运输所需要的周期、各种成本因素与服务标准(如周期服务水平)等。由于连续检查策略需要对库存量进行实时监测,因而它比定期检查策略将耗费更多的费用,但连续检查策略可通过实时监控而减少缺货情形的发生。给定相同的供货服务标准,连续检查策略所设定的安全库存将少于周期检查策略所设定的安全库存。因此,在顾客对货物的需求比较平稳、单位货物的价值及仓储费用较低的情况下,可采用周期检查策略;反之,应采取连续检查策略。实际上,如果需求呈现平稳分布,即需求速率保持不变,则连续检查策略完全可以被周期检查策略所取代。

② 确定货物补充方案。在分析并确定了货物补充的基本策略后,就需要明确决策目标、变量及其影响因素,然后再根据定量分析方法确定具体的货物补充方案,包括再订货点和订货数量的确定。考虑到低成本和高服务水平两个目标间存在的"效益背反"关系,在确定最优订货批量时,需要对各个成本构成要素(包括库存、订购、生产等)进行量化。同时,还需要对供货的服务水平给定相应的量化指标,常用允许的缺货状况(可用订单满足率、周期服务水平等指标来衡量)来度量。

需要指出的是,采用上述方法确定库存基本策略与库存方案之后,还需要将具体的货

物补充方案应用于实践中加以检验。如果不能获取预期分析结果，则需要重新检查库存策略的选取方法、参数与变量的选取等，必要时应对库存模型进行修改和补充。

(2) 库存优化决策

在进行确定性库存需求决策优化时，需要给出一些假设：

① 产品的需求呈稳定分布。
② 从订购到货物到达有一个时间周期，该时间周期是一个常量。
③ 订购费用为一个固定值，与订购的货物数量无关。
④ 库存费用与仓储时间、仓储数量成正比。
⑤ 采购费用是所订购货物数量的线性函数。

基于上述假设，确定性需求下的库存优化决策问题可描述为，确定每次订货的时间与订货的数量，使得在一个较长的决策计划期间内，在满足需求的前提下，相关成本的平均值达到最低。

确定性需求下的库存优化决策问题的主要决策变量是订货周期和每次的订货批量。一方面，若订货批量较大，则可以减少所考虑期间内的订货次数、订货费用，但会增加库存费用。另一方面，如果订货批量小，则会由于较为频繁的订货而增加订货费用，但可以减少在库品的库存费用。由于假设⑤中采购费用是所采购货物数量的线性函数，在单位时间内该费用与订货批量的大小无关，因而该库存优化决策问题实际上是在订货的固定费用与库存费用之间进行权衡，在达到进货的规模经济效应的同时降低库存费用。此时，每一订货周期 T 内的订购、采购与库存的总平均费用，即所考虑的计划期间内的总平均费用可表达为：

$$C(T) = \frac{c}{T} + \lambda q + \frac{1}{2}(\lambda T + 0)h \tag{9-10}$$

式中　C——总平均费用；
　　　c——每次订购的固定成本；
　　　T——订货周期；
　　　λ——需求率；
　　　q——单位货物的生产成本；
　　　h——单位时间内仓储单位货物的库存成本。

该式中，等号右边的第一项表示单位时间内订货的固定成本，第二项描述单位时间内货物的采购成本，第三项是单位时间内的库存成本。

由于总平均费用函数 $C(T)$ 在 $(0, +\infty)$ 区间内连续、可微分且属于严格凸函数，因而令 $C'(T) = 0$，可求得 $C(T)$ 取最小值所对应的 T 值，记作 T^*，且

$$T^* = \sqrt{\frac{2c}{\lambda h}} \tag{9-11}$$

而且，相应的最优订货批量 Q^*、最低成本 $C^*(T)$ 的表达式为：

$$Q^* = \sqrt{\frac{2\lambda c}{h}} \tag{9-12}$$

$$C^*(T) = \sqrt{2\lambda hc} + \lambda q \tag{9-13}$$

另外，在实际运作中，由于客户需求的多样性，有些库存问题还呈现出随机性。对于

这些问题的优化分析，还需要做一些假设：

① 产品的需求呈随机分布，单位时间内需求分布的均值与标准差都为已知。

② 订货提前期是一个常量。

③ 在考虑库存决策时，需要考虑订购费用、库存费用、购买费用，这些费用的计算方法与确定性需求下所考虑的问题相同。

④ 由于货物有可能出现不能及时满足顾客需求的情况，需要考虑缺货所带来的损失。

基于上述假设，随机性需求下的库存优化决策问题可描述为，在一定的计划期间内，确定库存决策方案，包括再订货点与订货批量，使得在满足给定的周期服务水平的前提下，与库存决策相关的各项成本的平均值达到最低。对于该优化决策问题，基于经济订货批量模型，并考虑对缺货水平的限制，采用近似分析方法，确定再订货点和每次订货的数量。

附录　中国国家标准目录(部分)

1　运输包装件环境试验方法

附表 1　电工电子产品环境试验方法

国家标准编号	国家标准名称
GB 2421	电工电子产品环境试验 第 1 部分：总则
GB 2422	电工电子产品环境试验 术语
GB 2423	电工电子产品环境试验
GB 2424	电工电子产品基本环境试验规程

附表 2　危险货物包装试验方法

国家标准编号	国家标准名称
GB 12463	危险货物运输包装通用技术条件
GB 19459	危险货物及危险货物包装检验标准基本规定
GB 19269.1	公路运输危险货物包装检验安全规范 通则
GB 19269.2	公路运输危险货物包装检验安全规范 性能检验
GB 19270.1	水路运输危险货物包装检验安全规范 通则
GB 19270.2	水路运输危险货物包装检验安全规范 性能检验
GB 19359.1	铁路运输危险货物包装检验安全规范 通则
GB 19359.2	铁路运输危险货物包装检验安全规范 性能检验
GB 19432.1	危险货物大包装检验安全规范 通则
GB 19432.2	危险货物大包装检验安全规范 性能检验
GB 19433.1	空运危险货物包装检验安全规范 通则
GB 19433.2	空运危险货物包装检验安全规范 性能检验

2 集合包装技术

附表3 托盘包装技术

国家标准编号	国家标准名称
GB 2934	联运通用平托盘 主要尺寸及公差
GB 3716	托盘术语
GB 4995	联运通用平托盘 性能要求
GB 4996	联运通用托盘 试验方法
GB 10443	纸浆模塑蛋托盘
GB 10486	铁路货运钢制平托盘
GB 15234	塑料平托盘
GB 16470	托盘包装
GB 18832	箱式、立柱式托盘
GB 18928	托盘缠绕裹包机
GB 19450	纸基平托盘
GB 20077	一次性托盘

附表4 集装箱包装技术

国家标准编号	国家标准名称
GB 1413	系列1集装箱 分类、尺寸和额定质量
GB 1835	系列1集装箱 角件
GB 1836	集装箱代码、识别和标记
GB 1992	集装箱术语
GB 3220	集装箱吊具的尺寸和起重量系列
GB 5338	系列1集装箱 技术要求和试验方法 第1部分：通用集装箱
GB 7392	系列1：集装箱的技术要求和试验方法 保温集装箱
GB 11577	船用集装箱紧固件
GB 11601	集装箱进出港站检查交接要求
GB 11602	集装箱港口装卸作业安全规程
GB 12418	钢质通用集装箱修理技术要求
GB 15419	国际集装箱货运交接方式代码
GB 15846	集装箱门框密封条

续表

国家标准编号	国家标准名称
GB 16563	系列1：液体、气体及加压干散货罐式集装箱技术要求和试验方法
GB 16564	系列1：平台式、台架式集装箱技术要求和试验方法
GB 16956	船用集装箱绑扎件
GB 17271	集装箱运输术语
GB17272.1	集装箱在船舶上的信息 箱位坐标代码
GB17272.2	集装箱在船舶上的信息 电传数据代码
GB 17273	集装箱 设备数据交换（CEDEX）一般通信代码
GB 17274	系列1：无压干散货集装箱技术要求和试验方法
GB 17382	系列1 集装箱 装卸和拴固
GB 17423	系列1 集装箱 罐式集装箱的接口
GB 17770	集装箱 空/陆/水（联运）通用集装箱技术要求和试验方法
GB 17894	集装箱自动识别
GB 18433	航空货运保温集装箱热性能要求
GB 18982	集装箱用耐腐蚀钢板及钢带

附表5 其他集合包装技术

国家标准编号	国家标准名称
GB 4173	包装用钢带
GB 4892	硬质直方体运输包装尺寸系列
GB 5737	食品塑料周转箱
GB 10454	集装袋
GB 12023	塑料打包带
GB 13201	硬质圆柱体运输包装尺寸系列
GB 13252	包装容器 钢提桶
GB 13757	袋类运输包装尺寸系列
GB 15233	包装 单元货物尺寸
GB 16471	运输包装件尺寸界限
GB 17448	集装袋运输包装尺寸系列

3 物流技术

附表6 物流技术

国家标准编号	国家标准名称
GB 18354	物流术语
GB 19680	物流企业分类与评估指标
GB 20523	企业物流成本构成与计算
GB 21334	物流园区分类与基本要求
GB 21735	肉与肉制品物流规范
GB 22263.1	物流公共信息平台应用开发指南 第1部分：基础术语
GB 22263.2	物流公共信息平台应用开发指南 第2部分：体系架构
GB 22263.7	物流公共信息平台应用开发指南 第7部分：平台服务管理
GB 22263.8	物流公共信息平台应用开发指南 第8部分：软件开发管理
GB 22126	物流中心作业通用规范
GB 23830	物流管理信息系统应用开发指南
GB 23831	物流信息分类与代码
GB 24358	物流中心分类与基本要求
GB 24359	第三方物流服务质量要求
GB 24361	社会物流统计指标体系
GB 24616	冷藏食品物流包装、标志、运输和储存
GB 24617	冷冻食品物流包装、标志、运输和储存
GB 26820	物流服务分类与编码
GB 26821	物流管理信息系统功能与设计要求
GB 27923	物流作业货物分类和代码
GB 28531	运输通道物流绩效评估与监控规范
GB 28577	冷链物流分类与基本要求
GB 28578	出版物物流 接口作业规范
GB 28579	出版物物流 退货作业规范
GB 28580	口岸物流服务质量规范
GB 28842	药品冷链物流运作规范
GB 28843	食品冷链物流追溯管理要求
GB 28833	国际物流责任保险投保、索赔规则
GB 28836	国际物流企业信用评价指标要素
GB 29184	物流单证分类与编码

4 包装物流信息技术

附表7 条码自动识别技术

国家标准编号	国家标准名称
GB 12904	商品条码
GB 12905	条码术语
GB 12907	库德巴条码
GB 12908	信息技术 自动识别和数据采集技术 条码符号规范 三九条码
GB 14257	商品条码符号位置
GB 14258	信息技术 自动识别与数据采集技术 条码符号印制质量的检验
GB 15425	EAN·UCC 系统 128 条码
GB 16828	商品条码 参与方位置编码与条码表示
GB 16829	信息技术 自动识别与数据采集技术 条码码制规范 交插二五条码
GB 16830	储运单元条码
GB 16878	位置码
GB 16986	EAN·UCC 系统应用标示符
GB 17172	四一七条码
GB 18127	商品条码 物流单元编码与条码表示
GB 18283	店内条码
GB 18284	快速响应矩阵码
GB 18347	128 条码
GB 18348	商品条码符号印制质量的检验
GB 18805	商品条码印刷适性试验
GB 19946	包装 用于发货、运输和收货标签的一维条码和二维条码

附表8 电子商务技术

国家标准编号	国家标准名称
GB 18811	电子商务基本术语
GB 19252	电子商务协议
GB 19256.1	基于 XML 的电子商务 第1部分：技术体系结构
GB 19256.2	基于 XML 的电子商务 第2部分：协同规程轮廓与协议规范
GB 19256.3	基于 XML 的电子商务 第3部分：消息服务规范

续表

国家标准编号	国家标准名称
GB 19256.4	基于 XML 的电子商务 第 4 部分：注册系统信息模型规范
GB 19256.5	基于 XML 的电子商务 第 5 部分：注册服务规范
GB 19256.6	基于 XML 的电子商务 第 6 部分：业务过程规范模式
GB 19256.9	基于 XML 的电子商务 第 9 部分：核心构件与业务信息实体
GB 20538.1	基于 XML 的电子商务业务数据和过程 第 1 部分：核心构件
GB 20538.6	基于 XML 的电子商务业务数据和过程 第 6 部分：技术评审组织和程序
GB 20538.7	基于 XML 的电子商务业务数据和过程 第 7 部分：技术评审指南
GB 20539	电子商务业务过程和信息建模指南

附表 9 电子数据交换技术

国家标准编号	国家标准名称
GB 14805	用于行政、商业和运输业电子数据交换的应用级语法规则
GB 14915	电子数据交换术语
GB 15424	电子数据交换用支付方式代码
GB 15634	用于行政、商业和运输业电子数据交换的段目录
GB 15635	用于行政、商业和运输业电子数据交换的复合数据元目录
GB 15947	用于行政、商业和运输业电子数据交换的报文设计规则
GB 16520	消息处理 电子数据交换消息处理业务
GB 16651	消息处理系统 电子数据交换消息处理系统
GB 16703	用于行政、商业和运输业电子数据交换语法实施指南
GB 16833	用于行政、商业区和运输业电子数据交换的代码表
GB 16834	用于行政、商业和运输业电子数据交换的标准报文和目录
GB 17629	电子数据交换的国际商用交换协议样本
GB 17539	电子数据交换标准化应用指南
GB 17549	用于行政、商业和运输业电子数据交换的业务与信息模型
GB 17629	电子数据交换的国际商用交换协议样本
GB 17699	用于行政、商业和运输业电子数据交换的数据元目录
GB 19254	电子数据交换报文实施指南
GB 19709	用于行政、商业和运输业电子数据交换 基于 EDI（FACT）报文实施指南的 XMLschema（XSD）生成规则

5　绿色包装物流技术

附表10　绿色包装物流技术

国家标准编号	国家标准名称
GB 4706.49	家用和类似用途电器的安全废弃物处理器的特殊要求
GB 16288	塑料包装制品回收标志
GB 16716	包装废弃物的处理与利用 通则
GB 18455	包装回收标志
GB 18773	医疗废弃物焚烧环境卫生标准
GB 20861	废弃产品回收利用术语
GB 20862	产品可回收利用率计算方法导则
GB 24040	环境管理 生命周期评价 原则与框架
GB 24041	环境管理 生命周期评价 目的与范围的确定和清单分析
GB 24042	环境管理 生命周期评价 生命周期影响评价
GB 24043	环境管理 生命周期评价 生命周期解释

参 考 文 献

[1] 王之泰. 新编现代物流学. 北京：首都经济贸易大学出版社，2005.
[2] 崔介何. 物流学概论. 北京：北京大学出版社，2006.
[3] 马士华，林勇. 供应链管理. 北京：高等教育出版社，2006.
[4] 赵秋红，汪寿阳，黎建强. 物流管理中的优化方法与应用分析. 北京：科学技术出版社，2006.
[5] 琚春华，蒋长兵，彭扬. 现代物流信息系统. 北京：科学出版社，2005.
[6] 王能民，孙林研，汪应洛. 绿色供应链管理. 北京：清华大学出版社，2005.
[7] 汝宜红. 物流学. 北京：中国铁道出版社，2003.
[8] 易华. 物流成本管理. 北京：清华大学出版社·北京交通大学出版社，2005.
[9] 傅卫平，原大宁. 现代物流系统工程与技术. 北京：机械工业出版社，2007.
[10] 祝耀昌. 产品环境工程概论. 北京：航空工业出版社，2003.
[11] 潘松年，郭彦峰，田萍，卢立新，赖植滨，孙寿文. 包装工艺学. 北京：印刷工业出版社，2007.
[12] 戴宏民，武军等. 包装与环境. 北京：印刷工业出版社，2007.
[13] 彭国勋. 物流运输包装设计. 北京：印刷工业出版社，2006.
[14] 唐志祥，王强，陈祖云等. 包装材料与实用包装技术. 北京：化学工业出版社，1996.
[15] 张旭凤. 运输与运输管理. 北京：北京大学出版社，2005.
[16] 孙明贵，潘留栓. 物流管理学. 北京：北京大学出版社，2002.
[17] 张晓川，朱宏峰. 现代仓储物流技术与装备. 北京：化学工业出版社，2003.
[18] 黄培. 现代物流导论. 北京：机械工业出版社，2005.
[19] 周延美，张英. 包装物流概论. 北京：化学工业出版社，2006.
[20] 邓爱民，张国方. 物流工程. 北京：机械工业出版社，2002.
[21] 万志坚，单华. 物流技术. 广州：广东经济出版社，2005.
[22] 刘昌祺，曹雪丽，杨玮等. 物流配送中心拣货系统选择与设计. 北京：机械工业出版社，2005.
[23] 孙宏岭，武文斌. 物流包装实务. 北京：中国物资出版社，2003.
[24] 韦元华，舟子. 条形码技术与应用. 北京：中国纺织出版社，2003.
[25] 郭彦峰，许文才，付云岗，张伟. 包装测试技术. 北京：化学工业出版社，2006.
[26] 雒洁，郭彦峰，王家民. 托盘包装的现状与发展趋势. 包装工程，26（4）：99～100，2005.
[27] 付云岗，郭彦峰，周炳海. 托盘物流及其发展趋势. 包装工程，2006，27（6）：229～230.
[28] Ehrmann, Harald. Logistik (Auflage 3). Ludwig schafen：Kieh luerlag, 2001.
[29] Donald Waters（著），李习文，李斌（译）. 库存控制与管理. 北京：机械工业出版社，2005.
[30] Andrew Cox. Power, Value and Supply Chain Management. Supply Chain Management, 1999, 4 (4)：167～175.
[31] Donald A. Hicks. A Four Step Methodology for Using Simulation and Optimization Technologies in Strategic Supply Chain Planning. Proceedings of the 1999 Winter Simulation Conference，1999；1215～1220.
[32] 胡贵彦，杜志平，孙卫华，钟芙蓉. 货物配载方法最优化的研究. 物流技术，2009,28(8)：86～88.
[33] 机械设计手册编委会. 机械设计手册(新版). 北京:机械工业出版社,2004.
[34] 包装国家标准汇编小组. 包装国家标准汇编(第4版). 北京:中国标准出版社,1997.
[35] 中国标准出版社. 电工电子产品环境试验国家标准汇编(第4版). 北京:中国标准出版社,2007.
[36] 中国标准出版社. 环境管理系列国家标准汇编. 北京:中国标准出版社,2006.
[37] 中国标准出版社. 条码国家标准汇编. 北京:中国标准出版社,2004.